高等院校公共课系列规划教材

创新思维方法与实践

（第二版）

主　编　周延波　王正洪

副主编　谌红艳　王捷频　张永生　郭兴全

WUHAN UNIVERSITY PRESS

武汉大学出版社

图书在版编目(CIP)数据

创新思维方法与实践/周延波,王正洪主编.—2版.—武汉:武汉大学
出版社,2021.8(2025.1重印)
高等院校公共课系列规划教材
ISBN 978-7-307-22537-4

Ⅰ.创… Ⅱ.①周… ②王… Ⅲ.创造性思维—思维方法—高等学
校—教材 Ⅳ.B804.4

中国版本图书馆 CIP 数据核字(2021)第 167747 号

责任编辑:韩秋婷 责任校对:李孟潇 版式设计:马 佳

出版发行:**武汉大学出版社** (430072 武昌 珞珈山)
(电子邮箱:cbs22@ whu.edu.cn 网址:www.wdp.com.cn)
印刷:湖北金海印务有限公司
开本:787×1092 1/16 印张:16.5 字数:359 千字 插页:1
版次:2014 年 8 月第 1 版 2021 年 8 月第 2 版
2025 年 1 月第 2 版第 11 次印刷
ISBN 978-7-307-22537-4 定价:46.00 元

第二版前言

创新是引领发展的第一动力。世界各国的竞争，无论科技、经济还是军事，核心都是创新的竞争，其本质是创新人才的竞争。党的十九大提出要加快建设创新型国家，我国作出了分三步走的部署：到 2020 年进入创新型国家行列，到 2030 年跻身创新型国家前列，到 2050 年建成世界科技强国。

习近平同志强调"坚持走中国特色自主创新道路"。① 作为国家创新体系重要成员的高等院校，欲在中华民族复兴的伟大征程中有所作为，必须增强创新的主动性、增强创新的内在动力，不断改革创新教育，为国家培养出具有创新思维和能力的新型大学生，"让每一个学生深深打上创新的烙印"。

18 年来，我们在创新教育的道路上不懈探索，博采众长，编写创新教材；开设创新必修课，启迪学生的创新思维；举办创新文化节，锻炼学生的创新能力，收到了明显的效果。同行们给予好评，教育厅给予"优秀教材奖"，省政府授予"高校教学成果一等奖"。但是，我们由衷地认识到与时代的要求差距很大。要培养学生的创新思维，让学生自觉地运用创新思维与方法，在实践中提升创新能力，尚有太多的工作要做。创新教育自身改革的路很长、很曲折，我们认为重要的一步是对创新教材不停地修订、不断地补充，让创新教材成为《西氏内科学》那样的精品教材。《西氏内科学》自 1927 年首版以来，90 多年间修订至 25 版，现已成为世界各国医学界公认的权威教材。

我们要加强自身的创新研究与教学经验总结，发扬工匠精神，精雕细琢，每过四五年修订一次，争取让本教材逐步成为使大学生终身受益的精品教材。第二版教材继续吸收了国内外创新教育的理论研究中的最新成果，特别是党的十九大关于创新的重要思想；同时介绍了我们在创新理论与实践方面的成绩。创新思维的训练与创新方法的掌握，根本目的是提升学生的创新能力，让创新能力有机地渗透于创业能力之中。因此，第二版依然保留了创新基础、创新思维、创新方法和创新实践的四篇结构与顺序，对篇内的部分章节做了调整，对一些章节内容进行了更新，对多数章节的文字做了修订。

创新课在我国开设的时间尚短，是一门十分年轻的课程；创新教材也是年轻的教材，还很稚嫩，正在成长之中。由于编者水平有限，本书中的片面、不妥之处在所难免，恳请专家、学者和同学们提出批评与建议，以利于提高下一版教材的质量。

---

① 中共中央文献研究室. 习近平关于科技创新论述摘编[M]. 北京：中央文献出版社，2016：110.

目录 Contents

创新方法篇

创新实践篇

创新基础篇

第一章 绪 论

纵观人类发展历史，创新始终是推动一个国家、一个民族向前发展的重要力量，也是推动整个人类社会向前发展的重要力量。习近平总书记在党的十九大报告中指出，要加快建设创新型国家。国务院《关于深化科技体制改革加快国家创新体系建设的意见》指出，要充分发挥高等学校的基础和生力军作用。2014年开始，"大众创业，万众创新"的新浪潮开始引发公众关注，成为新常态下经济发展的"双引擎"之一。目前，我国已成为全球第二大研发投入大国，以及世界创新国家的第一集团，正坚定实施创新驱动发展战略，强化创新第一动力的地位和作用，以科技创新引领全面创新。创新型国家的实现有赖于国家创新体系的构建。高校在国家创新体系构建中具有举足轻重的地位，推进创新教育是高校在创新体系构建中充分发挥作用的有效途径。

一、创新型国家目标的实现有赖于各级创新体系的构建

(一)建设创新型国家是我国借鉴国际经验提高自主创新能力的有效途径

科学技术是第一生产力，是先进生产力的集中体现和主要标志，也是人类文明进步的根本动力。半个多世纪以来，世界上众多国家基于各自不同的具体情况，努力寻求实现工业化和现代化的道路。一些国家主要依靠自身丰富的自然资源增加国民财富，如中东产油国家；一些国家主要依靠发达国家的资本、市场和技术，如拉美地区的一些国家；还有一些国家把科技创新作为基本战略，大幅度提高科技创新能力，形成日益强大的竞争优势，国际上将这一类国家称为创新型国家。目前世界上公认的创新型国家有20多个，包括美国、日本、芬兰、韩国等。这些国家的共同特征是：创新综合指数明显高于其他国家，科技进步贡献率在70%以上，研发投入占GDP的比例一般在2%以上，对外技术依存度指标一般在30%以下。此外，这些国家所获得的三方专利(美国、欧洲和日本授权的专利)数占世界数量的绝大多数。

进入21世纪以来，科技发展领域的竞争已经演变为国际竞争的焦点之一，成为维护国家安全、增进国家综合实力的关键所在。我国全面建设小康社会的四个主要奋斗目标与科学技术发展都有密切的关系。优化产业结构，提高经济效益，增强综合国力和国际竞争力，必须依靠科技进步；完善社会主义民主，健全社会主义法制，推进决策科学化、民主化，要求广大领导干部必须掌握基本的科学方法和丰富的科学技术知识；提高全民族的思想道德素质、科学文化素质和健康素质，要求我们必须加强科学技术普及，努力形成全民学习、终身学习的学习型社会；改善生态环境，提高资源利用效率，促进人与自然的和谐

共处,也必须建立在科学技术充分发展和广泛利用的基础之上。

近年来,我国科技事业发展取得很大成就,科技创新能力显著提升,但我国科技发展水平特别是关键核心技术创新能力同国际先进水平相比还有很大差距,同实现"两个一百年"奋斗目标的要求还很不适应。要切实增强紧迫感和危机感,坚定信心,奋起直追,按照需求导向、问题导向、目标导向,从国家发展需要出发,提升技术创新能力,加强基础研究,努力取得重大原创性突破。在全面建成小康社会步入关键阶段之际,我们必须紧紧抓住经济建设这个中心任务,瞄准世界科技发展前沿,明确自主创新的战略目标,将建设创新型国家作为面向未来的重大战略。

(二)加快国家创新体系建设是我国建设创新型国家的一项战略任务

科学技术发展到今天,已经不是科学家、发明家的个人行为,而是社会的系统工程。当代新技术革命对我国提出了严峻挑战,以信息和生物技术为代表的新技术革命极大地改变了世界的经济格局。创新能力已成为决定经济增长的关键因素,创新资源成为当今国际竞争的焦点。科学的发展、科技的进步不仅是科技工作者跨学科协同合作的过程,更需要体制、投入、政策等方面的保证和良好社会文化与舆论氛围的支持。要使中国实现创新型国家的宏伟目标,就必须建设国家创新体系。

国家创新体系(National Innovation System)的概念来源于英国著名技术创新研究专家弗里曼(C. Freeman)对日本成功经验的总结,并于1987年提出。1996年经济合作与发展组织将其定义为:国家创新体系是政府、企业、大学、研究院所、中介机构等为了一系列共同的社会和经济目标,通过建设性地相互作用而构成的机构网络,其主要活动是启发、引进、改造和扩散新技术,创新是这个体系变化和发展的根本动力。国家创新体系的主要功能是优化创新资源配置,协调国家的创新活动。

国家创新体系建设要着重发挥科研机构和大学在科技创新和人才培养方面的核心作用。科研机构与大学都具有科技创新与人才培养的双重功能,但科研机构的首要与中心任务是科技创新,而大学的首要与中心任务则是培养人才。在科研上,科研机构要从国家战略需求出发,开展定向基础研究、战略高技术创新与系统集成以及事关经济社会全面协调、可持续发展的重大公益性创新。而大学更适宜于从事自由的科学前沿探索,面向经济社会发展的应用研究,促进以学科深入为主的科学发展。在国家创新体系建设中,大学应继续深化科研体制改革,重点开展自由探索的基础研究,同时还应新建和组建一批多学科交叉的国家重点实验室,从事围绕国家目标的基础研究和战略高技术研究,并向社会提供公共科技产品及服务。通过联合承担国家科研任务和开放实验室等,加强与科研机构之间的结合。通过加强研究型、综合性大学建设,大力培养优秀创新人才,促进自然科学与社会、人文科学的深入融合。此外,大学还应当成为区域研究开发中心,并不断通过向产业的技术转移和扩散,提升区域创新能力。

二、高校在创新体系构建中具有举足轻重的地位

在国家创新体系的诸多要素中,人才是最根本、最活跃的要素。人才资源是第一资

源。高校不仅处于经济社会发展的基础地位，而且在国家创新体系中居主导地位，对推动社会经济发展具有不可替代的重要作用。

(一)高校是培养创新人才的摇篮

创新人才就是具有强烈的创新意识和创新精神，具有很好的创新思维和很强的创新能力，从而能做出创造性成果、有所建树的人。在思维特征上，创新人才追求深入的求异思维、直觉思维和综合思维；在品格上，创新人才对未知领域有着强烈的兴趣，对揭示事物本质和固有规律有着强烈的欲望，对于探知事物的内涵和发展有丰富的想象和敏锐、独特的思路，勇于奉献和面对挑战，具有强烈的批判精神和执着追求。创新人才将成为决定国家和各个部门竞争力的关键。培养具有创新能力的人才，是关系到我国经济持续发展、竞争能力不断增强的战略问题。知识经济对人才的科技素质提出了更高的要求，在这个时代，需要大量知识面广、一专多能、综合素质高的高层次创新人才来推动科学技术的不断发展和人类社会的不断进步，促进人类与自然的协调发展。教学和科研是大学的两个重心，创新人才的培养离不开创新实践，教学与科研这两个方面在高校应该是相辅相成的。高校培养出的一大批优秀毕业生，为建设国家创新体系提供了重要的人才保障。高校作为科教兴国的主力军，培养高素质的创新人才是其首要职责。

(二)高校是思想和知识创新的源泉

随着我国的经济、政治体制改革的深入，高校在社会中的地位日益提高。高校不仅是人才培养和科学研究的基地，同时也是参与社会变革、提供科学咨询、促进社会进步的思想库。高校人才密集，学科领先且综合性强，资料丰富、信息充分，具有自由、宽松的学术氛围。因此，高校不论在物质条件、人力资源方面和环境氛围等各个方面都有利于知识和思想的创新，在国家决策过程中扮演着思想库的角色。随着社会的进步，高校的功能也发生变化，由原先的单一知识传授到知识传授和知识创造，再到现在的知识传授、知识创造和知识应用这三个方面的和谐统一。技术创新和应用已经成为大学教育的一个重要环节和主要功能。发掘大学知识创新、传播和应用的集成功能，走产、学、研结合的道路，充分发挥大学技术创新的作用，努力发展高科技，实现产业化，是高校的最终目标。高校在基础研究方面具有不可比拟的优势，而基础研究所产生的，可能是某一领域的革命性成果。目前，一些高校的研究机构已经成为各级政府和企业进行经济、政治决策的思想来源，为企业和社会创新承担义不容辞的重任，成为新思想、新知识的辐射源。

(三)高校具有优越的资源条件和特殊的战略地位

在知识经济时代，创新对于国家可持续发展和保持竞争力的重要性已得到各界人士的认同。世界各国都在以创新为中心，构建自己的国家创新体系。利用高校在我国的特殊影响力，发挥自身优势，树立高校在国家创新体系中的战略地位，充分发挥高校在培养创新人才、创新思维和知识创新、技术创新中的积极作用，对于发展社会经济、提升综合国力、增强我国在国际间的竞争力一定会产生强大的推动作用。

　　高校在我国具有明显的优势。一是高校的专业学科门类齐全，结构层次丰富，有利于相互支持、交叉和渗透，能够产生新的学术思想和科学成果，进行知识创新。二是高校还具有丰富的信息资源，与国外的科技交往广泛、密切，能够及时把握前沿技术和最新科技的发展动态，为高校参与国家创新提供了良好的硬件条件。三是高校已经成为技术创新系统执行主体的组成部分。高校的技术创新系统由参与技术与产品开发研究的专家、教授和科技开发机构、科技产业及咨询服务机构所组成。执行主体是高校的技术开发研究所、工程研究中心、技术开发与成果转移中心、中试基地、高技术产业及各类产学研联合体等。

　　高校不仅要在知识的传授、传播、创新方面起基地的作用，而且要在知识转化为生产力方面起孵化器和辐射源的作用，要着力推动高科技产业的迅速发展。在企业向技术创新主体转变的过程中，高校不能缺位，要摆正位置，进入角色，有所作为，尤其是在基础研究领域。高校已经成为国家创新体系中的重要环节，直接关系到国家创新体系建设的成败。

三、推进创新教育是高校在创新体系构建中的首要任务

　　增强自主创新能力，建设创新型国家，构建国家创新体系，关键是创新人才。创新人才是民族的脊梁，深深植根于一个民族优秀的精神文化传统之中，植根于综合素质高、科学素质好的国民群体之中，植根于激励有力、赏罚得法的良好体制机制环境之中。培养造就创新人才，要遵循人才成长规律，用事业凝聚人才，用实践造就人才，用机制激励人才。我们必须转变资源开发观念，由注重开发自然资源转向着重开发人力资源。高校在培育民族创新精神和培养创新人才方面肩负着特殊的历史使命，必须彻底转变那种妨碍学生创新精神和创新能力发展的传统教育观念。从强调"施教"到强调"求学"，从强调"知识继承"到强调"自主创新"，从以考试分数为唯一标准评价学生的质量观到树立起学生综合素质提高、个性特长充分发展的教育质量观，通过人才创新满足知识社会对创新人才的需求，通过知识创新提高企业技术创新能力和国家创新能力，通过教育创新推动高等教育改革并形成新的教育模式。

(一)创新教育的内涵

　　创新教育是由于知识经济时代的到来，为适应全球综合国力竞争的需要而提出的新的教育观念。创新教育是以培养人的创新精神和创新能力为基本价值取向的教育，其核心是在全面实施素质教育过程中，着重研究和解决创新意识、创新精神和创新能力问题，其教育目标是培养具有创新精神和创新能力的人才。21世纪教育发展的根本任务是进行知识创新、人才创新和教育创新，其核心是人才创新。

　　根据创新人才应具备的素质，创新教育应包含以下几个方面：创新意识的培养、创新个性品质的培养、创新精神的培养、创新思维的培养和创新能力的培养。相对于传统教育而言，创新教育是一种超越式教育；相对于应试教育而言，创新教育是一种以人为本的教育；相对于素质教育而言，创新教育是高层次的素质教育；相对于创造教育而言，创新教育是创造教育在新的历史条件下的发展和升华。

创新教育作为增强国际竞争力的重要手段，在现代大学教育中已引起了许多国家特别是一些发达国家的重视，它们都不断调整自己的教育体系和目标，把培养创新人才作为国家兴亡的关键所在。可见，实施创新教育、培养创新人才是高等院校的重要使命，它不仅是我国高等教育发展的必然趋势，也是世界大学教育目前的发展方向和奋斗目标。

(二)高校创新教育的现状

高校担负着为国家建设培养高层次人才的重任。创新教育是大学生培养的重要内容，也是大学生提高自身综合素养的有效途径。目前，在《教育部关于大力推进高等学校创新创业教育和大学生自主创业工作的意见》的指导下，各个高校以素质教育为依托，采取各种形式不断开展创新教育。一些高校在不断推进创新教育的过程中，取得了令人瞩目的成绩。同时，我们还要看到，目前创新教育在高校的发展还不均衡。从高校的教育教学模式上看，对大学生创新能力的培育引导不够，学校的创业形势大好但创新氛围不浓；课堂教学内容多以书本为主，知识更新较慢，与学科前沿的结合和与边缘学科的交叉都很少；教学方式较为陈旧，部分实践教学与社会现实的需求脱节，使大学生的科技创新能力成为"现有知识教育之外的某种添加成分"而得不到师生的重视。大部分高校仍存在重教学轻科研的传统观念，没有把大学生科技创新能力的培养作为贯穿于全部教育教学活动的目标和教育理念纳入到常规的教学管理之中；缺少大学生科技创新教育的长效机制，本科生的科技活动较少，现有的大学生科技创新活动以管理创新为主，没有将创新与专业相融合，缺乏技术创新。

(三)创新教育任重道远

虽然我国创新教育的实施还处在探索阶段，但一些先行者已积累了丰富的实践经验。就高等学校而言，在实施创新教育、培养创新人才方面应重点做好以下几方面的工作。一是建设有高水平的创新型教师队伍。建设一支数量适宜、结构合理、具有现代教育水准的高素质教育队伍是实施创新教育的根本保证。二是营造创新教育的良好氛围。创新人才成长环境应体现宽松、民主、自由、开放、进取。但创新的过程潜藏着失败风险。因此，要加强学生心理素质的训练，教育学生要正视失败、允许失败，帮助他们克服创新过程中的挫折，鼓励其持之以恒直至成功。三是优化创新人才培养环境。一方面要加强创新教育基地建设，优化创新教育的硬环境；另一方面要优化教学创新和知识创新的软环境。四是要建立创新教育运行机制。高校可成立学生科技创新协会，以协调和推进学生的一系列科技创新活动。还可设立学校创新教育基金和专项实验研究基金，为师生创新教育活动提供必要的财力支持，对在创新教育活动中涌现出的佼佼者给予适当的物质奖励和精神鼓励，激励师生积极投身创新活动。另外，在课程体系、教学内容、教学方法改革方面，可设立全校性"核心课程"，并进行"优秀核心课程"的审定与评比，形成竞争激励机制，以促进教育质量全面提高。五是要加大"专创融合"力度。大多数国家在高等教育方面都十分重视教育与社会结合、与产业结合，如美国的硅谷、日本的筑波有几所甚至几十所大学作为技术支撑。我国高校也正在加强与企业、科研机构的合作，在科研、生产的实践中，培养学生实际创新能力。作为大学生也应进行科学研究，置身于科学发展的前沿，在科研中锻炼自己，培养创新能力。实行产学研结合，让学生参加科研，既是培养研究能力的有效途径，也是最生动的探索式教学。学生既能加深对所学课程的理解，也能初步学习研究的方法。教学与科研融合是继承与发展相结合的培养方式，对培养创新能力是非常必要的。

◎ 课后练习题

1. 简述我国提出建设创新型国家的国内外背景。
2. 谈谈国家创新体系的含义及我国的现状。
3. 什么是创新教育？如何办好我国的创新教育？

第二章 创新的理论基础——创造学

高校创新教育的理论基础源于创造学。创新教育正是依据创造学的理论与方法，使创新者在实践中锤炼创新精神，磨炼创新品格，提高创新能力。学习和掌握创造学的原理和方法，对实施创新教育具有十分重要的意义。

第一节 创造学概述

人类的创造创新活动已有几千年的历史，但人们对其真正认识并深入研究，从提出创建创造学到初步形成一门学科，最终将创造学研究成果应用于各个领域，仅有几十年的时间。

一、创造学与创造活动

（一）创造学的含义

创造学是 20 世纪中期兴起的一门新学科。创造学的创立，源于创造实践和创造力开发的需要。创造学是一门研究人类创造活动的规律和方法，探索其过程、特点和机理，开发人类创造力的学科，它主要包括创造思维、创造过程、创造人才、创造原理、创造环境、创造的评价、创造教育等。创造学的根本宗旨是研究和揭示人类创造活动的心理机制、生理机制和社会机制，总结和归纳创造的一般方法、特点和规律，培养和开发人的创造力，挖掘人的最大潜能。创造学也注重研究创造活动中人的思维形式与结构、创造结果的验证以及环境对创造的影响等方面。

（二）创造学的逻辑起点——创造活动

创造活动是创造学理论体系中第一个最基本、最重要的概念，是创造学理论体系的逻辑起点。一项具体的创造活动通常涉及多种主客观要素，创造主体、创造对象、创造手段是其基本要素，创造环境起支持创造活动系统的作用。创造活动是这些相关要素构成的动态过程。

创造主体是创造活动的执行者，其在创造活动中是占主导地位的要素。创造主体可以是个体也可以是群体。一项创造活动究竟是由个体还是由群体来完成，取决于创造项目的技术水平、难度、经费大小、创造环境等，不论是个体创造还是群体创造，都要使创造主体的创造力得到充分发挥。尽管创造内容千差万别，创造主体的行为表现和心理特征异常复杂，但创造主体在创造活动中必经五个阶段。第一阶段是提出问题。第二阶段是准备求解问题。在这个阶段，不仅要用已有的理论、规范、方法和操作规程去解决问题，更重要的是要产生富有创造性的方案。相关领域的知识越丰富，提供的求解途径就越多。第三阶段是产生新设想阶段。这个阶段决定着创造成果的新颖程度，创造主体的创造力发挥着核心作用。第四阶段是验证新设想。这个阶段需要利用相关领域的分析技术、实验技术验证新设想，相关领域的技能起着去伪存真、去粗取精的筛选作用。第五阶段是完成创造成果。达到预期的目标就是成功，达不到预期目标，就会成为再次创造的经验教训。

创造对象是创造活动中的客体要素，是创造主体行为涉及的目标，具体来讲是创造者承担的创造项目。创造项目的确定，反映了创造主体与创造环境之间的协调关系，它又反过来影响创造主体的思维方式和对创造手段的选择。

创造手段是创造主体在创造活动中所拥有的硬手段(仪器、设备、材料、经费)和所运用的软手段(形成创意和方案的科学思考方法)。创造活动是以脑力劳动为主的实践活动，因此应更加关注软手段。

创造技法是指解决创造问题的创意艺术、促使事物变革的思维方式与技巧，是创造学兴起后，各国创造学者提出并经验证的有效的创造方法。创造技术具有可操作性、技巧性和探索性。创造活动需要理论的指导，这种指导是通过中间环节来完成的，这个中间环节就是创造技法。创造技法是理论与实践之间的桥梁。创造过程有许多新设想、新方案，只有通过实验这种手段的检验，才能得到完善和认可。所以，实验是创新的重要手段，也是创新活动的重要环节。创造者不仅要掌握常用的创造技法，也要学会基本的实验方法，根据创造对象选择实验方法，编制实验计划，设计实验方案，配置实验设备并进行具体的实验操作。

创造环境对创造活动有着深刻的影响。创造主体总是在一定的客观背景下完成自己的创造活动，实现创新成果，这种背景就是创造环境。创造环境包括宏观环境和微观环境。宏观环境是指创造主体所处社会的社会价值观、社会制度、社会风气以及国家政策等；微观环境是指创造主体从事具体创造时直接感受到的社会、文化和经济状况。创造环境对创造主体的思维方式和运用创造手段的状况都有正面和负面的影响，具有两重性。宽松的创造环境可以使创造者无拘无束地解放思想、大胆创造，充分发挥创造潜能。但优越的环境又会使人在创造活动中不想付出艰辛的劳动，这时优越的环境就是创新活动的障碍。恶劣的创造环境必然给创造者带来不利影响，但在逆境下也有可能激发创造者的内在动力。

创造学是一套庞大的科学体系，它是开发人的积极性、创造性和主观能动性的科学群。创造学的基本理论涉及思维、教育、管理相关的数十门学科，它的应用科学涉及"创造思维""创造心理学""创造教育学""创造工程""创造技巧"等。积极开展创造学的研究，对提高一个国家创造发明的效率，促进人们从事创造性思维活动，提高技术改进的经济效益，乃至整个社会的智力开发、创新体系的构建、创新型国家目标的实现，都具有重大现实意义。

二、创造学的研究对象和内容

(一)创造学的研究对象

创造学是 20 世纪三四十年代之间兴起的一门边缘性、综合性的交叉学科，它具有不同于哲学也不同于其他学科的独特的研究对象。哲学的研究对象是自然界、社会和思维三大领域的一般规律。自然科学各学科的研究对象是自然界某一领域、某一过程、某一方面的具体规律。社会科学各学科的研究对象是社会某一领域、某一过程、某一方面的具体规律。创造学则以人类的创造活动和个体的创造能力为研究对象，以揭示创造力潜能开发和创造成果的完成规律为研究目的。

(二)创造学的研究内容

(1)创造工程。创造活动过程、原理和方法在创造学中统称为创造工程。创造活动是指产生具有新颖性成果的各种实践活动，如科学发现、技术发明、技术创新、管理创新、创意策划、创业实践等。人们从事不同专业(机械工程、土木工程、管理工程等)的创造活动有着不同的特点，但是，他们的创造活动总会遵循某些共同的认知模式和求解思路，表现出某些规律性的特征。所以，创造学是在对诸多创造工程活动研究的基础上，将创造活动作为一个整体进行理性化研究，以揭示创造活动的基本原理和基本方法。它以创造理论和创造技法为主体进行应用性研究。

创造原理是指通过对创造活动及其过程的研究所揭示的，对指导人们从事各种形式的创造活动具有普遍指导意义的原则、规律或道理。创造过程是指实现创造成果的全部经过，包括人们在创造活动中的具体思维过程和实践过程，如选题、构思、实施及技法运用等，其中，创造性思维是创造的核心。创造方法是指在创造过程中对创造原理的运用和具体化。在漫长的人类创造活动中，人们总结出许多实现创造成果的方法，其中一些方法，经过加工、提炼和规范化处理，成为富有启迪意义和可操作的创造方法。

(2)创造性人才的培养。创造者是创造的主体，也是创造学研究的行为对象。创造学研究创造者在创造过程中所表现出来的人格和心理品质，目的是探索培养创造性人才的方法。创造学研究的目的就是通过创造教育，探求创造性人才的培养目标、条件、原则和方法。

(3)创造者的创造力及其开发。创造力是在创造活动中创造者表现出来的潜在的能力。创造学研究人的创造力的开发机理与方法，目的是充分发挥人的创造潜能。

(4)创造性思维。创造性思维是创造活动的核心。创造学主要从行为学角度来认识人类创造性思维的特点、具体形式及其思维的规律，同时更注重对一般人进行有效的创造性思维培养和训练。

(5)创造环境。创造需要一定的环境条件，而环境又需要人们去创造。创造环境系指影响创造力发挥和创造性成果产生的历史背景、社会状况、物质条件和科技、文化因素等。创造学研究什么样的环境适合于创造活动的开展，不同的人在什么样的环境下最有利于发挥自己的创造才能。创造者需要有利于开展创造活动的自由、宽松和充满机会的环境。

（6）创造测评。创造测评包括对创造者创造力的测评、对创造成果的鉴定以及创造过程的评估等内容和环节。

三、创造学的学科性质

由于创造学研究对象和研究内容的复杂性、研究方法的多样性以及创造学本身的软科学性等特点，我国创造学研究者从自己特有的观点、角度、方法和思维模式来观察和解释创造学，提出对创造学性质的看法，从而有多种不同的认识。对于创造学的学科性质，我国创造学研究者提出了以下几种典型看法。

（一）综合性学科说

创造学的研究对象是人类创造活动的一般规律，它所研究的内容体系，也并非单一性质的学科。在创造学的研究方法中，人们往往采用多种学科的研究方法，如观察法、系统研究法、实验研究法和案例研究法，等等，这正是综合性学科研究的方法特点。所谓综合性学科，是指以特定的客体或问题作为研究对象，用多学科的理论和方法进行研究的学科。据此，一部分创造学的研究者认为创造学是一门综合性学科，这种观点很有影响力。

（二）交叉性边缘学科说

创造学的研究内容涉及心理学、思维科学、科学方法论、社会学、哲学等学科，是这些学科在创造力问题研究上的一种组合。有人还认为，创造学与新兴的系统论、控制论和信息论相关，并将此类现代科学的认识论和方法论比作创造学的父亲，而创造学的母亲则是人才学、教育学、心理学和思维科学等。边缘学科或称交叉性学科，是各门基础性学科及其分科之间相互交叉、相互渗透所产生的中间性学科。因此，认为创造学属于交叉性边缘学科的观点也有一定的代表性。

（三）横断性学科说

由于创造学并不研究人类在各个领域里取得的具体的创造成果，不像具体科学（如材料力学、机械学、地质学等）那样以客观世界的某一个物质系统及其运动形态为研究对象，而是研究人类各项创造成果是怎么创造出来的，即以许多不同的物质系统及其运动形态的创造规律作为研究对象。这正是在概括和综合多门学科的基础上形成的学科，属于横断性学科的范畴。据此，也有研究者认为创造学属于横断性学科。

我们认为创造学本身并不是以某一具体物质系统为研究对象的硬科学，但它是一切硬科学创新开拓的灵魂。创造学学科的工具性质非常明显，特别是在研究创造性思维的形式规律和各类创造性技法时，这一点更为突出。因此，创造学更具有方法论的学科性质。

四、创造学的研究方法

创造学传入我国后，在研究和推广上都取得了可喜的成绩。创造学特有的研究对象、内容体系及学科性质，决定了创造学的研究方法也有其自身特点。创造学研究主要运用以下方法。

（一）以观察法、实验法为主体的系统研究法

创造活动涉及创造主体的行为、创造客体的实际要求、创造环境的约束，在研究时必须把它们看作一个相互作用的系统来考虑、来分析。观察法即通过观察人们在创造活动过程中的言行举止，剖析创造性思维的心理机制，发现创造原理和方法。实验法即借助仪器进行测定、观察、思考和研究人的创造心理或激励人们进行创造的方法。系统研究法是从整体与部分、整体与外部环境的关系进行综合研究、全面考察，以达到最佳研究效果的研究方法。

创造学的研究正是运用以观察法、实验法为主体的系统研究方法，探索人类创造性活动的一般规律，为开发人的创造潜能、提高创新能力、多出创新成果而展开其研究。

（二）案例研究法

创造学通过对成功创造案例的事实进行综合分析，揭示其成功秘诀。在运用这种研究方法时，首先要搜集若干成功的创造活动事实，经过科学的分析与概括，把带有共性的、普遍性的东西从个性的、特殊的事例中抽取出来，升华为某种创造规律。

（三）调查征询法

调查征询法，即把创造性研究问题分解为若干详细的条目，制成征询意见表，分发给征询对象征求答复；然后回收征询意见表，再用数理方法进行统计，最后得出研究结论。我国著名心理学家王极盛在 20 世纪 80 年代对 28 位学部委员及 127 名科技人员进行了征询研究，撰写了专著《科学创造心理学》。南通市创造发明学会研究部应用这种方法收集国内各地创造学群传播、生产和应用创造知识的经验与做法，完成了相关课题的研究报告。

（四）比较研究法

通过对不同创造过程和不同创造者在人格、素质等方面的比较，揭示科学家、发明创造者的具体思维过程、创造方法和创造人格等，深入研究有关创造问题的方法，如通过比较爱迪生和斯旺发明碳丝电灯的过程，揭示他们在创造活动过程中的不同表现。

（五）跟踪研究法

跟踪研究法是一种有目的、有计划、向前延伸的研究方法。例如，美国的特尔曼于1921 年对 1528 名智力超常的儿童（智商在 130 以上）进行了长达 50 年的跟踪研究。1928

年他对这些学生的家庭进行了调查；1936 年通过信函方式继续了解和掌握他们的情况；1940 年他把这些学生召集到学校座谈，并进行了各种心理测试，以后每过 5 年进行一次通信调查。通过这 50 年的跟踪研究，他证明了早年的智力测试并不能正确地预测晚年的工作成就，关键在于后天的创造力开发。这一研究结论，对于区别智力与创造力，对于人才的培养、创造力的开发具有重要的指导意义。

(六)测评统计法

在创造学研究中，经常通过测评创造者的创造力动态变化的状况，运用测评统计法对人的创造性作出直观、定量的评价。

第二节　国内外创造学的发展历程与状况

创造学作为一门独立的学科，虽然只有半个多世纪的历史，但探究其渊源，则可追溯到远古时期，它的发生与发展大致经历了孕育阶段(远古至中古时期)、萌芽阶段(18—20世纪初)、形成阶段(20 世纪 30—50 年代)和成熟阶段(20 世纪 60 年代以来)。国际上现有 68 个国家和地区在研究创造学，创造学被广泛应用于政治、军事、经济、科学、教育、文化等社会各方面。在美国、加拿大、欧盟、俄罗斯等，每年要举行多次创造学国际研讨会。

一、创造学的起源

创造学的起源很早，在西方可追溯到公元前 300 年，古希腊罗马时代的帕普斯(Puppus)在他所著的《解题术》中首先提出了"发现法"这一术语。亚里士多德第一次将知识划分为理论科学、实践科学和创造科学三大类，将"创造"定义为"产生前所未有的事物"。他通过对知识的再创造，以及"从混沌引向有序"的重要论述，为人类的创造性思维从随机性跃升到理性化和系统化提供了理论基础。

18 世纪德国古典哲学家康德曾就创造过程的研究提出，创造是人们创造性想象以及直觉与灵感等思维方式的综合过程。

从 19 世纪 70 年代开始，人们对创造规律的研究逐步转到具体的经验研究的轨道上来。1870 年英国高尔顿出版了《遗传的天才》一书，用案例分析的方法对数以千计的杰出人物的家族谱系进行了调研、分析，提出了人的创造能力源自于遗传的观点。虽然其观点引来了争议，但他运用典型案例的研究方法一直被后人所沿用。

德国学者 C. 伦布罗卓对天才人物与精神的关系进行了统计，并于 1891 年发表了《天才人物》一书，认为天才和精神因素密切相关，得出了发明者往往表现出"与正常人不同的精神状态"的结论。这个结论是有争议的，但其提出的"天才的成长受到社会文化环境影响"的重要理念却是得到公认的。

20 世纪初，美国专利审查人员 E. J. 普林德尔注意到一些发明家具有独特的"创意的技巧"，且有可能利用专利制度加以传授。1906 年，他向美国电气工程师协会提交了论文"发明的艺术"，不仅用一些实例说明了"创意和技巧"，而且建议对工程师进行这方面的训练。20 世纪末，专利审查人员 J. 罗曼斯从已注册的专利资料中选出 700 多个杰出的发明家进行问卷和统计分析，出版了《发明家的心理学》一书，其中专门探讨了对技术发明者进行创造力开发训练的可能性以及训练的有效方法。这些显然为美国创造学以及后来开展大规模的科技人员创造力开发训练奠定了基础。

与此同时，创造学的研究开始沿着三方面展开：一是对创造过程的研究，1926 年，沃拉斯(Wallace)提出了著名的创造思维过程的四阶段说，即准备、酝酿、明朗和验证四个阶段，并对创造过程的每一个阶段做了剖析；二是对创造性人格的研究；三是对创造学应用的研究。

从 20 世纪 30 年代开始，创造学研究趋向应用研究，以研究创造技法为特点的创造学应运而生。

中国古代的四大发明，曾在世界创造史上留下了光辉的一页，至少可以说，中国也是富有创造性的国度，创造学的起源在中国也是有迹可循的。北魏末年的农学家贾思勰写过《齐民要术》，北宋科学家沈括著有《梦溪笔谈》，南宋数学家杨辉著有《详解九章算法》，这些都是对相应领域的创造实践历史的经验记录。

二、现代创造学的诞生及在国外的传播

(一)现代创造学诞生于美国

最早将创造问题作为科学进行研究的是美国。1936 年，美国通用电气公司首先面向其职工开设"创造工程"课程，使职工的发明、创造能力得到显著提高。1941 年，美国BBDO 广告公司经理奥斯本出版《思考的方法》一书，首创"智力激励法"。1953 年他又出版《创造性想象》一书，对创造性思维进行有益探索，成为创造学的创始人。在《创造性想象》一书中，奥斯本认为，一个国家的经济增长和经济实力与其人民的发明创造力和把这些发明转化为有用产品的能力紧密相关。1943 年 9 月，德国心理学家马克斯·韦特海默的《创造性思维》一书在美国出版，这是世界上第一部研究创造性思维的专著，迄今仍然是研究创造性思维的经典著作。1948 年，美国麻省理工学院首先开设"创造性开发"课程。此后不久，哈佛大学、布法罗大学等许多高校也相继开设有关创造性训练的课程。1949年以后，创造学研究逐渐得到心理学界权威们的重视。1950 年，美国心理学会主席 J. P.吉尔福特发表"论创造力"的演讲，指出开发创造力的重要性和人们以往对此问题的忽略，这次演讲在美国学术界引起巨大震动。随着科学技术的突飞猛进和国际市场竞争的加剧，西方政界、科技界和教育界纷纷垂青于创造力开发研究。为促进创造性教育的开展，1954年美国成立了"创造性教育基金会"。梅多与帕内斯等人在布法罗大学，通过对 330 名大学生的观察与研究发现，受过创造性思维教育的学生，在产生有效创见方面，比没有受到这种教育的学生平均高 94%。美国自 1955—1963 年每两年召开一次全国性关于创造力开

发研究的学术会议，许多高等院校纷纷开设创造力开发研究类课程，"创造力研究"（或称"创造学"）开始成为学者们认可的一种新兴学科。1979 年，美国总统的科学顾问在一次演讲中指出，我们正跨入一个急需创造精神的时代。

目前美国几乎每所大学都开设了创造相关的课程，还出现了 50 多个专门性的研究机构和一些基金会。许多大学把创造教育渗入航空学、建筑学、管理学、新闻学、教育学等具体学科。除大学外，继美国通用电气公司之后，IBM 公司、无线电公司、道氏化学公司、通用汽车公司等大公司，也设立了自己的创造力训练部门。美国军方也非常重视创造性想象之类的训练。至于各类咨询、广告公司，在创意方面的竞争更是异常激烈。许多创造问题研究机构的产生，从学校到各个企业、公司创造教育的开展，各类关于创造问题的咨询公司的出现和竞争，标志着美国创造问题的研究与发明创造活动的普及在 20 世纪 80 年代就已经掀起热潮。

（二）创造学在发达国家的迅速传播

创造学发源于美国，很快就传向世界各国，特别是在发达国家中，传播尤为迅速。日本、德国、英国、苏联（俄罗斯）等国在引进、吸收、消化的基础上，迅速兴起了具有本国特色的创造学研究。

日本民族是一个创造性很强的民族。早在 20 世纪 40 年代，市川龟久就发表了《创造性研究的方法论》一书。1955 年，日本从美国引进创造力工程，并及时在大学里开课讲授。1979 年，日本成立了创造学学会，随后创造性研究会、创造研究所也相继建立，还有旨在传授和交流创造技法的"星期日发明学校"，以及东京电视台自 1981 年 10 月开播的"发明设想"专题节目等。不仅大学开设有关创造的课程，企业也普遍开展创造教育。例如，丰田汽车公司的总公司设立"创造发明委员会"，下属部门设立创造发明小组，广泛开展"设想运动"，取得了巨大的经济效益。1975 年该公司收到来自员工的创造发明设想和建议 381438 件，采用率高达 83%，支付奖金 3.3 亿日元。到 20 世纪 80 年代，创造发明活动又掀起了高潮。1982 年，当时在任的日本首相福田赳夫亲自主持会议，提出把国民创造力的提高作为通向 21 世纪的一条道路。每年的 4 月 18 日，是日本人民的"发明节"，届时，东京及全国各地都要隆重举行表彰创造者和纪念成绩卓著的发明家的活动。日本人民的小发明、小创造非常多，日本因此也成为发明大国，专利申请数长期雄居世界第一。1984 年后，日本实行新的大学教育改革方案，其目的就是培养创造力。在这一进程中显示出两个特点：重视对教师创造力的培养；重视和鼓励学生在学习过程中参与科研活动，特别重视学生搞小发明、小创造，并制定了《特许：实用新案》等法律措施予以保护。

苏联也一直比较重视发明创造，并把它载入宪法中。从 20 世纪 60 年代起开始对创造问题进行深入研究。1958 年，苏联人首先在拉脱维亚人民技术学院开始讲授创造的理论与技法。20 世纪 60 年代逐步普及，建立了各种形式的创造发明学校，成立了全国与地方性的学术组织，制定了《发明解题程序大纲》。其中《发明解题大纲——68》在分析 25000

个高水平的发明专利的基础上，总结出 40 条发明创造的基本措施，形成了 TRIZ 理论。[①] 1971 年在阿塞拜疆创办世界第一所专门的发明创造学校。一些大学开设"科学研究原理" "技术创造原理"等课程，很多大学设立"大学生设计局"等科技组织。在创造学理论研究方面，20 世纪 70 年代末、80 年代初陆续出版《创造学是一门精密的科学》《发明家用创造学原理》和《发明创造心理学》等一批学术专著。创造学最初传入我国时，许多著作并非来自美国、日本，而是从苏联翻译而来。

苏联在创造学发展方面有两大突出特点。一是在创造学研究方面形成了现代发明方法学体系。其创造学研究侧重于探讨发明对象的客观规律性，重点解决发明课题的程序。二是建立了创造性教育和人事体制。从 20 世纪 60 年代起，苏联开始建立各种形式的发明学校，系统开展发明创造方法学的教学工作。在 100 多所发明创造学校中，阿塞拜疆业余发明创造学校较有代表性。它的任务是培养、训练发明者。它的生源来自社会各行业，从大、中学生到工人，也有工程师和科学家；开设的课程有发明学、创造心理学、专利学、信息学、预测学、经济学、发明史，等等；按层次分为入门讲座（20 学时）、发明学校（100~120 学时）、发明院校（200~240 学时）；获得发明学院的毕业文凭后，可由政府部门分配到相关部门担任发明工程师。苏联在人事制度方面规定设计部门配备设计师和发明工程师的比例为 7：1，这就为发明创造学院的毕业生提供了就业门路，反过来促进了发明创造学校的发展。

其他如英国、加拿大、匈牙利、波兰、保加利亚、委内瑞拉等 40 个国家，也先后开展创造问题的研究，普及发明创造活动，在各类学校和企业开展创造教育。

（三）国际上的三大创造学流派

目前，现代创造学以美、日、俄为主分为三大流派，其理论与方法各有千秋。以美国为代表的欧美创造学重视思维的自由活动，视发明创造为联想、想象、直觉、灵感等的结果，以美国奥斯本的智力激励法和戈登的类比启发法（原型启发法）为典型。日本的创造学倾向思维的实际操作，即发明创造源于信息的收集与处理，以川喜田的"KJ 法"和中山正和的"NM 法"为代表。苏联的创造学将发明创造建立在客观规律的基础上和有组织的思维活动上，不靠偶然所得，而是按一定的程序达到必然的结果，以阿利赫舒列尔的"TRIZ法"为代表，力求使发明创造成为一门严谨而精细的科学。

三、创造学在我国的传播和发展

我国是历史悠久的文明古国，16 世纪以前，世界史上 100 项重大发明的前 27 项，其中有 18 项是中国人的发明。在当时的生产力水平和社会经济结构状态下，中华民族可谓是一个富有创新精神的民族，对人类的科技、经济发展作出了巨大贡献。中国的"四大发明"是世界历史上的耀眼明珠。在我国灿烂的古籍文化中，虽然没有研究创造规律、总结创造技法的著述，但它们之中蕴藏着丰富的创造思想。当然，应该承认，在我国先秦时

---

① 麦小锋. 创造性思维的可拓空间理论及其应用研究［D］. 重庆：重庆大学，2006.

期，老子、孔子、孟子以及商鞅等先哲，都曾对当时的创造问题有过论述，但他们大多是从治学、为政、治身之道出发的，有着很浓的伦理道德色彩，与古希腊时期西方学者从科学的角度探讨创造问题大不相同。我国传统文化并不太鼓励标新立异，从某种意义上讲，近400年来，世界科技史上的重大发明似乎都与中国人无缘的主要原因正是由于我国对科技的重视不足，未能充分发挥人的创造性。但有识之士对创造性规律的探索并未停止过，著名教育家陶行知先生早在20世纪30—40年代就在我国首倡创造性教育。1942年，《新华日报》发表陶行知的《创造宣言》，其提出"处处是创作之地，天天是创造之时，人人是创造之人"的论断，长期影响着中国教育的发展。由于时代和社会的原因，他的创造教育理论没有得到及时的推广。他的创造教育理论和实践经验是我国和世界创造学宝库中的珍宝，有待我们进一步发掘和应用。

（一）全国性创造学的研究机构有力推动了创造学的传播

我国政府一直重视创造发明，为鼓励广大群众的发明创造，推动科技发展，国务院先后制定、颁布了《发明奖励条例》和《自然科学奖励条例》。现代意义上的创造学于20世纪60年代传入我国台湾地区，但传到大陆是改革开放后了。我国把创造、发明问题作为一门学问进行专门研究，却是从20世纪80年代才开始的。1980年《科学画报》等报刊开始介绍创造、发明方法及创造学知识，引起强烈反响。从20世纪80年代初开始，钱学森教授倡导建立思维科学，创造性思维作为思维科学的重要方面，越来越引起人们的关注，研究的广度与深度都有较大拓展。我国严格学科意义上的创造学文献最早出现于1980年。1981年，日本的创造学研究者首次应邀来华访问，与中国同行进行了学术交流，在此背景下，上海交通大学正式启动了对创造学的研究。1983年我国在广西南宁召开全国第一次创造学学术讨论会。

中国发明协会于1985年成立，以举办全国发明展览会为依托，举办系列创造学研讨会。1988年和1992年，中国发明协会先后两次举办北京国际发明展览会。中国发明协会组织召开各种研讨和经验交流会，并创办《发明与革新》杂志。中国创造学会于1994年在上海成立，创办会刊《创造天地》，每两年召开一次全国性学术研讨会，编辑、出版研讨会文集《智慧之光》。中国创造学会成立后，成功地组织了第一、第二届"创造学奖"评选活动；成功地举办了多届全国学术讨论会和一届国际学术讨论会（2002年8月上海），在创造、创新教育中，通过胎教、学龄前、小学、中学、大学、成人的创造学研究和实践，注重创造性思维教育，创造技法的训练，创建了300个实验基地，创办了第二、第三课堂；同时，多次组织人员参加国际发明展览会。目前已有近20个省市相继成立创造学会。据不完全统计，全国创造学者出版创造学著作100多种、共3000多万字，一大批著作论文获国家级、省市级奖励。中国创造学会大力推动大、中、小学的创造教育、企业创造学培训和发明创造学校学院的发展；每年召开全国代表大会，如学术交流会，多次参加或承办创造学的国际学术会议，开展了广泛的国际学术交流。总之，中国创造学会的各项活动，为推动创造学事业的发展产生了深远影响。

近20年来的许多事实表明，创造学的研究与普及，发明与创造实践活动的开展，正在我国蓬勃发展。

(二)我国的创造学学派

自创造学传入中国以来，涌现出一批在推广和应用创造学、推进创造教育方面取得突出成绩的个人和组织。中国创造学界在涌现出一大批知名创造学者的同时，形成三大学派：创造哲学学派、创造工程学派和创造教育学派。创造哲学学派以广西大学的甘自恒教授、北京大学的傅世侠教授等为代表，以研究创造活动中哲学层次的一般概念、一般规律、一般原理、一般关系和一般方法论为主。创造工程学派以中国创造学会会长袁张度教授、东北大学谢燮正教授等为代表，以研究技术发明、工程设计、技术创新活动的规律和创造技法为主。创造教育学派以中国矿业大学的庄寿强教授、湖南长沙轻工业高等专科学校的孟天雄教授等为代表，以研究创造性教育的新方式、开发人员的创造力，以及培养创造型人才的教育规律为主。

(三)创新学的萌芽

在创造学的研究推广不断深入之时，随着我国建设创新型国家目标的确定和我国创新体制的进一步完善，创新学浮出水面。创新学是近年来伴随知识经济发展，在创造学研究的基础上而兴起的一门新学科，其内涵十分丰富。现代创造学研究的重点在"造"上，是"无中生有"，强调创造心理的揭示和创造技法的提高，落脚点在科技的进步上。创新学重在"新"字上，是"有中生新"，使创造成果具有新的功能、新的意义，对大量现在的事物进行革新，强调创造成果的价值追求，特别是近期和远期利润的获取。创新学不是仅仅从某个方面、某个领域、某种角度研究创新问题，而是从整体上研究创新问题，具有科学的结构和层次，是一种开放的理论体系，如创新学涉及环境创新、文化创新、观念创新、管理创新、市场创新、制度创新、国家创新体系等。同时，它又是一门综合性极强的交叉学科，包括科学技术、哲学、心理学、思维科学、方法学、教育学、社会学等，彼此有着密切的联系，互相渗透。创新学既吸收了其他学科的研究成果，反过来，它的发展也会推动其他相关学科的发展。直接借用创造学的范畴概念，运用创造学的一些研究方法，提高创新学的研究效率，不断完善创新的理论体系，通过对创新现象的研究，揭示其规律和机制，提出创新理论，指导创新实践，提高创新的速度和效率，为人类造福，成为知识经济时代创新理论工作者义不容辞的任务。

创新学研究超越了科技创新的单一范畴，它内容丰富、综合性极强，其研究内容大致可分为五个领域。

(1)经济领域：包括企业创新学、市场创新学、管理创新学、创新要素、企业创新机制、企业技术创新、企业组织创新、企业制度创新、企业文化创新、经济体制创新、服务创新、观念创新、金融创新、企业创新战略、技术创新网络。

(2)管理领域：包括国家创新体系、国家创新工程、知识的传播、扩散和运用、环境创新、管理创新、法制、政策和科技创新网络等。

(3)心理学和思维领域：包括创新心理、创新动机、创新欲望、创新意识、创新观念、创新思维、创新人才的智商和感情智力。

（4）教育领域：包括素质教育、创新教育、创新能力培养、创新人才。

（5）其他领域：包括政治创新、军事创新、文化艺术创新、社会文化创新、医学创新、社会管理创新、外交、外资创新等。

◎ 课后练习题

1. 简述创造学的含义及研究对象。

2. 简述国外创造学的发展历程。

3. 简述创造学在国内的发展状况。

第三章 创 新 概 述

随着建设国家和区域创新体系进程的加快,我国实现创新型国家的战略目标已指日可待。我国所构建的创新体系,已远远超出科技发明的技术创新范畴,进入理论创新、制度创新、经济发展创新、企业管理创新等各个领域。创新型国家目标的实现必将全方位推动社会的进步,在对待创新的研究上,也应与时俱进。本章所讲的创新的概念,源于创造学对创造概念的解释,但又超越原有的界定,有其自身独特的内涵和外延。

第一节 创新的含义

一、“创新”一词的起源和含义

(一)创新的起源

“创新”是一个非常古老的词语。中文“创新”一词出现较早,不过词意与现代不同,主要是指制度方面的改革、变革、革新和改造,并不包括科学技术的创新。据目前可见资料,“创新”最早见于《魏书》:“革弊创新者,先皇之志也。”(《魏书》卷六十二),比《魏书》稍晚的《周书》中两次出现“创新”一词,《南史》中出现过一次。

古籍中的“创新”一词,大致与“革新”同义,主要是指改革制度。也就是说,在6世纪初,“创新”一词便在中文中使用,在唐代已十分流行。在英语里,创新(innovation)一词起源于拉丁语里的“innovare”,意思是更新、制造新的东西或改变。美国总统华盛顿在其1797年的告别演讲中,告诫美国人民要“保持创新精神”。

然而,创新成为一种理论则是20世纪初的事情。美籍奥地利经济学家、哈佛大学教授约瑟夫·A. 熊彼特(Joseph A. Schumpeter, 1883—1950)在其1912年德文版的《经济发展理论》一书中,运用创新理论解释了发展的概念,此书在1934年译成英文时,使用了“创新”一词,他认为创新是发明的第一次商业化应用。熊彼特在1928年首篇英文版文章《资本主义的非稳定性》(*Instability of Capitalism*)中首次提出了创新是一个过程的概念,并在1939年出版的《商业周期》(*Business Cycles*)一书中比较全面地提出了创新理论,他认为,创新是新技术、新发明在生产中的首次应用,是建立一种新的生产要素或供应函数,是在生产体系中引进一种生产要素和生产条件的新组合。

熊彼特所说的这种组合包括以下内容:引进新的产品或提供产品的新质量——产品创

新，产品创新是指创造一种新的特性，或创造新产品；采用新的生产方法——工艺创新，工艺创新是指采用一种新的方法，这种新的方法不仅是采取新的科学技术（即不一定非要建立在科学的新发展基础之上），它还可以是以新的商业方式来处理某种产品；开辟新的市场——市场创新，市场创新是指开辟一个新的市场，这个市场可以是新出现的，也可以是以前存在但并未开发进入的；获得新的供给来源——资源开发利用创新，资源开发利用创新是指获得或控制原材料、半制成品的一种新的来源；实行新的组织形式——体制和管理创新，体制和管理创新是指实现任何一种新的产业组织方式或企业重组，例如造就一种垄断地位，或打破一种垄断地位。

熊彼特的创新概念的含义是相当广泛的，创新不等于科学技术上的发明创造，而是将已有的发明运用于实际，形成一种新的生产能力。它包含一切可提高资源配置效率的创新活动。同时，创新具有多面性，根据所强调方面的不同，对创新会有不同的定义。之所以称为创新，有的是因为改善了我们的生活质量，有的是因为提高了工作效率或巩固了企业的竞争地位，有的是因为对经济具有根本性的影响。但创新并不一定是全新的东西，旧的东西以新的形式出现或以新的方式结合也是创新。当然，熊彼特所说的创新，过分强调经济学上的意义，忽略了商业上的初始创新。我们也应把对现行技术和生产系统的改造、产品质量的提高与性能的改进以及企业改革看成创新。

（二）创新的含义

自创造学传入我国后，特别是近年来国家对自主创新能力的强调，国内外理论界对创新的概念从各个不同的视角提出了多达70余种解释。具有代表性的有以下几种。

（1）创新是开发一种新事物的过程。这一过程从发现潜在的市场需要开始，经历新事物的技术可行性研究阶段的检验，到新事物的广泛商业应用为止。创新之所以被描述为一个创造性过程，是因为它产生了某种新的事物，并在社会上实现了其价值。

（2）创新是运用已有知识或相关信息创造和引进某种有用的新事物的过程，比如技术创新。

（3）创新是对一个组织或一个相关环境的新变化的接受和适应。

（4）创新是指新事物本身，具体来说就是指被相关使用部门认定的任何一种新的思想、新的实践或新的制造物。

（5）当代国际知识管理专家爱米顿对创新的定义是：新思想到行动（new idea to action）。

创新是一个相当广泛的概念。受熊彼特创新概念的影响，我国理论界较为一致的看法是：创新是新设想（或新概念）发展到实际和成功应用的阶段。因此，一般意义上讲，创造强调的是新颖和有价值性，着重指"首创"，是一个具体结果；创新则强调的是创造的某种实现，是创造的过程和目的性的结果，如蒸汽机的出现是发明（创造），而将它应用于其他工业，则是创新。显然，创新是一种不断破坏旧的、创造新的过程，它更注重经济性、社会性。现在常讲的创新，从广义上援引了这个概念，如知识创新、技术创新、理论创新、管理创新、制度创新等。有时，在不同的情况下，它还常有不同的含义。

从哲学上说，创新是人的实践行为，是人类对于发现的再创造，是对于物质世界的矛盾再创造。人类通过物质世界的再创造，制造新的矛盾关系，形成新的物质形态。

从社会学上讲，创新是指人们为了发展的需要，运用已知的信息，不断突破常规，发现或产生某种新颖、独特的有社会价值或个人价值的新事物、新思想的活动。创新的本质是突破，即突破旧的思维定势、旧的常规戒律。创新活动的核心是"新"，它或者是产品的结构、性能和外部特征的变革，或者是造型设计、内容的表现形式和手段的创造，或者是内容的丰富和完善。

从经济学上讲，各种能提高资源配置效率的新活动都是创新。由于创新涉及众多领域，由此引发了许多新概念，如为了加快科技成果转化，提出了技术创新的概念；为了提高国家的总体实力和竞争能力，提出了国家创新体系、体制创新和制度创新的概念；企业为了获取更高的效益，提出了管理创新和市场创新的概念；为了扶持高技术企业成长，提出了金融创新的概念；为了培养创新人才，教育系统从应试教育转向素质教育，提出了教育创新的概念，实施创新教育；为了满足企业竞争和生存的需要，提出了战略创新的概念；其他还有文化创新、观念创新、理论创新、机制创新，甚至还出现了政治创新和军事创新概念，可以说"创新"有着无限的生存和拓展空间。其中，既有设计技术性变化的创新，如技术创新、产品创新、过程创新，也有涉及非技术性变化的创新，如制度创新、政策创新、组织创新、管理创新、市场创新、观念创新等。因此，简单来说，创新就是利用已存在的自然资源或社会要素创造新的矛盾共同体的人类行为，或者可以认为是对旧有的一切所进行的替代、覆盖。

创新是指以现有的思维模式提出有别于常规或常人思路的见解为导向，利用现有的知识和物质，在特定的环境中，本着理想化需要或为满足社会需求，从而改进或创造新的事物、方法、元素、路径、环境，并能获得一定有益效果的行为。

二、与创新相关的几个概念

(一)创新和创造的关系

创造是创造学关注的核心词。创造可以分为两类。一类是自然的创造，如星云的收缩创造了星球，地球就是自然的创造物之一；地壳的运动创造了山脉、湖泊；物种的进化创造了人类，等等。另一类是人类的创造，如古人类在劳动中创造了工具；人类在探索自然奥秘的过程中创造了科学(如天文学、地质学、物理学、化学等)；人类在自身的发展过程中创造了灿烂的文明，等等。自然的创造并不是本书所研究的对象，我们在此主要是为了区分人类的创造和创新的关系。对于创新和创造的关系，理论界大致有以下几种观点。

(1)"等同说"，即"创造"就是"创新"。不少学者认为，"创造"和"创新"不存在实质性的差别，它们都是研究"创造学"领域的基本概念，"创造"和"创新"的内涵认识可以兼容，可视为一个相同的概念，不必将它们在逻辑意义上进行严格区分。持这种观点的学者认为，创新是新时期创造概念演进的必然结果，是对创造概念的新认识。

(2)两种"包含说"。一种"包含说"认为"创造"包括"创新"。这种观点认为"创新"仅是人类创造活动的一种，它专指经济领域的创造，是创造成果的商业性应用，是创造的一个突出环节和核心，是创造价值的最高体现。我国最早研究创造学的学者大多持这种观点。另一种"包含说"认为"创新"包括"创造"。这种观点认为"创造"是"创新"的一个环节，某种新的想法、概念，新的器物，只要发明或制造出来就叫"创造"，而"创新"既要提出和制造出来，又要推广使用，必要时还需进行改进，并产生一定的经济效益和社会效益。目前，提出创新学概念的学者大多持这种观点。

（3）"本质不同说"，即认为"创造"和"创新"是完全不同的概念。这种观点认为"创造"是"无中生有"，即创造出一个自然界没有的东西来；而"创新"是"有中生新"，在已有的基础上进行变革和改进，具有新的功能和效率。"创造"指科学技术的发明；"创新"是创造过程的延伸，指这种发明第一次被商业性运用。

（4）"交叉说"，即"创造"和"创新"的内涵有相容和不相容，呈交叉状态。我们认为，"创造"和"创新"的本质是相通的，因为"创新"是在人类发明创造的基础上产生的，它们表现的共性是："创造"和"创新"都要出成果，其成果都具有首创性、新颖性和价值性。它们表现的差异性是：创造强调原创性、首创性，是从无到有；创新是从旧到新，创是过程，新是结果。"创新"具有社会性、价值性，是在创造基础上经过提炼的结果，是新设想、新概念发展到实际和成功应用的阶段，它代表了人类先进的生产力和先进文化，有益于人类社会的进步。

（二）创新与发明

很多人把创新与发明看作同一概念，实际上创新与发明在创造过程中处于不同阶段。熊彼特最早对发明和创新做出明确区别，他认为，企业家的职能就是把新发明引入生产系统，创新是发明的第一次商业化应用。创新可以看成是技术改进的单元，而发明，如果有的话，也只是创新过程的一部分。创新不一定非是重大技术进展的商业化，它也可能仅仅是对渐进变化的技术诀窍的利用，有时甚至根本不涉及技术改进。在技术发明和创新之间通常有一段自然的时间延迟，也就是说，研究开发所创造的重大科学进展和发明，不一定立即产生效果。一般来说，在创新产生明显的经济影响之前，都有扩散或调整及完善、改进时期。传真机从发明到真正市场化用了145年。实际上，将发明转换为商业上成功创新的途径就是拥有大量潜在的发明。

（三）创新与技术

国际上对技术概念的完整理解是，任何技术都包括三个组件，这三个组件相互依赖，共同承担技术功能。它们是：技术实现的手段——用于完成特定任务和目标的设备或机器的物理结果和逻辑安排；技术信息——如何使用上述硬件来完成特定任务的知识；对技术的理解——以某种特有方式使用技术的理由。若将计算机看成一项技术，则三个组件分别是：计算机的物理结构和部件，这是计算机工作的工具；一系列的操作、维护、修理规则，这是关于计算机的信息；对计算机的理解，包括使用计算机完成特定任务所需要的知识和专长。只有当这三个组件完全具备时，才能把它看成是一项技术。

西方管理学家认为，技术包括硬件、软件和智能件三个部分，每项技术都植根于一个复杂的物质、信息和社会经济的网络之中。这一网络使某项技术得以合理应用，并支持该技术完成某种特定的任务和实现某个目标，我们称之为技术支持网。在先进国家的企业家、经济学家和管理学家看来，管理和经营也是技术，并且是十分重要的技术。

在我国，技术进步、技术创新和技术改进这几个词经常出现。技术进步是一个比较抽象的、广义的经济学概念，经济学家用它来指"生产函数的移动"，即我们常说的发挥市场对资源配置的基础作用，通过有效竞争，使资源配置从效率低的方式转换到效率高的方式等。也可以说，技术进步是技术的进化及积累的连续过程。技术创新是一个更为具体的概念，它是实现技术进步的具体工具和手段，是技术进步的具体实现和根本来源。技术改进是指对现行技术和生产系统的改进和升级，它也是促进技术进步的一种手段，技术改进有时也涉及技术创新——采用技术创新对现有技术和生产系统进行调整和改造。所以，技术的具体活动包括技术创新（改进）、技术改造和创新扩散等。技术创新是技术进步的核心。

第二节　创新的类型与标准

人类社会的进步，离不开各种各样的创新活动。创新不仅是推动人类文明进步的主要因素，而且也是保护和传承文明的主要动力。创新在各个领域的渗透，已是一个不可逆转的大趋势。

一、创新的三种基本形式

（一）发现

世界上的万事万物都有一定的规律、法则或结构和功能，需要人们通过观察、研究去寻找或认识。发现是指通过观察事物而寻找其原理或法则，即寻找已经存在但不为人知的规律、法则或结构和功能。发现主要是寻找或认识两个方面的东西：一是对自然界的各种原理、规律的寻找或认识；二是对社会发展规律的寻找或认识。也就是说，发现是使那些已经存在、但过去不为人所了解的事物变得为人所知，为人类增添新的科学知识。

（二）发明

发明是根据发现的原理而进行制造或运用，产生出一种新的物质或行动。根据发明的实质，发明又可分为"基本发明"和"改良发明"两类。"基本发明"与"自主创新"或"原始创新"同义，是指一种新原理的应用，或综合诸原理而进行一种新的发明。就这种意义来说，它是使社会进步的主要动力，而且一般会成为其他发明的基础。改良发明，顾名思义，乃是对某种现有产品进行改进，旨在增加它的效率，或使之可作为某种新的用途。

（三）革新

革新即变革或改变原有的观念、制度和习俗，提出与前人不同的新思想、新学说、新观点，创立与前人不同的艺术形式等。人类社会是不断发展变化的，为适应这种变化，人们原有的伦理道德、价值观念、政治制度、法律制度、婚姻家庭制度、礼仪制度、生产制度和宗教制度等，也必须随之不断地革新。学术界和艺术界一样，也随着社会的发展而不断超越前人。

二、创新的其他分类

依据创新主体的不同情况，可将创新分为自主创新、模仿创新和合作创新；依据创新进程强度的不同，可将创新分为渐进创新和激进创新。根据创新与产业演化的关系，创新可分为结构性创新、空缺创造式创新、渐进性创新和根本性创新。中国特色自主创新道路将原始创新、集成创新和引进消化吸收再创新进行了有机结合。

与此同时，在创新的前面几乎可以冠以经济建设和社会发展每一个领域、内容和人群的名称，形成不同类型的创新。大致有这样几类：从社会活动领域来分，有科技创新、教育创新、经济创新等；从意识形态方面来分，有思想(思路)创新、意识创新、观念创新等；从经济建设的构成来分，有企业创新、农业经济创新、商业创新、民营企业创新等；从社会功能的分工来分，有教育创新、服务创新、工作创新、管理创新、职业创新等；从市场经济领域来分，有市场创新、营销创新、品牌创新、产品创新、广告创新等；从改革内容来分，有体制创新、机制创新、机构创新、职称评定创新等；从人群来分，有领导创新、企业家创新、专业技术人员创新等。

三、创新的标准

创新与创造一样，虽然在定义上争论不休，但它们有共同的特性，这些特性成为界定创新的基本标准。

（一）新颖性标准

新颖性是指创新成果为前所未有的、崭新的和首创的，否则就是重复或者模仿。创新的新颖性标准主要是指破旧立新、前所未有，这是相对于该创新领域的历史而言，是纵向比较。新颖性包含独特性，独特性主要指不同凡俗、别出心裁，这是相对于他人而言的，是横向比较。

新颖性标准具有层次性。最高层次的新颖性是指一个新设想、新设计在古今中外的范围内都是前所未有的。最高层次的新颖性亦可称为世界新颖性、绝对新颖性、原创性，如电灯、电话、电脑等的创造发明。中间层次的新颖性是指地区、民族、企事业单位即行业范围内的新颖性。中间层次的创新成果大多属于对原创性的改进。最低层次的新颖性是个体的新颖性，这种新颖性对创新者个人来说是前所未有的，所以又称为主观新颖性。最低层次的新颖性是指仅对创新者本人的个体发展有意义，而一般不体现社会价值的创新。

(二)价值性标准

价值性标准是指创新成果的理论和应用价值的大小。新颖性标准是价值性标准的基础和前提。新颖性标准的层次性决定了创新价值性的层次性。与新颖性标准的层次相对应，最高层次的新颖性会对社会产生巨大的影响，甚至会成为划时代的标志。中间层次的创新具有一个行业或区域的社会价值的，能够给某一行业或区域带来经济效益和社会效益。最低层次的个体新颖性对个体的作用大于对社会的作用，比如说考上大学对个体的价值大于对社会的价值。

◎ **课后练习题**

1. 结合个人实际，谈谈你对创新的认识。
2. 简述创新的基本类型。
3. 创新的标准有哪些？试以你身边的人和事为例，说明你对创新标准的理解。

第四章 创新能力开发

创新能力是经济竞争的核心。当今社会的竞争，与其说是人才的竞争，不如说是人的创新能力的竞争。实施创新教育，开发大学生的创新能力，是高等教育的重要任务。

第一节 创新能力的含义与构成

创新能力是人的能力中最重要、最宝贵、层次最高的一种综合性能力。创新能力的含义是什么，它由哪些因素构成，是本节要探讨的问题。

一、创新能力的含义与特征

（一）创新能力的含义

创新能力，在创造学和心理学上一般称作创造力。"创造力"一词源于拉丁语"creare"，其含义为创造、创建、生产、造就。创造力是创新活动中最关键、最活跃的因素，是创造学中一个最基本的概念。创造力的含义众说纷纭，据不完全统计，有关创造力的定义多达上百种。

根据我们的理解，创造力和创新能力是一对既有区别又有联系的概念，其内涵并不完全相同。中国矿业大学的庄寿强教授通过研究认为：创造力是隐性的创造能力，即创造潜能，它是先天形成的人（脑）的一种自然属性，与人的知识和精力并无直接关联，因而对它是难以进行测量的，于是不同人之间天生的创造力也就无所谓大小之分了；而创造能力也就是我们平常所说的创新能力，是一种显性的创造力，它是人的一种社会属性，是人后天通过各种教育或训练才形成的素质，与人的知识和精力即后天的培养关系密切，因而人的创新能力是可以测量的，并且可以依据测量结果来判别其大小。

综观近十年的研究成果，虽然国内学者对创新能力的理解各不相同，但他们对创新能力内涵的阐述基本上可以划分为三种观点。第一种观点以张宝臣、李燕、张鹏等为代表，认为创新能力是个体运用一切已知信息，包括已有的知识和经验等，产生某种独特、新颖、有社会或个人价值的产品的能力。它包括创新意识、创新思维和创新技能三部分，核心是创新思维。第二种观点以安江英、田慧云等为代表，认为创新能力表现为两个相互关联的部分，一部分是对已有知识的获取、改组和运用；另一部分是对新思想、新技术、新产品的研究与发明。第三种观点从创新能力应具备的知识结构着手，以宋彬、庄寿强、彭宗祥、殷石龙等为代表，认为创新能力应具备的知识结构包括基础知识、专业知识、工具性知识或方法论知识，以及综合性知识四类。上述三种观点，尽管表述方法有所不同，但基本上能将创新能力的内涵解释清楚。

创新能力是在前人发现或发明的基础上，创新主体以已知信息或知识为基础，对客观事物或现象进行重新组合，产生出具有新颖独特、有社会和个人价值的产品的能力。这里的产品是指以某种形式存在的思维成果，它既可以是一种新概念、新设想、新理论，也可以是一项新技术、新工艺、新产品。该定义根据产品来判断创新能力，标准有三：即产品是否新颖、是否独特、是否有社会或个人价值。"有社会价值"指对人类、国家和社会的进步具有重要意义，如重大的发明、创造和革新；"有个人价值"则是指相对于个体发展有积极意义。当然，没有创造出新颖独特产品的人不一定不具有创新能力，因为新产品的产生除了与创新能力（创造性思维）本身有关外，还与将创新观念转化为实际产品的知识、技能及保证创新活动顺利进行和完成的一般智力背景有关，同时受到机遇、环境等外部因素的影响。创新能力不仅可以产生创新的成果，而且也可以通过教育、培训，在实践中得到提高。创新的主体既可以是个人，也可以是组织。本书研究的是个体创新能力的培养。

（二）创新能力的特征

（1）创新能力是一种复合性的能力。创新能力的核心是创新思维。由创新思维决定的创新能力是一种复合性的能力，是由探索问题的敏锐能力、统摄思维活动的能力、转移经验能力、侧向思维能力、形象思维能力、联想能力、灵活思维能力、评价能力、"联结"与"反联结"能力、产生思维能力、预见能力、运用语言能力和完成能力构成的。创新能力的复合性要求创新者具备各类能力。但是，由于创新者天赋、教育以及经历的不同，所具备上述13项能力的状况也就大不相同，这就是产生不同创新者的原因所在。

（2）创新能力的核心性。在社会活动中，创新能力与其他相关理论、知识以及能力不是简单地堆积在一起，而是发生深度结合即融合，从而发挥效用，并充分展现它的核心性。国家核心能力标准将交流表达能力、数字运算能力、自我提高能力、与人合作能力、解决问题能力、信息技术能力、创新能力和外语应用能力确定为八种核心能力。在这八种能力中，创新能力具有以自身进行组合的功能，将其他能力以自身为核心组合起来，这充分展现了其核心地位。若以人终身发展的能力来看，它在职业特有能力、行业通用能力和关键能力（亦称核心能力）三个层次中亦居于核心地位。

二、创新能力的构成

创新能力是人在创新活动中表现出来的各种能力的总和，主要是指创新思维能力和创新技能。了解创新能力的构成要素，对于深入理解创新能力的本质特性，训练、培养、开发与提高创新能力具有十分重要的意义。

创新能力是人类的一种高级能力，创新活动是人类最重要的实践活动。人类社会的文明史是一部创造、创新史。从某种意义上说，人类的创新能力是社会发展和人类进步的原动力。个体创新能力的大小是多种因素决定的，一般来说，是由先天素质、后天环境和心理素质决定的。首先，环境相同，先天素质不同，创新能力不同；其次，先天素质相同或差不多，后天环境不同，也会使人们的创新能力大小发生很大变化；再次，先天素质差不多，环境也相同，创新能力的大小就取决于个人心理素质。

（一）创新能力的表现形式

虽然人的创新能力本质上是由人的创新素质决定的，是创新素质要素整体运行的系统效应，但是，这种效应并非经常发生。在不同人身上，可能会以不同的形式表现出来，在不同事物间，其表现形式也可能有很大区别。

(1)创新主体。从创新主体来考虑创新能力的表现形式，马斯洛的两分法具有代表性。他认为，创新能力有两种形式：一种是体现在杰出人物身上的特殊才能的创新能力；另一种是体现在一般大众身上的自我实现的创新能力。

特殊才能的创新能力是指其创新成果对整个人类社会的进步意义重大，具有很强的新颖性、独创性和真实性，如牛顿、爱因斯坦等杰出人物体现出来的创新能力。自我实现的创新能力则不拘于创新目标的大小，而是对生活的各个领域都有一种变革求新的态度，以获得创新的乐趣和享受。例如，不少人都希望每天的饮食能够丰富多彩，并通过自己的创意策划，使生活更加充实，这就属于自我实现的创新能力。

(2)创新对象。从创新对象上考察创新能力的表现形式，则有突破性创新能力和非突破性创新能力之分。突破性创新能力和非突破性创新能力的区别是以创新成果的突破性程度为标志。那些对科技进步和社会发展具有决定性影响的重大科技成果所体现出的创新能力即属于突破性创新能力，如半导体、激光、原子能、计算机等重大科技成果所体现出来的创新能力。而非突破性创新成果所体现出来的创新能力则属于非突破性创新能力，如一般的产品更新所体现出的创新能力就属于此类。

值得指出的是，在现代科技背景下，突破性创新能力和非突破性创新能力常常表现为群体行为，而不再仅仅体现在创新者个人身上。

（二）阿玛拜尔的发明创造力结构模型

美国创造心理学家阿玛拜尔在1983年提出的发明创造力结构模型在创新能力构成要素分析上具有一定的代表性。该模型认为，发明创造力由特殊才能、一般创造力和创造动机三种因素构成。这三大要素按其普遍性来说，处于不同的层次，一般创造力在一切活动领域都起作用，是实现发明创造的决定因素，是最普遍的创造力。一般创造力较高的创新人才在许多领域会表现出创造性。特殊创造才能是指一定活动领域的创造力，即从事创造领域的专业才能，它是创造力结构的基础。显然其普遍性低于一般创造力。创造动机只与个别活动有关，不同的人常常对于同一领域的不同课题表现出不同的兴趣和热情。

（三）创新能力的构成

创新能力是在创新活动中体现出来的一种显性能力，创新活动的性质决定了创新能力主要是由提出问题和解决问题两种能力构成的。创新活动源于问题意识，提问能力是指能够发现并提出问题，并由自己解答或请别人解答问题的能力。

（1）提出问题。提出问题是由创新者在已有的知识、信息、经验和价值观的基础上，通过对创新对象的情景、状态和性质进行新的认识，它通常经历"发现问题—寻找资料—弄清问题"这样一个完整的过程。实践中遇到矛盾或不合逻辑的事就多问为什么，特别是经常出现的矛盾，就要密切关注，尤其是自己感兴趣的问题，一定要当作问题立项。这是一个人产生问题的源头，也是树立问题意识的立足点。对于一般偶发现象不必太在意，或者说不要当成大问题对待。

创新问题的提出可以分为三个层次，即研究型问题、发现型问题和创造型问题。提出研究型问题，往往借助于一个创意就可基本解决。对于发现型问题和创造型问题，从创新角度考察，提出新问题就显得更加重要，它直接决定着解决问题方案的构想和创新的效果。成功地提出问题的经验告诉我们：创新问题的提出要从多角度考虑问题并使自己的思维形象化；创新者要对创新要素进行独创性的组合，在事物之间建立联系，并从相对立的角度进行思考。实践证明，创新者用这样的策略和方法发现并创造了前所未有的思维产品，这些产品为很多重大创新成果奠定了基础。

掌握问题产生的途径可以有效提高人们对问题萌芽的敏感度。问题的产生一般有以下四个途径。

①抓住经验事实同相关理论的矛盾。每一个新的观察和实验结果以及多数反常现象，都可能与现有的相关理论、概念发生冲突，这个时候，新的问题就会产生。对于创新者来说，最重要的是能从一些蛛丝马迹中觉察到这种不相容的程度，从而提出问题。

②抓住理论内的逻辑矛盾。理论的最基本的要求是，其内部应该是和谐的，或者说是能够自圆其说的。如果一个理论的内部出现了逻辑矛盾，它就必然会推出两个相对立的论断。因此，抓住理论的逻辑矛盾往往是发现问题并实现理论突破的关键。比如，爱因斯坦发现电磁学方程在伽利略变换中不具有协变性，而这就意味着电磁理论同经典时空观的矛盾，这引导了爱因斯坦探求狭义相对论。

③关注学派之间的辩论。不同学派、不同学术观点的论争，是科学史上的常事。因为一个问题可以从多个方面铺展开来争论，而激烈尖锐的争论总能促进科学问题的最终解决。

④关注不同知识领域的边缘地带。近年来，科学的发展呈现出既分化又综合的趋势。一些有远见的科学家通过关注科学中的边缘地带，找到许多有意义的课题，并作出开拓性的贡献。20世纪的许多横断性科学，几乎都是从一些交叉地带产生的，比如系统论、控制论、信息论等。在科学、哲学中，科学、技术与社会的交叉以及与经济、政治、文化、教育的交叉，都深化着人们对科学本性的认识。

问话问得巧，可开启提出问题的新思路，往往可起到事半功倍的效果。提问的技巧主要有以下几个方面。

①因人而问，不能"千人一问"。人有男女老幼之分，个性千差万别，同一个问题问不同的人，应有针对性地采取相应的问话方式和方法。

②提问不唐突。提问时要考虑对方的学识，要确定这个问题是使对方乐于回答的问

题，要表示出自己的诚意。

③限制型提问。这样提问可减少被提问者拒绝回答或回答不明确的可能，如"要不要留一个副本"的问题应改为"留一个副本还是两个副本"。

④选择型提问。这种提问一般用于熟悉者之间，也表明提问者不在乎对方的抉择，如想让他喝啤酒，可问："今天咱们是喝宝鸡啤酒还是汉斯啤酒？"

⑤婉转型提问。这种提问是避免对方拒绝而出现尴尬场面。如想与对方进一步接触，不知道其是否接受，于是可试探地问："我陪你走走好吗？"若不接受，双方都不会难堪。如果你要请别人按你的意图去做事情，应该用商量的口吻向对方提出，待把意图讲清后，应该问一问："你看这样是否妥当？"

(2)解决问题。解决问题的能力体现在完成创新成果的能力，是指不畏艰辛、一丝不苟地完成有价值的创新设想的能力。一般来说，完成创新成果的能力包括设计、绘图、工艺制作、实验、组织、语言、写作、自我表现、精雕细刻、精进整合等能力。所谓解决问题，是指在对所提出的问题尚无现成的方法可用时，将问题的初始状态向目标状态转化直至达成目标的全过程。

心理正常的人，一般都可能产生一些创新的想法。不少人有时产生的想法相当有价值，甚至已经思考出了创新方案，但绝大多数人由于缺乏完成能力而不能付诸实践。有的人虽觉察到自己的创新项目的市场潜力颇大，可是由于缺乏完成能力而被迫放弃。有的人虽然造出了创新产品，然而由于完成能力不足，制作出的创新产品很粗糙，难以达到预期效果，从此不再继续。可是别人在这个基础上接着干，往往却没花多大力气就制作出了新产品。

诚然，完成能力不是一时之功，而且创新内容涉及的范围无所不包，每种创新项目需要的完成能力千差万别。要每一位创新者都具备全面的完成能力是不现实的，也是不可能的。但是，若创新的项目属于自己专业范围之内的，那创新者就应尽可能发挥应有的专长，也应该具备完成能力。若创新的内容是自己不熟悉的专业，那就发挥创新者丰富的想象力，借力完成自己的创新成果，如委托、聘请有关单位、专家或者招标。甚至与有关人员合作完成，这也是一种完成能力的表现。当然，如果能对自己的创意画一张草图或流程图，那对完成创新项目帮助很大，也是完成能力的最佳体现。

一般来说，解决问题必须有四个要素：一是解决问题的过程是确定的、清晰的和按步骤进行的；二是在解决问题的全过程中，具备充分的操作知识和相关知识；三是解决问题的所有方面都是指向目标的；四是解决问题必须是个性化的。一位创新者，一般不可能从头至尾地独立完成一个创新产品，其间总会与别人打交道。因此，欲完成自己的创新产品，最好具备以下几项基本的完成能力。

①组织能力。大多数创新产品，尤其是较大的创新项目和经营创新或组织管理创新，不仅涉及许多专业和人员，还要耗费大量的物资和时间，这就需要创新者必须具有一定的组织能力。

②语言表达和写作能力。创新方案或思想在许多情况下要用语言或文字来表达，以供人们鉴别理解或作为创新成果完成的一种形式，是自我表现能力的反映。特别是在有些创

新成果需要用论文、报告或书籍的形式呈现出来的时候，如果创新者的语言和写作能力不强，是很难完成这些任务的。创新者的语言和写作能力与文艺作品是不一样的，这里主要是要求科学的可靠性和逻辑的严密性，论证准确充分、结论明确，语言并不要求生动，文章结构也不要求玄妙，而应该简练、精确、清晰、完整。

③精雕细刻能力。就是在完成创新作品的过程中要注意各个细节，使每个细节都趋于完善，这是创新者很容易忽视的问题。大部分创新者非常重视方案的原理和巧妙性及其如何实现，而很少考虑细节的尽善尽美。其实在很多情况下，由于某些细节未注意到而有可能导致整个创新工作毁于一旦。创新者对每一个细节都应给予高度重视，绝不可掉以轻心。只有对每一个细节及其相互间的衔接都精心思考、精心分析、精心设计计算和精益求精地制作，才有可能使整个创新项目臻于完善，达到可靠、经济、实用、美观的目的。只有这样，才能算得上较好地完成了一个创新项目。

④提高效率能力。严格地说，提高效率也是提高利益的一个重要手段和方法。这里讲的提高效率，着重是指节约时间和提高速度两个方面。提高效率的方法有很多：增强自身本领，提高熟练技能；学会授权，有的事请别人干，利用别人力量提高效率；学会花钱买时间，利用快速高效的工具；学会巧妙运筹，同时做两件或几件事等。提高效率最实用、最重要的方法是集中精力、高度投入。有效地把精力、时间集中在当前所做的事情上，就可以产生能量聚焦效应。集中精力、高度投入的方法很多，最可行的方法是规定期限。创造学之父奥斯本认为工作时加上情感的力量，会使得工作更加完美。时间利用专家艾伦·拉金提高效率的一条重要经验就是不论做什么事，都对自己和别人提出时间要求。一旦规定了一件事的完成期限，就容易在这个期限内倾注全部的精力，推动人们较快地取得成果。这种压力感、紧迫感可以使人做到高度投入，效率自然大大提高。

⑤成功益进能力。成功者不因自己的成功而固步自封，应始终把自己取得的成功看作是明天创新的基础和起点。永葆谦虚，勤奋永进，争取获得更大成功的能力，这就是成功益进能力。成功是没有穷尽的。真正成功的人始终保持非常谦虚学习的态度，从不因为自己的成功而自满。失败者中有很多以前是成功者，有人研究，这些失败者为什么一开始成功后来又失败了呢？答案往往是相同的，就是他们成功后开始自满。成功者要成功益进，应自觉地抵御成功后自己身边环境氛围变化对自己的诱惑，正确对待荣誉、捧场、奉迎、物质和精神享受，不因这些东西的到来而迷失崇高目标。任何目前的成功和将来的成功相比，都只是小成功，都需要争取更大的成功。成功者要永远把成功放在明天，把计划放在今天，把行动放在现在。

三、创新技能是创新能力的集中体现

创新是一种社会活动，创新者只有具备一定的创新技能才能实现创新价值。创新技能是创新者在创新活动过程中正确处理自己与社会之间关系的一种能力。这里简单地介绍几种常见的创新技能。

（一）把握机遇能力

机遇是指在行为或事件过程中偶尔出现的、能够给人带来转机和出乎意料的良好效果的条件。人的一生会遇到各种机遇，但问题是有了机遇是否能马上认识到，或是能否很好地加以利用，这成为创新者成功的重要条件。一位美国职业战略家将人们能否"借助机遇起跳"列为从业成功的关键技能。他认为，机遇来自他人他事之力，若善加利用，可以达到本来可望而不可即的目标和位置。

机遇总是为有准备的人提供的。日常生活中经常有这样的事：朝思暮想地要解决某个问题，然而总是不得其解，而某一天突然受到某事启发，原来百思不解的问题一下就得以解决。美国政治学家米敦认为他能够找到解决问题的方案是因为他从所有角度研究问题，那个问题就如影随形，不时跟着他，他也对问题愈来愈熟悉，直到解决问题的方案闪现在脑里。要创新，就要养成一个良好的习惯：每天坚持创新思考，千方百计地寻找创意。世界珍珠大王、日本的御木幸吉为研制人造珍珠，同部下一起想出了3000多种很有创意的点子，最后从中选取几种用于生产，获益颇丰。机遇的出现总是意外的，因此，用"有准备的头脑"留心意外之事，是认识机遇的重要条件。

偶然现象是人人都会碰到的，但有的人能够从偶然事件中发现新事物，并由此建立了惊人的科学事业。说到底，应归功于他们的头脑时刻有所准备，并且对周围的事物有着敏锐的观察力。

（1）不失时机，把握机遇。机遇的表现形式对大多数人来说具有隐蔽性。稍纵即逝的偶然机遇常常使毫无准备的人在失之交臂的反思中扼腕长叹、后悔不已。树立机遇意识，就是要求创新者注意观察、善于思考、把握机遇，不失时机地追求发展。树立机遇意识，就是要树立市场观念、竞争观念和效益观念，即使在顺境中也要有一定危机感。危机感和生存意识是树立机遇意识的基础。

相关信息可以决定企业的成败，所以成功者常说"市场信息值万金"。对待信息，要"有心、眼明、手脚快"，才能从信息中把握机遇。闻风而动，就要善于把握市场动态，了解社会经济和社会发展的重大事件和风向，及时见风使舵，调整产品结构，开发研制适应市场的新产品。温州商人在得知欧元即将发行后，针对欧元版式，设计了欧元钱夹，和欧元一同推入市场，这样紧抓机遇，赢得了良好的经济效益。

当然，碰到机遇时，还要注意联系实际。古语云，"得天时还要有地利，占地利还得人和"。面对机遇，要思量这个于己、于时、于地、于人的实际能不能行得通，是不是机遇？具备哪些成功的因素？缺乏哪些成功的条件？务必充分考虑实际，万万不可粗心大意。

（2）超越自我挖机遇。创新者在生产和经营中掌握主动，不断超越自我，就是主动挖掘机遇。在创新活动中，要运用不断超越自我的思想方法，来对待自己的设计、自己的观念和自己的工作，不能停滞不前，自我陶醉于已有的成就之中。在不断超越自我、挖掘机遇的过程中，可能会牺牲一定的短期利益，但最终总是可以保证创新者的根本利益的。吉列公司是不断超越自我的典范。吉列不断推出超越自己原先产品的新产品，推出时总是以自己的前一产品为攻击目标。这样做并不是笨，因为不管顾客使用吉列的何种产品，都是在为吉列花钱。鼓励顾客使用新产品，一是可以用更好的产品和服务留住原有的顾客，二是可以给顾客留下良好的品牌印象，从而带来更多的顾客。

（3）通过产品的多功能开发把握机遇。任何产品都有两方面特征，一是指产品具体形态的实体性，二是指能提供给消费者一种基本效用和利益的实质性。人们购买产品并不是需要产品本身，而是产品满足需要所体现的价值。多功能开发是指企业在开发新产品中，力求把产品的多种用途和多种功能当作差异化至关重要的开发目标，以提高产品的市场地位和竞争能力的一种创新方法。美国销售学家维物断言未来竞争的关键，不在于工厂能生产出什么产品，而在于其产品所提供的附加价值。随着科学技术的进步，人们的需求逐渐多样化，企业的产品必须提供更多的附加效益，才能适应市场的需要。例如全球通用的多功能世界手表、晴雨伞，可进行中国象棋、国际象棋、三友棋、跳棋等多种娱乐活动的多功能组合棋等，都是一物多用的产品。

从挖掘机遇的角度讲，一物多用的方法又可广而用之，除了一物多用外，还有一理多用、一法多用、一能多用、一事多用、一店多用、一厂多用，等等，即从某一个主体事物出发，采用主体附加法深入挖掘它的其他用途，发展创新活动。日本富士通电器公司发明家小野某天在雨后的路旁发现了一张湿淋淋的卫生纸，他陷入沉思：天晴时废纸大多是一团团的，为什么被雨水淋湿后会自动展开呢？这种干缩湿展能否用于自动控制？后来小野就真的钻研起纸的伸缩原理，并用纸的干湿卷伸原理试制成功"皱纸自动控制器"，从而获得了发明专利。

（4）巧用危机创机遇。这是指遭遇危机时将坏事变成好事，化险为夷，创造出一个新的局面。创新者遇危机是不可避免的。事实上，每一位创新者都有可能遇到这样或那样的危机，当它出现时，我们已无法回避，得想办法去化解。遇到危机时不能怨天尤人，要想方设法地去化解危机，并创造出新的机遇。例如，深圳某公司的儿童自行车好不容易打入国际市场，有一次由于钢圈受压变形，使一个爱尔兰女孩摔倒并被送进了医院。总经理闻讯立即飞往伦敦，向受伤女孩鞠躬致歉。接着，公司在爱尔兰报刊广登启事，声明对所有买下该厂童车的顾客负责，并就地对存货——检验。一场危机过后，这家公司在海外的信誉不仅没有受到损害，反而有所提高。第二年，英国代理商订货量增加了8.5万辆。

（二）借力能力

借力能力是指创新者借用他人的优势为己所用的能力。借力能力从实施行为和效果来看，是创新者的社会技能。创新过程中要想借得外力，首先要清楚自己的优势与劣势，对自己进行正确评估。比如自己的年龄、性格、性别、专业、学识、语言、所处地段和可支配时间，等等，在一定场合和一定时间，都能成为自己的优势。将自己的这些相对优势集中起来，致力于某一方面或某一点上，发挥出自己最大的优势效果来，如集中力量专攻一题，集中力量在某一个地区市场占有一个"山头"，集中力量在某一时期做到竞销相对突出。

(1)借鉴最新科研成果之优势。创新者要借用某学科领域中发现的新原理、新技术、新方法，并有意识地应用或渗透到自己的创新活动中去，为解决自己工作中的疑难问题提供启示或帮助。因此，创新者要养成关注最新科技成果的良好习惯，通过报刊、书籍、电视、广播、互联网等不同渠道了解中外有关学科及科技发展动态，借鉴中外优秀科研成果，特别是最新的同类研究的成功经验，结合自己的实际，取人之长、补己之短，调整目标，运用新方法，开辟新天地。

(2)借用信息的能力。创新者要善于借助社会各界的优势了解市场需求信息；要借助高校的科研优势开发新产品；要借助金融界和各种融资政策解决资金问题；要借助商业销售网络实现新产品销售；还有司法、公安、新闻、工商管理、卫生、文化等部门和人士，在我们创新活动的进行中，都要善于主动、适时地求得他们的帮助。借助外力并不是依靠外力，但会借力的创新者，其创新事业的发展必然有无限的发展后劲。

(3)借助社会各界之力，促进创新。个人的智慧和力量是有限的，如果能吸纳本单位的干部、职工之所长，借鉴同仁的各种专长，在创新活动中最大限度地发挥他们的作用，就能使创新活动一步步走上新台阶。要做到这一点，就要关心帮助同仁事业的发展，在借助同仁之力的同时，使同仁的事业得到发展。

(三)创新型学习能力

创新型学习，就是创新者为了自身素质的提高而建立在创新型生存理念之上的创新精神和自学能力。创新者要树立将自身的全部活力融入人类"生存源于创新"的永恒序列之中的崇高理念，通过终身学习，拥有奋勇创新的力量源泉。

超越自我和善于行动是创新型学习的两大特征。超越自我，是思维嗅觉适当超前，需要识别出生存背景有可能发生的各种变化，主动遵循发展规律，并且积极地改变生存状况。它特别强调，为可能遭遇的重大困难、挫折以及致命伤害，应保持相应的警觉和做出转危为安的思想准备。超越自我贯穿于创新学习的始终，它使人高瞻远瞩，捕捉学习创新、生活创新、事业创新的方向或主题以及方式、方法，它能有效地增强实践能力的时效性和广度深度，是创新人才不可缺少的一种自我培养方法。善于行动，是将创新思维转化为创新型行为的社会实践，是创新型学习紧扣时代脉搏的一个鲜明特征。创新型学习推崇勤于动手、巧于动手、勇于行动、善于行动、积极实践，热情地参与实践活动。它有利于自身全面成长，有助于社会进步和发展，有利于奉献人生价值的社会实践，有助于使创新型学习成果转化为有益的社会功能。科学预期的引发和持续，又会为准确有效地参与创新提供有益的启迪和良机。所以，超越自我和善于行动的有机结合，是创新型学习的精髓。

有新的、好的方法，就不能守旧、惜旧，就要想方设法地学习和使用最新的方法。学得越快、用得越快越好。要学就跟世界第一名、第一流学，把他们的经验用在自己身上，在短时间内取得最大的进步。要与成功人士结识，求得他们的指点和帮助。

第二节　创新能力的开发

一、创新能力的普遍性和开发性

创新能力的普遍性和开发性源于创造学的两个基本原理。尽管我国的创造学研究还有待深入，但创造学的两个基本原理却得到了学术界的广泛认同。

(一)创新能力是人人都具有的一种自然属性

1943 年我国著名教育家陶行知在《创造宣言》一文中指出：人类社会处处是创造之地，天天是创造之时，人人是创造之人。这是对创新能力普遍性的很好阐释。

创新人人皆有。创新能力并不是神秘的、只有少数"伟人"才具有的特殊才能，它是每个正常人都具有的一种自然属性，是人类亿万年进化的结果。有人认为智商不高就不能创新；有人认为文化水平不高就不能创新；有人认为年龄大了就不能创新；有人认为外行就不能创新。这些都是对创新能力属性的误解。

创新时时皆有。人们最容易产生创新和创意的时间是在自由和精神放松的时候。美国创意顾问集团主席查里斯·奇克汤姆森做了一个颇具权威性的测试，结果位居前 10 位的最佳创意时间是：坐在马桶上；洗澡或刮胡子时；上下班公交车上；快睡着或刚睡醒时；参加无聊会议时；休闲阅读时；进行体育锻炼时；半夜醒来时；上教堂听布道时；从事体力劳动时。

可见，创新时时皆有，尤其是在人们精神放松时。

创新处处皆有。创新的素材遍地都是，创新的机会有无穷多。一个正常人不仅可以在自己所从事的领域内创新，而且亦可以外行的独特视角和思维方式启发其他行业领域的创新活动。

(二)创新能力是可以开发和提升的一种能力

创新能力是在完成创新活动中表现出来的心理品质，其核心是创新思维。创新思维有三个维度，一是思维的流畅性，二是思维的灵活性，三是思维的独到性。创新思维与智力相关。但智商高只是必要条件，并不是充分条件。研究表明，创新能力可以通过相关的学习或训练，通过创新教育的实施而被激发出来，是可以开发和提升的能力。

人类的神奇力量并非来自肢体，而是来自头脑，反映在创新的思维功能有两种形式：一是先天的创新潜能；二是后天的显性创新能力。先天的创新潜能可以通过教育、培训被激发出来，变为显性的创新能力；后天的创新能力也可以通过培训得到提高。这就是创新能力的可开发性。

二、创新能力开发的相关因素

人就其本质来讲,在于有创新能力。创新能力的开发与个体的创新品格、创新思维素养、创新方法和创新技能有着紧密的联系。

(一)创新品格

创新品格是伴随着人的成长、发展所凝聚形成起来的品性和风格,包括创新意识、意志、毅力、勤奋、自信力、活力、诚信、积极、乐观、胆识、团队精神、合作精神以及创造性人才的思维特质,如直觉、潜意识和灵感等。具体地讲,创新品格由以下几个主要要素构成。

(1)创新动机。它是指创新者在创新需要的刺激下直接推动创新活动的内部动力。它能推动人不满足于已知,而以探索未知为乐,把发现、创造看作自己应尽的职责。

(2)创新情感。它是指创新者对创新活动的喜、怒、哀、乐等的体验。一个人对客观事物的认识愈全面愈深刻,其感情也必然表现得愈丰富愈浓烈。

(3)创新意志。它是指创新者自觉地确定目标,并根据目标调节和支配创造性的行动,克服困难的心理过程。创新是一种艰辛的智力劳动,必须为之付出代价,包括忘我的劳动付出以及顽强的意志和拼搏精神。人一旦认识和掌握了事物的本质,并运用这种认识能动地改造世界,这时人感到的是莫大的快乐,获得一种常人难以名状的快乐体验。

(4)创新品德。它是指创新者在创造过程中所遵守的一定的道德行为准则,在言行中经常表现出来的比较稳定的心理特征。真正的创造者应该是一个品德高尚者。

(二)创新思维素养

创新思维素养是指创新者能灵活掌握和运用各种创新思维方法,及时了解所需信息、发现存在问题和及时处理问题的思维能力品质。创新思维主要包括发散思维、想象思维、逻辑思维等。本书的第二篇主要探讨和训练创新思维。

(三)创新方法

这里的创新方法,在创造学上叫作创造技法,是指创新者能合理地选择和应用创造技法解决创新活动中出现的问题的能力品质。创新技法有100多种,并随着创新活动的开展不断涌现。善于创新的人能及时学习和灵活地将新的技法应用于创造创新活动。本书的第三篇主要探讨和训练创新方法。

(四)创新技能

创新技能是指创新者通过正确处理个人与社会的关系,以促进创新价值实现的能力品质。这里的创新技能主要包括把握机遇能力、借力能力、创新型学习能力等。

三、创新能力的开发

个体创新能力的不断提高必然会推动集体和全社会创新能力的提高，使我国总体的自主创新能力得到提高。个体创新能力的培养，可以从以下几方面着手。

(一)通过创新教育的大力推广，培养创新能力

创新教育是一种不同于传统教育的新型教育，它既不以单纯积累的数量为目标，也不以知识继承的程度为目标。与传统教育相比，创新教育同样强调合理的知识结构及获取知识的方式，同样强调培养学生的各种能力，但更强调学生创造能力的培养。创新教育作为一项开发创造、为社会培养创造人才的教育事业，近年来已在国内得到广泛开展，并取得一定成绩。创新教育的主要目标，不是像传统教育那样去培养同一规格的人才，而是要全力以赴地开发学生的创造力，矢志不渝地培养创造型、复合型、通才型的创新人才。

(二)通过创新思维训练，培养创新能力

创新能力的核心是创新思维。一个善于运用创新思维的人，才能发挥他的创造潜能。积极推行有效的创新思维训练，是培养创新能力的有效方法。

(三)通过创新技能的锻炼，培养创新能力

创新技能是创新者的智力技能、情感技能和动作技能的综合。通过培训可全面提高创新者独特敏锐的观察能力、高效持久的记忆力、实际操作能力和把握机遇的能力。

(四)通过创新方法的学习，培养创新能力

所谓创新方法，是建立在心理和认识规律基础上的一些创新理论、手段和方法，将创新能力和创新过程具体化，直接指导人们开展创新活动。许多国家开展的对 TRIZ 理论方法的系统培训，被认为是开发创新能力的一个重要途径。

(五)通过创新品格的培养，培养创新能力

品格在创新活动或创造学习过程中具有内在的推动力。创新品格的培养需要激发创新动机、培养创新热情、磨砺创新意志、塑造创新品德、敢于冒险、具备好奇心和丰富的想象力。

◎ 课后练习题

1. 结合个人情况，谈谈创新能力的含义。
2. 请结合自己的实际情况，谈谈创新的普遍性。
3. 请简述大学生如何提高自己的创新能力。

创新思维篇

第五章　创新思维与思维障碍突破

　　人类思维是地球上最美丽的花朵，而创新思维就是其中最为灿烂的一枝。全面了解创新思维的概念和特征，对于掌握创新思维有着非重要的意义。《辞源》中"思"的意思是"思考"，"维"的意思是"方向"，也就是说我们的思维是有方向的思考。没有方向的思考是混乱的；但是经常沿着一定的方向思考就容易形成思维惯性。对于长期的思维惯性我们很难克服，遇到问题我们注定要以一定的方向进行思考，这就形成了思维定势。思维惯性和思维定势在创新中统称为思维障碍。因此，要培养创新思维，我们就要了解常见的思维障碍并掌握突破方法。

第一节　创新思维

　　人常说"不怕做不到，就怕想不到"。当面对问题束手无策时，我们的思维往往需要有所突破、有所创新。因此，在实践生活中，我们需要一种不同于以往的思考问题的方式，去面对新的问题、新的挑战，即我们需要创新思维。

一、创新思维的概念

　　创新思维俗称"点子"，人们对创新思维的理解不尽相同，大致有以下几种说法。

　　第一种说法：创新思维是一种开拓人类认识新领域、开创人类认识新成果的思维活动，比如发明新技术、形成新观念、创建新理论等这样一些探索未知领域的认知过程中的思维活动就是创新思维。从广义上理解，不仅做出了完整的新发现和新发明的思维过程是创新思维，而且那些尽管没有取得完整发现和发明，但在思考的方法和技巧上、在某些局部的结论和见解上具有独到之处的思维活动也是创新思维。

　　第二种说法：创新思维是主体在强烈的创新意识驱使下，通过发散思维和收敛思维，运用直觉思维和逻辑思维，借助形象思维和抽象思维等思维方式，对头脑中的知识、信息进行新的思维加工组合，形成新的思想、新的观点、新的理论的思维过程。凡是突破传统习惯所形成的思维定势的思维活动，都可以称为创新思维。创新思维是一种突破常规的思维方式，在很大程度上是以直观、猜测和想象为基础进行的一种思维活动。这种独特的思维常使人产生独到的见解和做出大胆的决策，以获得意想不到的效果。

　　第三种说法：广义的创新思维是指在思维过程中，没有现成的方法可以直接运用，不存在确定规则可以遵循的那些思维活动。也就是说，在实践活动中，凡是想别人所未想，做别人所未做，旨于破旧立新的思维活动，都属于创新思维活动。它强调的是能克服常人、前人所克服不了的困难，解决常人、前人所解决不了的问题，在实践活动中有新的见解、新的发现、新的突破。总之，只要不是重复已有的结论、模仿已有的方法，而是在原有的结论和方法的基础上作出了独创的、新的结论，用新的方法分析和解决了新的问题，都是创新思维活动。

第四种说法：创新思维是指有创见的思维，即通过思维，不仅能揭示客观事物的本质和内在联系，而且在此基础上能够产生新颖的、前所未有的思维成果，给人们带来新的、具有社会价值的产物，它是智力水平高度发展的表现。

第五种说法：创新思维是指从新的角度、新的深度对事物提出新的看法、新的思想及对存在的问题提出新的解决办法，进而产生新的知识、新的技术。

第六种说法：创新思维是在过去我们常用的逻辑思维的基础上，结合非逻辑思维方法创建的一套新的思维模式。

第七种说法：创新思维是思维的一种方式，是指运用已有的知识、经验，通过创造性想象而产生某种崭新的思想过程等。

人们对创新思维的某些方面的认识并未完全统一，因此对创新思维的概念就存在着各种解释。我们要充分理解创新思维的含义，就必须把握好以下几点：第一，创新思维是复杂的高级思维过程，它并不是脱离其他思维的另一种特殊的思维。第二，创新思维是多种思维有机结合的产物，不是多种思维机械相加的结果。而且，在不同的创新思维活动中，总是以某一种思维为主导而进行的。第三，创新思维固然有它独有的活动规律，但也必须遵循其他思维的活动规律。因此，可以说创新思维本质上就是各种不同的思维方式的对立统一：创新思维是发散思维和收敛思维的对立统一；创新思维是逻辑思维和直觉思维的对立统一；创新思维是抽象思维与形象思维的对立统一。

综上所述，我们认为创新思维是人类思维的一种高级形态，是人们在一定知识、经验和智力基础上，为解决某种问题，运用逻辑思维和非逻辑思维，突破旧的思维模式，以新的思考方式产生新设想并获得成功实施的思维系统。

二、创新思维的特征

从创新思维的概念中不难看出：创新思维需要一定的知识、经验和智力；创新思维是以逻辑思维为主导，并与非逻辑思维相结合；创新思维是突破与建构相结合的完整系统；创新思维的主要特色在于能产生获得成功实施的创新成果。除此之外，创新思维还具有以下几个主要特征。

(一)独创性特征

创新思维在思路的探索上、思维的方式方法上和思维的结论上都能独具卓识，提出新的创见，做出新的发现，实现新的突破，具有开拓性和独创性。

(二)超越性特征

创新思维不但可以超越时间、空间、物质、现象和一切传统的东西，而且还可以超越过去和现在，创造出美好的未来。

(三)灵活性特征

创新思维不局限于某种固定的思维模式、程序和方法，它既独立于别人的思维框子，又独立于自己以往的思维框子，是一种开创性的、灵活多变的思维活动，它能做到因时、因事而异。

(四)风险性特征

创新思维的核心是创新突破。它没有成功的经验可借鉴，没有有效的方法可套用，因此创新思维的结果并不是每次都取得成功，有时可能毫无成效，有时可能得出错误的结论。但是无论取得什么样的结果，都具有重要的认识论和方法论的意义，都能为人们提供新的启示。

(五)综合性特征

创新思维是多种思维的结晶，是多种思维协同的统一，故而它具有多种思维的综合性。

第二节　常见的思维障碍

常见的思维障碍有很多种，而且每一个人的思维障碍不尽相同。本节只是介绍一些比较常见的思维障碍，我们还要根据自己的情况具体问题具体分析。通常情况下，思维障碍主要包括：盲目从众、屈从习惯、依赖经验、迷信书本、受缚权威、简单刻板、僵化麻木和其他常见的思维障碍等。

一、盲目从众

盲目从众是指放弃了独立思考的意识，盲目相信大众，一切跟在别人后面，不出头、不冒尖、随大流的一种心理。

我们也许有过这样的经历，初次来到一个地方，人生地不熟的，吃饭时犯了难，大街上饭馆太多，不知道哪家的饭菜"味美价廉"，这时你会怎么办呢？一般情况下，我们当然会找一个人多的饭馆用餐，这就是从众。理性的从众在大多数情况下能使我们不必太费脑筋就找到解决问题的捷径，所以人们常说："群众的眼睛是雪亮的。"因此，当遇到陌生但是又很简单的问题的时候，人们大多数情况下会选择从众，并且一般情况下都会收到预期的良好效果。

但是，我们一味地相信大众，缺乏独立的思考，则会阻碍创新思维的进行，甚至会导致错误。智慧的安徒生用诗一般优美的语言给我们讲了一个"皇帝的新装"的故事。国家的尊严、君王的体面、群众的智慧被盲目从众这柄利刃割得支离破碎、体无完肤。中国有句俗话"量小非君子，无毒不丈夫"。这句话的意思是说，肚量小的人不配称为君子，心底歹毒的人才能成为大丈夫。此话不断被引用，并被一些人作为行凶作恶的依据。但是我们仔细推敲一下，这句话不但前后矛盾，而且后半句内容和我们中华民族的传统美德格格不入。其实，这句话在流传的过程中出现了错误。它的原意是"量小非君子，无度不丈夫"，最后以讹传讹变了样子，众人不知仔细体会还争相引用，可见盲目从众的可怕之处。

我们每个人或多或少都会有从众心理，因此对一些约定俗成的说法或做法，我们应该保持应有的判断力，既要相信"群众的眼睛是雪亮的"，又要相信"真理往往掌握在少数人手中"，无论是面对"群众"还是面对"少数人"，我们都要具有独立思考的意识，不盲从、不轻信。无论在什么时候，放弃独立思考，一味跟随大众就很容易走弯路。张三开了个理发店，生意红火，利润丰厚，李四看了也开个理发店，王五同样开理发店……等大家把这个行当糟蹋得赚不到钱的时候，再雄赳赳气昂昂地糟蹋其他行业，即常说的一哄而起，一哄而上，一哄而乱，一哄而散。只会跟在别人屁股后面的人永远成就不了事业，反倒是不盲目从众，坚持独立思考的人才能出类拔萃，获得成功。

从众心理，一方面是态度问题——疏于学习，懒于思考；另一方面是能力问题——学识浅薄、认识有限。端正态度、提高能力、开拓进取、锐意创新的人才能保持头脑清醒，从而从芸芸众生里脱颖而出，做出骄人的成绩。

二、屈从习惯

我们思考问题时，都有自己的方向和次序，长时间按一个固定的方式想问题或者是按一个固定的次序去思考问题，就形成了一种思维习惯。我们在生活实践中做事思考问题，不敢突破，一贯地屈从养成的思维习惯，这就是"屈从习惯"型思维障碍。

泰国人训练大象的方法让我们佩服得五体投地，他们居然能用一根细细的铁链牢牢地拴住一头巨象。在巨象还是一只小象的时候泰国人使用细细的铁链拴住它，小象不断地反抗、挣扎直到筋疲力尽，铁链坚固得令它绝望。小象慢慢地习惯了被一根铁链拴着的生活。当它长成一头只需轻轻甩一下鼻子便能将铁链弄断的巨象时，它仍被一根细细的铁链拴着，这就是习惯的力量。

习惯并不总是有害的，对于有些简单的问题和日常生活中的小事，按照习惯去思考，去行事，可节省时间，或者少费脑筋。例如，写字时是先找稿纸还是先找钢笔，早上起来是先洗脸还是先刷牙，各人有各人的习惯，都无不可。即使是某些数学运算，你喜欢从小到大排列还是从大到小排列也都问题不大，有时按照老习惯，还可以较快地完成运算。人的思维不仅有惯性，还有惰性，假如对于比较复杂的问题也如法炮制，就会使我们犯错误，或者面对新问题一筹莫展。

要想使自己变得聪明起来，要想进行创新，就必须自觉地打破习惯性思维的障碍，主动去寻求新的思维方法。习惯是长期逐渐养成的，而且非常不容易改变。人是习惯的动物，一种行为方式一旦形成了习惯往往就难以改变。我们常常在一个固定的时间起床、穿衣、刷牙、洗脸；我们常沿着熟悉的路径行走；我们在几家相对固定的餐厅坐在常坐的位置用餐。习惯让我们不必过多思索就能舒适地生活。我们经常会说：我已经习惯了。然而，你习惯了的东西未必是你的最佳选择。也许，我们可以将起床的时间安排得更合理；也许，还有一条更便捷的道路；也许，有其他餐厅更适合我们，但是习惯让我们不由自主地重复了上一次的选择。因此，屈从习惯，就是对上一次选择不加分析、不加思考地简单重复，最后导致无法克服习惯的束缚，只能屈从。其特征是对问题的思考总按照第一次的方向和次序进行，无法做出新的选择。

古老的传说里有一个致富的秘籍，在遥远的加勒比海岸有一块点金的石头，世间的万物只要经它一碰就变成黄金，这块石头和其他石头外形一样，只不过稍微暖和一点。一个叫麦克的穷人不辞辛劳地来到海岸边，他发誓一定要找到这块可以点金的石头。他抓起一块石头，用手一试，非常冰凉，他便将它扔进水里；再抓起一块，仍是冰凉，他再将它扔进水里，一天、两天、一个月、两个月、一年、两年……麦克不断地捡起海滩的石头然后将它扔掉。一天，他终于找到梦寐以求的温暖的石头了，然而他仍然一伸手，将它扔了。在无数的重复之后，他已经习惯了捡起一块石头再扔掉，所以当他捡到想要的那块石头时也扔掉了。习惯有时会让我们扔掉生命中的奇石，也会将我们像石头一样抛到人海中。

对于一个立志于创新的人来说，我们应该打破习惯对我们的约束，进一步优化自己做事的方式和方法，充分发挥主观能动性，寻求更新更好的东西为我们所用。

三、依赖经验

我们在日常的生活实践中，通过日积月累所取得和积累的经验，它对我们的行动具有一定的启发和指导意义，是值得重视和借鉴的。而且它有助于我们在未来的实践活动中更好地认识事物、处理问题。就像猎人打猎，年轻的猎人要获得丰盛的猎物，就必须向老猎人学习一样。我们明白：凭个人能力在实践中盲目摸索，进步速度会非常缓慢，因而学习就是成长的捷径。学习的内容不仅仅是理论知识，还包括老猎人多年来在打猎过程中积累的丰富经验。实践证明，老猎人的经验在年轻猎人身上同样可以发挥作用，年轻猎人会逐渐变成经验丰富的猎人。年轻猎人自己在打猎过程中也会积累很多宝贵的经验，连同一起学来的经验，使得可以传递的经验越来越多。

我们都希望拥有丰富的经验，可以从容应对瞬息万变的现实。但是经验只是人们在实践活动中取得的感性认识的初步概括和总结，并没有充分反映出事物发展的本质和规律。不少经验只是某些表面现象的初步归纳，具有较大的偶然性。有的貌似根据和理由充分，实际上却片面、偏颇；有的只是适用于某一范围、某一时期，在另一范围、另一时期则并不适宜。由于经验要受许多外部条件的影响，无论是个人的经验，还是集体的经验，一般都只具有适合某些场合和时间的局限性。因此，面对新的问题、新的挑战时，不能让过去的经验成为我们创新思维的绊脚石。

多年前，某厂有35000元被窃，这在当时是一笔不小的数目。厂方和市公安局出动了大批力量来破案，他们的思路是先进行排查，找出嫌疑人，再通过审查破案。嫌疑人应当是有前科的，且经济上支出明显超过收入的。结果找到了一个年轻工人，平时吊儿郎当，工资较低，这时恰好又买了一辆新摩托车。于是，这个年轻工人便成了重点怀疑对象，被审查了好几个月。而实际上作案的是另一个平时显得很老实的职工，两年后，他看没事了，到银行去存款，被机警的出纳员发现了破绽，报告给公安局，这才破了案。

在这个侦察案例中，错误的产生显然与办案人员依赖经验有关。过去表现不好的，经济上又突然发生变化的人，可能有作案的嫌疑，但不是所有这样的人就一定会盗窃公款，而平时表现还不错的，也不一定就不会干坏事。可见，依赖经验对于案件的侦破起了一种妨碍、束缚的作用。

因此，创新者要看到以往所取得的经验既有一定的参考、借鉴意义，也有只适用于某些时间、场合的局限性。在思考问题时，对某一经验是否会妨碍、束缚创新探索，不能不加以鉴别。

四、迷信书本

高尔基曾经说过，书籍是人类进步的阶梯。书对于人类文明的传承、知识的传播起着巨大的作用。很多时候，书就是知识的代名词，我国古人把书叫作"圣贤书"。因此，许多人认为，一个人的书本知识多了，比如上了大学，读了硕士、博士，就必然有很强的创新能力。还有的人认为，书本上写的就都是正确的，遇到难题先查书；如果自己发现的情况与书本上不一样，那就是自己错了。在这种认识的指导下，有的人书上没有说的不敢做，书上说不能做的更不敢做；读书比自己多的人说的话百分之百地全信，一点也不敢怀疑，唯书是从。这种对于书本的迷信阻碍了人们去纠正前人的失误、探索新的领域。我们把这种对书本知识的过分相信而不能突破和创新的思维方式，就叫作迷信书本。

医学史上曾经有这样的事情：公元前 2 世纪罗马时代伟大的医学家盖伦，一生写了256 本书。在长达 1000 多年的时间里，医学家和生物学家们一直都把他写的书奉为至高无上的经典。盖伦的书上说，人的大腿骨是弯的，大家也就一直相信人的大腿骨是弯的。后来有人通过实际解剖，发现人的大腿骨并不是弯的，而是直的。按理说，这时就该纠正盖伦的书中的错误，还事物以本来面目了。可是因为人们太崇拜盖伦了，仍然深信他书上说的不会错。但又明明与事实不符，这该如何解释呢？后来大家终于找到了一种说法，说这是因为在盖伦那个时代，人们都穿长袍，不穿裤子，人的大腿骨得不到矫正，所以就都是弯的。后来，人们开始穿裤子，不再穿长袍，这样长期穿裤子，才逐渐把人的大腿骨给弄直了。这是多么可笑的解释！而那时的人竟然会相信！从中可以看出，一般人对盖伦的书的盲目崇拜和迷信到了何种程度！陕西秦腔戏《三滴血》里有一个县官叫晋信书，是一个名副其实的"尽信书"。他对书上记载的通过观察人的血滴在水中的情况可以鉴定亲缘关系的理论毫不怀疑，并在公堂之上盲目使用这种方法来断案。结果，由于没有考虑到气候的影响，活生生拆散了一对父子和一对夫妻。最后，也正是因为这个县官盲目迷信书本，他终于得到了应有的惩罚。

因此，我们对待书本上的内容，一定要客观，不能让书本上的知识先入为主，从而阻碍我们创新的步伐。我们再来看一个向书本挑战取得成功的故事。

20世纪50年代美国某军事科研人员被能不能使用玻璃管的问题难住了。后来，由发明家贝利负责的研制小组承担了这一任务。上级主管部门为了让他们放开手脚，大胆创新，下了一道很特殊的命令：不许查阅有关书籍。经过贝利小组的努力，终于研制成了一种频率达到1000个计算单位的高频放大管。事后，小组成员查阅了有关书籍，上面是这样写的：如果采用玻璃管，高频放大的极限频率是25个计算单位！他们终于明白了上级下那个特殊命令的苦心。贝利感慨地说："如果我们当时查了书，一定会对研制这样的高频放大管产生怀疑，就会没有信心去研制了！"

以上这些事例都是比较典型的，可能我们还没有亲身经历过这样的事情。但是，这些事例启发我们去思考一个重要的问题——书本知识和创新能力之间是什么关系？

俗话说，"尽信书则不如无书"。也就是说，书本知识是重要的，但是，书本知识毕竟是前人知识和经验的总结，时代发展了，情况变化了，书本知识也可能会过时。何况，书上写的东西也可能原来就是错误的或是片面的。即使书上说的是正确的，也有一定的适用范围，不能无条件地照搬照抄。

所以，正确的态度应当是：既要学习书本知识，接受书本知识的理论指导，又要注意书本知识可能包含的缺陷、错误或落后于现实的局限性。在从事创新活动时，要对所应用的书本知识严格地进行检验，而检验的唯一标准是实践。

五、受缚于权威

我们把在某些专业领域里有所建树的专家、学者等称为这些方面的权威。权威由于将更多的时间投入某些专业领域，因此对于他所研究的专业领域内的东西，会比普通人了解得更多。每当人们进入一个新的专业领域，都会非常重视该领域权威人士的见解。这对于我们更好地了解这个领域和进一步深入该领域，有着非常重要的作用。因此，这些权威的观点也很容易影响我们对该领域内问题的客观判断。但古语有云："人非圣贤，孰能无过？"即使是本领域的权威的观点，也会有错误之处。当普通的自行车工人莱特弟兄发明飞机时，许多有名的物理学家都提出了否定的意见，甚至说要想让密度比空气大的机械装置在空气中飞起来是不可能的事情。然而莱特弟兄不迷信权威，经过多次实验，终于让世界上第一架飞机飞上了蓝天。

有些时候"不识庐山真面目，只缘身在此山中"，太过深入具体问题，可能就会忽略宏观上的把握。专家学者束手无策、外行一语道破天机的情况也是经常会出现的。大家都知道法国有位大名鼎鼎的昆虫学家法布尔，他写的关于昆虫的科普作品曾受到鲁迅先生的推崇，现在还广受青少年读者的喜爱。有一年，法国的养蚕业出现了一场可怕的危机：在蚕快要结茧的时候，其身上会长出一粒粒的小斑点，然后就一批批地死去。法国政府连忙请来许多专家商量对策，其中自然少不了号称昆虫学权威的法布尔先生。这些专家想了许多办法，都没有什么效果。无奈之下，又请来了搞化学的巴斯德。巴斯德对于昆虫可以说是一窍不通，他虚心地向法布尔请教，结果不得要领。巴斯德没有灰心，经过对病蚕蛾的仔细观察，他认为这次蚕的瘟疫很可能与蚕身上的小斑点有关。他把病蚕蛾和健康的蚕分成两组，分别加水研磨，放在显微镜下观察，发现病蚕表皮和内部组织里有一种椭圆形的细菌，蚕的瘟疫正是这种传染性的细菌引起的。他提出，必须在蚕蛾产卵的阶段就采取措施。于是，他组织大家把有菌的蚕卵都烧掉，把没有细菌的卵留下来，作为蚕种。蚕农们在巴斯德的指导下，用了 6 年的时间终于消灭了这场瘟疫，挽救了法国的养蚕业和丝绸业。法布尔看到巴斯德的成功大为震惊，同时也对这位昆虫学的门外汉竟然完成了这一创举表示钦佩。法布尔认为巴斯德真是个了不起的人。同时他还认为，开始时对某个问题一无所知，也许是解决这一问题的理想起点。

我们应该客观公正地去分析研究，不能简单认为凡是权威的观点就完全正确、绝对可信，不能盲目迷信、盲目崇拜权威。在创新思维过程中，对于所思考问题有关的权威观点究竟能起到什么作用，需要仔细分析。

六、简单刻板

所谓刻板，是指呆板、机械、缺乏变化。简单刻板就是指我们在思考的过程中不懂变通，思路单一。人们在解决简单问题时，刻板思维通常能解决问题。但当问题稍微复杂的时候刻板思维不但无济于事甚至会导致错误。"刻舟求剑"的故事便深刻地阐述了这个道理。让我们从另一个故事说起。

以前汽车在发动时，汽缸内有爆震的现象。科技人员凯特林为了消除这种现象，便想往汽油里添加某种东西。他想到红色叶子的杨梅会提前开花，认为红色可能使汽车提前燃烧，从而防止爆震。于是，他把红色染料和红色的碘分别放入汽油里。结果掺有染料的汽油照样有爆震现象，而掺有碘的汽油不再爆震。

凯特林给汽油里加红色染料的思维就是典型的刻板型思维。好在歪打正着，红色的碘解决了爆震现象。下面让我们看一下通过改变刻板型思维取得成功的例子。

德国化学家李比希有一次到生产柏林蓝的化工厂参观。跨进车间，他便发现工人们围着一口巨大的铁锅，用铁棒贴着锅底拼命地搅拌着，铁棒与锅底相互摩擦，发出极大的噪音。李比希感到奇怪，他知道在生产柏林蓝的过程中只需要轻轻搅拌、不粘锅底就行了，他弄不懂为什么这些工人要这样用力。通过询问，工人们告诉他："这是一口神奇的大铁锅，搅拌的声响越大，柏林蓝的质量就越好。"李比希更觉得奇怪，声音居然和颜料的生产质量有关，这简直有点荒唐。他决心揭开这个谜底。回到家后他一直在思考这个问题，并且亲自动手做了模拟实验，最后终于找到了原因。原来用铁棒在铁锅底用力搅拌会磨下一些铁屑，铁屑与溶液发生化学反应，会提高柏林蓝的质量。于是李比希写信告诉那家工厂，只要他们在溶液中加入一些含铁的化合物，就不必像原先那样用力磨铁锅，柏林蓝的质量同样会得到保证。李比希的信不仅揭开了大铁锅之谜，也大大减轻了工人们的劳动强度。正是因为他善于发现问题，并用丰富的知识和创新思维方法才解决了提高柏林蓝质量的问题。

《吕氏春秋》里说：事异备变。在思维活动里常常会发生一些新情况，面对新情况我们应打破刻板思维，随机应变，迅速作出反应，从而摆脱困境，顺利达到理想目的。

七、僵化麻木

现实中，由于我们的惰性和僵化麻木的思维，我们经常会错过一些非常有价值的线索。英国动物学家埃尔顿作为一家公司的顾问到北极考察。他无意中从公司的账本里发现收购的北极狐的毛皮总是每四年就会出现一次增长。他问了很多当地人和本公司的员工，他们都不以为然，认为北极狐时少时多属于自然现象，没有什么可奇怪的。埃尔顿却没有轻易放过这个奇怪现象，而是认真地调查研究，结果发现了原因。原来北极狐的主要食物是旅鼠。旅鼠的繁殖能力很强，到了繁殖后的第四年，它们的食物就会严重匮乏。这时旅鼠饥饿难耐，烦躁不安，便会大规模迁移。迁移的时候几万只、几十万只甚至几百万只旅鼠一起大行动，就像大规模的集体旅游一样（因而被称为旅鼠）。由于饥饿至极，于是它们穿过原野、越过山脉，到了海边也不停止前进，最后全部葬身海底。这就导致了北极狐的数量也会四年一次周期性地变化。埃尔顿 1924 年发表了他的这一项研究成果，引起了科学界的普遍关注。在此基础上，经过深入研究，埃尔顿又提出了动物界的食物链理论，并于 1927 年创立了动物生态学。

创新者害怕的是见怪不怪的态度，如果失去了好奇心就很难发现问题，也就谈不上解决问题了。好奇心是创新意识的诱发剂，也是创新精神和创新勇气的助动器。要做到在生活、学习和工作中善于创新，并获得出色的成绩，对遇到的一切奇特、怪异的现象和那些虽然不奇特、不怪异，但却往往为一般人所忽略的蕴藏着重要探索价值的寻常现象，无疑都应当以一种强烈的创新意识去看待它们。我们不应该对那些本应积极加以探索的现象见怪不怪、漠然视之，以致错过做出重要发现、发明的时机，要警惕和克服僵化麻木和迟钝的思想情绪。

八、其他常见的思维障碍

盲目自大：是指到哪里都指手画脚，总以为只有自己才是对的。创新者应该有自信心，但是由自信变成自负，由自负再变成自大就形成了一种障碍，使得创新者在创新活动过程中由于过于自信而导致疏忽和失误。因此创新者应该懂得谦卑。

自卑自闭：总以自己不行为借口，什么东西都不敢尝试。一般情况下这种人缺乏自信，也有可能很懒惰。但是，越是不敢尝试就越会缺乏自信，以后就会恶性循环，更谈不上创新了。因此，勤于思考、大胆尝试，可以使我们逐渐找回自信，不断创新。

顽固偏执：喜欢与人唱反调，爱钻牛角尖。虽然说敢于深入研究问题是一件好事，但是经常和人"抬杠"，对一些琐碎的事情缠住不放，这会对创新活动带来负面的影响。这种人在创新团队里是一个很大的干扰因素，他个人不以为然，但是给团队的其他成员带来了很大的负面作用。对创新者来说，顽固偏执是一大忌。

此外，除了上述几种常见的思维障碍外，在平时的生活、学习和工作中，还有很多思维障碍阻碍着我们的创新思维。因此，创新者要勤于思考、细心观察、善于发现、敢于创新，为突破自身的思维障碍、树立创新思维做好铺垫。

第三节　思维障碍突破

　　思维障碍抑制着我们的创新思维，使我们的创新思维难以形成和完善。要使我们的创新思维更灵活，就必须突破思维障碍，而突破思维障碍的关键就是拓宽思维视角。在创新中，我们把开始思考的切入点称为思维视角，就是要求我们对同一事物以不同的切入点进行思考，其结果就会大相径庭。就像我们切苹果一样，当我们以通常的角度竖着切下去时看到的只是几粒苹果的籽，而横着切下来我们将看到一个可爱的五角星。对于创新活动来说更是这样，我们只有以新的视角进行思考才能得到独特的结果。

一、改变思考顺序

　　我们思考问题时常常习惯于顺着想。顺着想能使我们较为方便地找到问题的切入点。并且，顺着想也的确能帮我们解决一些普通问题。但客观事物的发展是千变万化的，凡事都顺着想未必能真实地反映事物的客观规律。

　　一个立志于创新的人，一定要深刻认识顺着想的局限性，改变万事顺着想的惰性，不妨从事物的对立面多考虑考虑，也就是我们说的逆向思维。逆向思维是客观世界的对立统一在思想领域中的表现。它是一种辩证思维，很多时候"山重水复疑无路"，逆向思维能将我们带入"柳暗花明又一村"的境界。

　　有一个老太太有两个儿子，大儿子靠卖雨伞为生，小儿子靠卖布鞋为生。老太太整天闷闷不乐，于是就有人问她原因。老太太说："我是在和老天爷生气呢。晴天，我大儿子的雨伞卖不出去，就没钱生活了。雨天，我小儿子的布鞋又卖不出去。老天对我真是不公平呀！"周围的街坊邻居看到老太太因心情不好病倒了，于是大家请来了村里的老夫子。老夫子告诉老太太："你这样想一想，原来你晴天想到的是大儿子，雨天想到的是小儿子，所以你天天不高兴。如今你倒着想，晴天先想小儿子布鞋生意红火，雨天再想大儿子的雨伞卖得很多。这样你就不应该闷闷不乐，而应该天天高兴。"

　　老夫子的这种做法里蕴含着丰富的逆向思维。为了不让老太太生病，颠倒了思考顺序，最终使老太太每一天都开开心心的。

二、转化思维方式

　　哲学的基本原理告诉我们，世界万物是普遍联系的，这些相互联系的事物是可以转化的。"塞翁失马"的故事，就言简意赅地说明了这一普遍原理。在创新里转化更多指的是思维方式的转化：将直接转化为间接，将复杂转化为简单，将不可能转化为可能。

(一)将直接转化为间接

　　这个世界上笔直的路不多，反倒是很多弯弯曲曲的路将我们带到目的地。世间万物同一理，解决问题的方法也是这样。一些无法直接解决的问题，通过间接方法可以得到圆满解决。

我国元代有一个秀才，其妻暴病而亡，思之甚切，忧郁成疾。多方求医，不得愈，经人介绍，求医于名医朱丹溪门下。朱丹溪稍作了解后，即对秀才说："你有身孕了。"秀才愕然，再问之，朱丹溪仍说："你有身孕了，多保重。"秀才爆笑，想不到众人公认的名医居然昏匮之极、不辨男女。他逢人便讲，一讲即笑。两个月之后病竟痊愈了。

名医朱丹溪的智慧之处就在于他巧妙地转化了治疗方式，改常规的直接用药治疗为独到的非直接用药治疗，以"无药"胜"有药"。

（二）化复杂为简单

有时候，一种方法的简单性，保证了它的正确性，学过高数的人都知道，一些看似很繁琐的题，答案往往非常简单，而答案若十分复杂，那十之八九是算错了。

一个手艺精湛的锁匠，因得罪了皇帝而被投入牢房。他花了10年时间研究牢房门上的锁，但最终没能打开。锁匠获释后才知道锁一直是开着的。与其说是锁锁住了他，倒不如说是表面上的复杂吓住了他。

我们要提高将复杂问题转化为简单问题的能力。简单是所有繁杂事物的本质，是一种智慧，是一种源于逻辑思维又高于逻辑思维的形态。

改革开放初期，某厂以低廉的价格从国外进口了一批设备，设备进来之后才发现没有配套的图纸。更为麻烦的是，这个设备由上百根管子组成，要安装必须搞清楚哪两根管子是一组。大家对这个问题一筹莫展，最后还是一个老工人解决了这个问题。他让人先在一个管口做上标记，然后向这个管口吹烟。出烟的另一个口一定和这个口是一组。按此法很快便解决了问题。

老工人之所以很快找到解决问题的答案，是因为他拨开问题复杂的外表抓住了本质。而大多数情况下，本质是简单的、朴素的。

（三）化不可能为可能

天下之事分可为与不可为。不可为分两种情况，一种是由于当事人方式方法不当而难以办到，另一种是由于历史和社会条件的局限性而难以办到——就像现代人上火星目前还不可能办到一样。

虽然对于后者我们无能为力，但是对于那些由于方式方法不当而难办的事，我们应拓宽思路，改变方法，力争将其转化为可能。古时候曾经发生过这样一件事：一个农民走路时不小心碰翻了一个装着瓷罐子的货架，致使所有瓷罐子落地摔碎，摊主要求农民赔偿。农民说瓷罐子只有50多个，而卖瓷罐子的说有200多个。两人争执不下，因无法确定有多少个瓷罐子，最终越吵越凶，惊动了县官的轿子。县官问清原委，让人找来一个一样的瓷罐子称其重量，再将地下的瓷罐子称出总重量，从而推算出瓷罐子的个数。这个县官转化了思路，从而将不可能化为可能。

◎ **课后练习题**

1. 下列各题中，"+"代表乘；"-"代表除；"×"代表减；"÷"代表加。在一分钟内，看谁计算完成的题最多。

9+2	6÷3	12×1	6×6	4+3	20-1
10+6×7	15+5	20-6	30×7	5×6-1	5÷2
9÷3	12×2	10-110	20+30	56÷6	25×5
12÷12	1×1	2+7-8	36×1÷6	100÷10	1×2÷3

在第一次练习上题时，新规则信息很难在大脑中确立；若做得快，必然错得多；若始终坚持新规则，速度就很慢，最多只能完成50%。但经过几次练习后，速度、成绩都会提高，因为人们接受了新观念，并努力应用它。

2. 有9个圆圈，排成3行3列，每行每列均为3个，如下图所示。请用首尾相连的直线穿过这9个圆圈，从何处起头都行，请问最少需要几条直线？

3. 一条河，宽为100米，在河岸的两边有两个黑点，如下图所示。请问怎样建一座桥，使其既与河岸垂直，还能使两个黑点的距离最短？

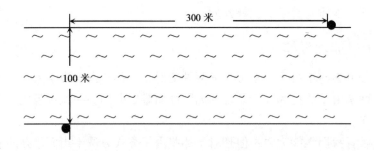

第六章　想象思维与联想思维

创新学者认为，创新和发明是离不开想象思维与联想思维的。想象与联想，是创新发明之母，是思维大厦的基础。我们知道，创新发明不是现实的摹写，而是高于现实的再造，这就需要幻想、假设和一切超越想象及其能够举一反三的联想。可以说，创新和发明的每一个细节都来源于现实，然而总体的构想却可能是现实中没有的，是想象和联想的产物。因此，本章着重介绍想象思维与联想思维。

第一节　想象思维

创造技法之父奥斯本曾经说过，想象可能是解决问题的钥匙。美国科学家 B. 富兰克林也认为，想象在解决创新问题的过程中起着主导的作用。事实和设想本身都是"死东西"，是想象赋予了它们灵魂与生命。有了精确的观测和实验作依据，想象便成为科学理论的设计师。科学家只有具备想象能力，才能理解肉眼观察不到的事物是如何发生和怎样作用的，从而构想出解释性的假说。狄德罗说过，想象是一种特质，没有了它，一个人既不可能成为诗人，也不可能成为科学家，也不会成为会思考的人、有理想的人、真正的人。由于人与人之间的差别，就存在着想象思维能力的差别，因此，通过学习来培养和提高我们的想象思维能力是非常必要的。

一、想象思维的基本概念

17 世纪意大利著名的物理学家伽利略在力学实验中发现，当一个小球从第一个斜面滚下，再滚上第二个斜面的时候，小球在第二个斜面上所达到的高度会略低于从第一个斜面滚下时的高度。伽利略根据实验中观察到的事实和所具有的力学知识断定这是由摩擦力造成的，并且在进一步研究中他又给自己提出了这样的问题：如果完全排除这种摩擦力，使小球受到的阻力为零，那么小球的运动将会怎样呢？

这既不能单纯地靠逻辑推理来解决问题，也不可能做试验。因为在现实生活中，完全排除小球与斜面之间的摩擦力，使小球受到的阻力为零是根本办不到的。要在这个问题上继续研究就必须用到想象力。伽利略进行了大胆的想象。伽利略的这种想象后来被公认为是合理的，并为英国著名物理学家牛顿提出"力学第一定律"奠定了基础。

想象是形象思维的具体化，是一种特殊的心理现象。想象思维就是大脑通过形象化的概括对脑内已有的记忆表象进行加工、改造或重组，从而产生新的表象的一种高级思维活动。把原有表象进行加工创造出新形象的思维能力叫想象力。这里所说的表象属于心理学范畴，是指储存在我们大脑记忆中的一幅幅静态和动态的画面。我们的大脑具有记忆功能，人脱离事物的接触以后，头脑中印象并不立刻消失，它会被储存起来。那么这些储存在大脑中的客观事物的印象，也就是表象，它是想象思维与联想思维的基本要素。

想象是创新的翅膀。爱因斯坦通过想象人追上光速时的情景而创造了狭义相对论，又因想象人在自由下落时的情景而创立了广义相对论。他对想象力推崇备至，甚至认为想象力比知识更重要，因为知识是有限的，而想象力概括着世界上的一切，推动着进步，并且是知识进化的源泉。严格地说，想象力是科学研究中的实在因素。因此，想象是基于知识而又超越知识的。但在20世纪以前，人们大多不承认想象具有认识的作用，否定了想象思维的存在，只重视知识的发展，并认为知识是实实在在、有用的东西，想象是虚无缥缈、没有用的东西，严重地忽略了想象思维。20世纪以后，人们才逐步认识和肯定了想象思维是一种重要的创造性思维。

想象思维越超脱、越大胆，往往就越新颖别致，越富有创新价值，但是包含的谬论往往也就越多。因此，德国著名诗人歌德认为有想象力而没有鉴别力是世界上最可怕的事。他还认为，想象越和理性相结合就越高贵。所以，人的想象既要摆脱和冲破逻辑推理的束缚而展翅高飞，又要借助严密的逻辑推理，对想象的产物进行筛选和加工制作，才能使其思维结果具有更强的创新性。而想象力是否丰富，也就是想象思维能力是强还是弱，成为决定一个人创新能力强弱的重要依据之一。

二、想象思维的基本特征

想象思维与其他创新思维形式相比有自己独特的属性，其特征主要表现在以下几个方面。

(一)想象思维的形象性

想象思维是形象思维的一种基本形式和方法，所以它具有形象性，也就是说可以用形象的画面来表述。想象思维进行活动的基本元素是表象，也就是画面。画面可能是模糊的，也可能是清晰的，也可能是开始比较模糊然后逐渐变得清晰。如果画面由模糊变到十分清晰，一般来说，此时离产生创新成果就不远了。

1929年，作家叶永榛问文学大师鲁迅先生："阿Q是中国人，为什么要给他取个外国名字?"鲁迅先生答道："阿Q光头，脑后留着一条长辫子，这Q字不就是他的形象吗?"鲁迅先生给小说中的人物取名都予以高度形象化，使人如其名。这样也使读者很快能够想象出小说主人翁的样子。[1]

---

① 鲁迅解答乐清青年：地道中国人为何取英文名字阿Q?［EB/OL］.［2019-04-10］. http://xw.qq.com/amphtml/20190407A005Y400.

(二)想象思维的超越性

想象思维是一种比较自由的思维。它可以超越已有记忆表象的范围而产生许多新的表象，这正是人脑创新活动最重要的表现。人们可以通过想象，把时间缩短或延长，把空间缩小或扩大，就如卢梭所说的：真实的世界有其止境，想象的世界则无止境。

1861年，被人们称为科幻小说之父的法国著名作家儒勒·凡尔纳在他的书中写到，美国的佛罗里达州将设立一个火箭发射站，火箭从这里发射，飞往月球。并且在他的小说中出现了电视、潜水艇、飞机、导弹、坦克等，这些在后来都一一实现了。

(三)想象思维的概括性

想象思维实质上是一种思维的并行操作，它一方面反映已有的记忆表象，另一方面将已有的记忆表象变换、组合成新的图像，以达到对外部世界的整体把握，所以它的概括性很强。

三、想象思维的分类

根据心理学中的分类方法，想象思维可以分为无意想象和有意想象两大类型。

(一)无意想象

无意想象就是指主体意识不受支配的、不由自主产生的想象，例如人们看见天上的云浮动，想象出各种动物的形象。人们在睡眠时做的梦，更不受主体意识的控制。梦是无意想象的一种极端形式，它是人们在睡眠状态下，一种漫无目的、不由自主的奇思异想。按巴甫洛夫的解释，梦是人们在睡眠状态下，大脑皮层抑制不平衡，某些皮层部位出现活跃状态，暂时神经联系以料想不到的方式重新组合而产生的表象。在这种思维过程中，思维主体没有特定的目的，可以随思维的翅膀自由飞翔。从某种程度上说，无意想象不能直接产生创新成果，必须有一定的主体意识的参与，才能将想象转换为具体的方案措施。但是我们也不能忽视无意想象的积极意义，它能够让人的潜意识活跃起来，即激活思维，刺激灵感的产生，这往往就是创新的先导，而进行无意想象的价值正在于这一点。

(二)有意想象

有意想象就是有预定目的，主体意识受到支配的想象。在这种状态下，思维始终受创新者目的需要的支配，具有很高的价值性。对多数人来说，在创新活动中，有意想象是一种经常用到的思维形式，应该受到特别的重视。

在有意想象中，由于想象的新颖程度、创造水平和形成方式的不同，又可分为创造型想象、再造型想象、幻想型想象和取代型想象等形式。

1. 创造型想象

创造型想象是主体根据一定的目标，独立地在头脑中形成新事物形象的心理过程。这些新想象是外部世界不曾存在的，就它的过程来看是比较复杂、比较困难的，属于高级的想象，它具有创造性、独立性和新颖性的特点。因此，创造型想象是创新思维的一种重要形式。加拿大的多伦多有一个专门制造小汤匙的青年，他曾经研制发明一种叫作"温度匙"的新产品。这种"温度匙"的原理很简单，是把温度计和汤匙两种物品组合成独立的便于人们喂婴幼儿的"温度匙"，因此自投放市场后一直很畅销。而这个青年后来就凭这种小小的"温度匙"成了大企业家。另外，作家在写作时首先在头脑中形成一个个新的人物形象，作曲家在谱写曲子之前也是先在心里想象曲子的音调；建筑师在建筑房屋之前，先要想象一下所要建的房屋的样子，并将自己的想象用图表示出来，完成图纸分析，然后再付诸行动等，这些都是创造型想象。

2. 再造型想象

再造型想象是根据他人语言文字的描述或图像的示意，在自己头脑中形成的相应事物形象的心理过程。例如，我们读鲁迅的小说《孔乙己》后，在头脑中形成了孔乙己的鲜明形象，而这个新形象就是在记忆表象下重新唤起已有的记忆表象。还有机器制造工，先根据图纸想象出机器的主体结构，再进行加工，或者演员拿到剧本，根据剧情想象角色的气质、心理等，然后再将其表演出来。据说，可口可乐公司最独特的创新是弧型瓶，这个弧型瓶的创作来源于一个叫罗特的制瓶工人。一次，罗特偶然看到自己的女友穿着一套很漂亮、能够体现出女性曲线美的裙子，很有魅力。罗特顿时来了灵感，他决定把瓶子做成女性穿着裙子的形状。他研制出的新型瓶子，像婀娜多姿的女孩，有纤纤的细腰，穿着美丽的裙子，而且手握住这样的瓶子不会滑脱，也使得瓶装的液体看起来比实际的更多。可口可乐公司对此瓶子赞不绝口，支持资金高达 600 多美元。这就是罗特运用再造型想象的例子。

再造型想象的顺利进行依赖于两个条件：一是正确理解与掌握语言与实物标志的意义，否则必然造成错误的再造想象；二是要有足够的表象储备，表象储备越多、质量越高，再造型想象的内容越丰富、越正确。所以再造型想象虽然有一定程度的创造性，但其创造性水平较低。

3. 幻想型想象

幻想型想象是想象的一种极端形式，它是指与主体愿望结合并指向未来事物的想象过程，是对未来前景和活动的一种形象化的设想。幻想型想象有两个特点：一是与个人的愿望相联系，在头脑中出现的形象正是个人希望所寄托的某种东西；二是指向未来，幻想型想象不是立即体现在个人的实际活动中的，而是带有向往的性质，其范围不受约束，结果往往超越现实太远，有的甚至一时难以实现。

例如，我们谁也没见过长着猴子脑袋和猪脑袋的人，可是吴承恩偏偏活脱脱地使他们跃然于纸上。孙悟空和猪八戒就是幻想型想象的产物，是作者凭借想象创造出来的新的艺术形象力。孙悟空为了制服铁扇公主，变成一条小虫子钻进铁扇公主肚子里的情节，就充满了想象力。因为人不可能钻入另一个人的肚子里，但是一旦人的大脑插上了想象的翅膀，孙悟空就能在铁扇公主的肚子里说话、翻跟头、打拳，甚至能够爬到她的嗓子眼儿检查是不是有芭蕉扇。而这一切又都是那么的惟妙惟肖，叫人惊叹不已。这也是想象思维形象性的体现。《封神演义》里的许多幻想，如上天入地、呼风唤雨、龙宫探宝等，通过时间的积累、人类的进步、科学的发展，今天也变成了现实。科学也需要创造，需要幻想，有幻想才能打破传统的束缚，才能发展科学。

幻想型想象从现实出发而又超越现实，使人们的思路开阔、思想奔放，因此它在创新领域中起着重要的作用，是创新的源头。

4. 取代型想象

取代型想象作为一种创新思考的方法，是指设想自己处于某个人的位置上或某件事的环境中，通过揣摩他的思想感情或做事的具体情景，以谋求获取解决问题的某种办法。我们常说这样两句话：想他人之所想，急他人之所急。这实际上就是取代型想象所讲述的中心内容。众所周知，我国景德镇瓷器举世闻名，可是瓷茶杯在西欧却缺乏竞争力。这是什么原因呢？其中一个主要原因就是：我们没有设想到西欧人在用中国的瓷茶杯时的不方便之处。西欧人的鼻子特别高，用中国生产的瓷茶杯喝茶，往嘴边一送，鼻子就先碰着杯口，非常不方便。于是国外某厂商就开动脑筋，研制出了一种斜口杯，很受西欧人的欢迎。他们运用取代型想象做了这么一点小小的改进，制造出来的瓷杯在销售量上就超过了我国景德镇生产的瓷杯，真可谓"得来全不费功夫"。

国内外有专家认为，一般学习理工科的人在从事科技工作和创造发明时，往往都不大善于揣摩和体察人的思想感情，而学习文科的人在这方面反而具有优势。日本创造学会会长丰泽雄在他所著的《文职人员的创造力》一书中指出，文科人员对人的洞察能力要比理科人员更强，能更敏锐地感受到他人的喜悦和幸福、悲哀和痛苦，这是由于他们较多地阅读文艺作品的缘故。学文科的人，所学的功课也和人的感情联系较多。以往这种特长单单表现在艺术和文学创作上。但是，如今文科出身的人已经把它与新产品的开发和"软发明"联系起来，所以也能感受到发明的喜悦。丰泽雄还在他的书中谈到了关于空调机的自动温度调节器诞生的经过，以此佐证他的观点。他认为理科人员很了解空调机的内部构造，也十分了解微型计算机的内部结构，他们的眼睛只是盯着已经看惯了的内部结构。在他们着手进行改革时，由于视野太狭窄，想法不能从这种固定的模式中解脱出来。但是，无论是空调机还是微型计算机，都可以用想象来理解。"夜间开动空调机睡不着觉，这是为什么？因为在夜间室温会一点一点地下降。如果在空调机上安装一台微型计算机，那么，当室温下降后，空调机就会停止工作。如果室温又上升了，那么，微型计算机又会使空调机再次启动工作。"这种从大局着想进行改革的人，往往是文科人员。上述事实就是最好的证明。这也是日立制作所生产"白熊牌"自动调节空调机的过程。丰泽雄还引用了一位因为发明而获得巨大成功的企业经理的观点，那位经理认为具有"软"个性的人，在新时代中能成为一个新人。他能把每个物体中的"柔软性"取出来，把感情的物体混合在一起，在心中进行复合思考，这就是他们思想的特点。这些都充分说明在当今激烈的市场竞争中，这种取代型想象显得是多么重要！大凡掌握并运用这种思考方法的人，都会有一番新的作为。

四、想象思维的作用

(一)想象思维是创新思维的基础

创新思维要产生具有新颖性的结果，必须在已有的记忆表象的基础上进行加工、改造或者是重组。而表象是人脑认知结构中最基本的元素，只要是涉及表象的活动，都不可能离开想象。多数创新思维形式都是在想象思维的基础上进一步深化和发展起来的。例如在创新思维中处于重要地位的发散思维，就必须要以想象思维为基础，若没有想象思维，发散思维就无从获取多种思路，思维也不能打开。正是因为想象思维具有高度的概括性，它才可以从整体上去捕捉完整的画面，不受别的画面的干扰，使发散思维具有流畅性。又因为想象可以超越现实，其捕捉的画面可能是生活中没有的，这就决定了发散思维结果的新奇性。生活中经常出现的灵感也是离不开想象思维的。还有创新技法中的头脑风暴法，即智力激励法，它的核心就是自由畅想原则，要求与会的每个人进行大胆、丰富的想象，不受任何约束。所以想象思维也是智力激励法的重要依据。由此可见，想象思维是整个创新思维的基础。

(二)想象思维在发明创新中起着主导的作用

我们试想，世界上假如没有想象会怎么样？倘若真是这样，那么人们的活动就无法进行和提高，也不可能事先在头脑中构成关于活动本身及其结果的各种表象，等等。人们对未来的预见，一切科学上的新发现、新发明以及新的艺术作品的创作，各种科学知识的学习，等等，都是和人的想象活动密切联系的。因为人脑具有想象这种功能，才能够发挥脑的能动性和主动性，让人类的思维超越现实，创造出现实世界中尚不存在但对我们有用的事物。列宁指出，以为只有诗人才需要想象，这是没有道理的，这是愚蠢的偏见！甚至在数学上也是需要想象，甚至微积分的发现没有想象也是不可能的。这也正如萧伯纳所说，想象是创造之始。

(三)想象思维丰富了人们的精神文化生活

在生活中我们评价一个人的时候，常常会说"这个人缺乏想象力"，也就是说这个人的精神生活偏于枯燥。人的精神文化生活是否丰富多彩，最重要的一点就是其是否具有较强的想象力。作家、艺术家之所以能够创作出优美、摄人心魄、流传百世的作品，就是他们具有特别强的想象思维能力，并且能够充分发挥。那么读者、观众要去欣赏作品，也需要借助于再造想象。在作者和读者的想象过程和结果基本吻合的情况下，就会产生共鸣，以达到理想的艺术效果。例如我们借助想象与故事里的人物一起欢笑、流泪，一起紧张、悲愤；借助再造想象还可以从书中的英雄人物身上获得精神的陶冶，发展具有积极倾向性的情感等。还有，我们读李白的"飞流直下三千尺，疑似银河落九天"，会通过想象在大脑中勾画出一幅美丽的画面；听到贝多芬的《命运交响曲》的时候，要为之而振奋，等等。

当然，同样的艺术资源，对想象水平层次不同的人来说，产生的效果和价值也是不一样的，也就有了不同层次的精神享受。

想象是人的审美意识的重要基础。当你面对艺术作品的时候，必然会调动已储存在大脑中的记忆表象，并通过想象组成新的图像。苏联学者鲁宾斯坦认为，每一种思想，每一种情感，哪怕是在某种程度上改变世界的意志行动，都有一些想象的成分。所以，想象思维对人们的精神文化生活特别重要。

五、想象思维能力的培养

想象思维能力对于我们每一个人来说都非常重要。德国的一名学者认为，只有静下来思考，让幻想力毫无拘束地奔驰，才会有冲动。否则面对任何工作都会失去目标。谁若每天不给自己一点做梦的机会，那颗引领他工作和生活的"明星"就会暗淡下来。而且人的大脑有一个重要的功能，就是能凭借视觉想象力进行思考。也就是说，人在思考时能根据需要，在人脑中构造出某种图形或抽象概念、感性外观的视觉想象。人的大脑就像长了眼睛，这些视觉想象物能移动、旋转、变化并且被分析。人的视觉想象力越强，大脑中的这双眼睛就越敏锐，视觉想象物及其运动在大脑中就越清晰。因此，通过一些特殊的训练是可以培养人的想象思维能力的。

想象思维能力的培养方法很多，例如：建立正确的世界观、人生观；培养辨证的思维方法；积累知识和经验；保持和发展好奇心；培养善于捕捉"直觉"和"灵感"的本领；陶冶健康而丰富的情绪；不断丰富自己的语言及表达能力；培养广泛的兴趣……这些都有利于激发和培养想象思维能力。这里主要介绍以下几种培养方法。

(一)储备丰富的表象

想象思维的基本元素是表象。表象储备得越多，想象就越广阔而深刻，构成的形象就越逼真。反之，表象储备得越少，想象就越狭窄而肤浅，构成的形象就会失真。所以，丰富自己表象储备的有效方法就是多方面进行观察。因此，在生活中，我们要强迫自己进行多方面的观察，如观察实物、标本、模型、图片，参加自然博物馆和历史博物馆，看有价值的电视和电影等，都是十分必要的。

(二)提高对于语言文字的理解能力

语言是思维的工具，想象思维活动有时候也是根据文字的说明而展开的，它需要在语言的调节下进行。因此，如果对于语言和文字的理解能力不高，在想象过程中，就会产生一些错误的形象。事实上，许多自然科学家、数学家并不是重理轻文的人，而是文理并重的人。所以，我们必须提高自己对于语言和文字的理解能力，充分运用语言和文字来组织和调节自己的想象力，将想象力从直观水平提高到抽象语词的水平上来，使想象力具有更大的概括性、深刻性和形象。

(三)培养好奇心

好奇心是提高想象力的起点,好奇心能够推动人们去想象、去探索、去创新。许多伟大的科学家、发明家都具有强烈的好奇心。但是,人们的好奇心往往容易被挫伤。例如,儿童对于周围的一切事物都感到新奇,并为这些新奇的事物吸引着。所以,他们总是这也问、那也问,这是他们探求知识的具体表现。有些长辈对此经常采取漠不关心或敷衍了事的态度,甚至呵斥、指责他们太啰唆了。这样就很容易挫伤儿童的好奇心。我们也应该看到,创新想象和创新活动的特点就在于求新,而驱使人们求新的力量源泉之一,就是好奇心。所以日常生活中,我们要很好地培养和保护自己的好奇心,鼓励自己多问、多向他人学习,并且能够提出具有独到见解的答案。

(四)培养欣赏文学和艺术的兴趣

文学和艺术的欣赏离不开想象。我们在欣赏文学和艺术作品的过程中,积极地开展想象活动,使自己能够深刻体验到文学和艺术作品中所描绘的一切,同时,也就发展了自己的想象力。有人说文学和艺术是发展想象力最好的"学校",这是很有道理的。因此,我们应重视培养自己欣赏文学和艺术的兴趣,多阅读文学作品,多观察艺术作品,不断提高我们的想象思维能力。

(五)制造想象情境

关于情和思的相互关系,在很早以前人们就对其有所认识。黑格尔在其名著《美学》中说到,艺术家一方面要求具有较强的理解力,另一方面也要求具有丰富和深厚的情感。"情"能育"思",是指人的情绪、情感是人不可缺少的心理活动的重要组成部分,情绪或情境可以达到以"情"育"思"的目的。想象思维训练必须有一个令人神怡的环境条件,让训练者达到良好的训练目的,比如,放一段优美的音乐,环境条件赏心悦目,那难保训练者不展开丰富的想象。

第二节　联想思维

联想思维就是通过思路的连接把看似毫不相干的事件(或事项)联系起来,从而取得新的成果的思维过程。一般而言,我们把联想思维看成是创新思维的重要组成部分,联想思维的成果就是创造性的发现或发明。

一、联想思维的基本概念

联想思维简称联想,是人类一种高级的心理活动,是指在人们的大脑中将一事物的形象与另一事物的形象相互联系起来,以寻求它们之间共同的或者是相似的规律,从而达到解决问题的思维方法。《辞海》对联想思维是这样解释的:由一事物想到另一事物的心理过程。由当前的事物回忆过去有关的另一事物，就是联想思维。联想也是揭示事物相互关系、形成新概念的一种思维方式。西方心理学家早就注意到了联想这种心理活动的极端重要性，在 19 世纪就形成了"联想学派"。这一学派的早期代表人物、英国著名哲学家穆勒认为：联想对于心理学来说，就像引力对天文学、细胞对于生理学一样地重要。我们日常生活中常说的举一反三、由此及彼、触类旁通等就是联想思维的体现。

心理学家认为，联想是由某一种事物想到另一种事物的心理过程。换句话说，联想思维就是在人脑内记忆表象系统中由于某种诱因使不同表象相互产生联系的一种思维活动。联想思维同想象一样，都是以表象作为基本要素的。英国外科医生李斯特从剩菜汤的腐败变质联想到伤口化脓的问题，进而研究出了石碳酸杀菌剂；鲁班从自己的手被茅草叶子的细齿划破，马上联想到若做成铁制工具就可以锯木头，从而发明了锯。这些联想的事物本身是有的，但是通过联想不能直接产生新的东西，它必须借助别的思维形式共同发挥作用，从而进行创新发明。联想思维和想象思维可以说是一对孪生姐妹，在创新过程中起着非常重要的作用。一个人的联想越广阔、丰富，那么他的创新能力就越强。

二、联想思维的基本特征

（一）形象性

由于联想思维属于形象思维的范畴，它的基本操作元素是表象，所以，联想思维和想象思维一样显得十分生动，具有明显的形象性。比如我们看到"四不像"三个字的时候，就能够联想到牛、马、羊和鹿这四种动物。

（二）连续性

联想思维最为神奇的就在于它的连续性，即由此及彼、连绵不断地进行，由一种现象去寻求原因，或者由一种事物联系到与这种事物相似、相关的事物。联想的过程可以是直接的，也可以是迂回曲折的；可以按一定的顺序进行，也可以不按顺序进行；可以按一定的逻辑规则进行，也可以不按逻辑规则进行；可以由一事物联系到另一事物，也可以从一种事物联系到多种事物。通过这些过程，形成一系列的联系，而使原本风马牛不相及的事物相互联系起来。有一种说法："如果大风吹起来，木桶店就会赚钱。"这是怎么进行联想的呢？当大风吹起来的时候，沙石就会满天飞舞，以致瞎子增加，琵琶师父会增多，越来越多的人以猫的毛制作琵琶弦，因而猫会减少，结果老鼠相对地增加，老鼠会咬破木桶，所以做木桶的店就会赚钱。

（三）概括性

联想思维能够很快地将联想到的思维结果呈现在我们的眼前，而不顾及联想过程中所涉及的诸多细节问题，是一种可以整体把握的思维操作活动，因此也具有很强的概括性。

三、联想思维的类型

从辩证法的观点来看，客观事物都有一定的联系，具有不同联系的事物反映在人的头脑中，就会形成不同的联想。常见的联想思维主要有接近联想、相似联想、对比联想和因果联想等。

（一）接近联想

接近联想是指人们在思考问题的过程中，根据事物之间在时间或空间上的接近从而进行的各种联想。世间万物不是孤立存在的，都有着一定的联系。例如：提到1949年，我们就可能想到中华人民共和国的成立；说到情人节，就可能想到玫瑰花；偶然遇到中学的老师，就可能想到老师过去上课的情景，甚至能够想起他讲课的内容和讲过的某些问题，这都是由时间而引起的接近联想。还有当我们说到杭州就会想到西湖；提到日本的时候就会想到富士山；提到埃及就会想到金字塔，等等，这些都是由空间上的接近而引起的联想。在创新活动中，灵活运用接近联想，是帮助人们打开思路、探索未知、获取创新成果的常用方法。

据说苏东坡在杭州任地方官的时候，西湖的很多地段被泥沙淤积起来，成了当时所谓的"葑田"。苏东坡多次巡视西湖，反复考虑如何加以疏浚，再现西湖的秀美风采。他感到最难办的是，从湖中挖出的淤泥没有地方堆放。有一天，他突然想到：西湖有三十里长，如果要环湖走一圈，那么一天都走不完。如果能把湖里挖出的淤泥，堆成一条贯通南北的长堤，则"葑田去而行者便矣"，这不是很好吗？于是他又联想到挖掉葑田之后，可以招募人来种麦，种麦获得的利益，可以用来作为整治西湖的资金。这样一来，疏浚西湖就有了钱，挖出来的淤泥也有了去处，西湖附近的人收益也会增加，并且西湖还增加了一条贯通南北的通道，既能便利往来的游客，又能为西湖锦上添花。苏东坡巧妙解决问题的方法，就是接近联想的方法。他由处理淤泥联想到修筑贯通南北的长堤，又从挖走淤泥联想到可以招募人来种麦以积累资金。

俄国生物学家鲁里耶有一段时间在家里养病，常常坐在窗前向外眺望。日子久了，他发现，来来往往的马匹，无论它们身上的毛是什么颜色，但蹄毛总是白色的。后来他又发现，马的前额、背部和尾部也都有不同程度的白斑。他认为这不是偶然的现象，值得注意、值得探索。在反复思考的过程中他联想到：马的这些部位常常会与其他的物体发生摩擦，如马蹄由于行走奔跑与地面摩擦，马的前额、背部和尾部由于瘙痒常与墙壁等摩擦。经过深入的研究，他终于证实了自己对马所进行的联想是合理的，是具有生理依据的。动物肌体在受到外界强烈而经常的刺激时，会分泌出特别多的石灰质，使经常摩擦的部位出现白斑。鲁里耶的这一发现，获得了人们的重视和好评。

（二）相似联想

相似联想是指事物间由形状、结构、性质或意义等方面的相似而引起的对照，使人们从中受到启发，进而引发创新的联想。例如，从猫想到虎，从儿子想到父亲，从照片想到本人，从鸟儿想到飞机，从鱼想到潜艇，等等，这些都是由形状或结构上的相似引起的联想。由形状或结构上的相似引起的联想比较简单，由性质上的相似引起的联想相对而言稍难一些。例如，由海豚在水中快速地游走，联想到其流线形体型遇水的阻力小，由此潜艇的制造也多采用流线形；由苍蝇接触各种不同的病菌而不生病，联想到它的体内可能存在着很强的免疫力，再联想到人类也需要这种免疫力，从而研究开发出了增强人的免疫力的产品。从意义上的相似引起的联想，这就比较抽象了，难度也更大。例如从蚂蚁联想到人类社会，由人脑联想到计算机，由战场联想到商场，等等，这类想象往往能导致更大价值的发明创造的产生，因此是一种非常重要的联想能力。

很多年前，在北京大钟寺有一座 87000 斤重的大钟，号称钟王，但不知是什么原因，这口大钟沉到了西直门外万寿寺前面长河的河底。100 多年后的某一天，一个老渔翁发现了埋在河底的这口大钟。清朝皇帝得知此事后，便下令要将这口钟打捞上来，并移到觉生寺，然后修建一个大楼来悬挂这口钟。从河底打捞大钟上岸已经很不容易了，要把它再移到五六里以外的觉生寺去，就更难了。负责此事的工匠想了很久也没有想到办法。钟是夏天捞出来的，到秋天还没有人想到主意。有一天，几个工匠在工棚里喝闷酒，工棚内有一块长长的石条被当作桌子，大伙就围坐在石桌旁。当时天正在下雨，从棚顶上漏下来的雨水滴在石桌上。坐在石桌一头的工匠叫坐在另一头的工匠给他倒一盅酒，酒倒好后，由于手上有水，在传递时没留神把酒盅给打翻了，引起大伙连声抱怨："太可惜了！"这时，一个工匠不耐烦地说："何必用手传呢！石桌子上有水，是滑的，轻轻一推不就推过去了。"坐在旁边的工匠沉思了片刻，然后拍桌子大叫起来："有啦！有啦！移动大钟有办法啦！"这个工匠想到的方法是：从万寿寺到觉生寺，挖一条浅河，注入一两尺深的水，河里的水结成冰后，不要费多大力气就能将大钟从冰上推走。后来大家就用这个方法将大钟从万寿寺移到了觉生寺。这个工匠在思考问题的时候就运用了联想思维中的相似联想。大钟虽然比酒盅不知要重多少倍，可它们的相同点都是在光滑的平面上不费多大力气就能推走。在这一点上，它们遵循着共同的物理力学的规律，因此二者也是有相似之处的，通过相似联想由移动酒盅从而解决移动钟王的问题。相似联想不仅能使人们把具有相同点和共同点的事物联系起来，而且还可以通过相似联想产生新的创意，创造出具有共同点或者是相似点的不同事物。

（三）对比联想

对比联想是指事物间在性质、特点、形状和结构等方面存在着对立或某种差异，从而引起的联想。客观事物之间普遍存在着相反或相对的方面。而事物的内部也存在着既统一又对立的两个方面。利用客观事物之间的这种相反或相对的关系进行联想，可以帮助我们从想到的事物，很快联想到与之相反或相对的事物，或者是联想到与之相反或相对的某一个方面。例如，由美想到丑，由长想到短，由大想到小，由厚想到薄，由白天想到黑夜等，这些都是我们生活中常常进行的很明显的对比联想。

在艺术创作方面，对比联想更是运用得十分广泛。我国唐代著名诗人王维写过这样的诗句："大漠孤烟直，长河落日圆。"诗人笔下所描写的两种景象都是常见的，但经过诗人的对比，将"直的孤烟"和"圆的落日"联系起来后，便构成了一幅具有诗情画意的动人图景。当然，在艺术表现上常常采用的反衬手法，也包含着对比联想的运用。

就因为客观事物之间普遍存在着相反或者是相对的关系，当人们受到某种事物对立属性的刺激，就意味着可能获取创新设想。例如，美国某公司董事长布莱尔有一次在郊外散步，他看到几个小孩子正在津津有味地玩耍着一只很丑陋的虫子，便联想到当时市场上的玩具都是以美取悦于儿童的，缺乏变化，小孩儿已经感到乏味，如果能够制造出以丑陋为主的各种奇特的玩具，可能会受到孩子们的欢迎。果然，此公司生产出的以丑陋为主的玩具，特别受小孩的青睐。布莱尔正是由美和丑的对比联想获得了成功。还有物理学家开尔文根据高温可以杀菌，以及煮沸过的食品可以保存的现象，运用对比联想认为，既然高温能够杀死细菌，那么在低温的情况下细菌是否也不能存活呢？经过他精心的研究，发明了冷藏工艺，为人类的健康作出了重大贡献。因此，巧妙运用对比联想往往能够引起新设想、获得新发明。

(四) 因果联想

因果联想是指由事物之间存在的因果关系而引起的联想。这种联想往往是双向的，可以由因想到果，也能从果想到因。千变万化的客观事物，正是由于组成了环环紧扣的彼此制约和牵制的锁链，才使世界保持着相对平衡与和谐的状态。植物界中存在着植物链，动物界有着食物链，这些链本身就是一种因果的关系。假设这些链中的某个环节脱节，就会造成生态的不和谐，甚至可能给人类造成损失和伤害。因此，我们在思考问题的过程中，尽量找出产生这个问题的原因，再去寻求解决的办法。

四、联想思维的作用

随着人们对创新的认识，尤其是在对创新能力的开发过程中，人们发现联想思维的作用非常重要，它不仅能够改善和提高人的记忆力，而且还能强化人的创新意识，开发人的创新潜能。自 20 世纪创新学诞生，联想思维就成为创新学的重要研究对象，并被纳入基本的创新思维中。联想思维的创造性功能早已在社会的各个领域中得到了体现，起着不可替代的催化创新的作用。

(一) 在两个或者两个以上的事物之间建立联系

世界上的万事万物都存在着一定的联系，看似毫不相干的事物也能通过联想将它们相互联系起来。心理学家哥洛万斯和斯塔林茨就曾经用试验证明了，任何两个或者是两个以上的事物都可以通过四五个步骤而联系起来。例如光头到鸡蛋：光头—和尚—念经—晨钟—鸡鸣—母鸡—鸡蛋。假如每个事物都可以与 10 个以上的事物直接发生联系的话，那么第一步就有 10 次联想的机会，第二步就有 100 次联想的机会，第三步就有 1000 次机会……由此可见，联想思维可以将两个或者两个以上相似、相近甚至是相反的事物通过一定的诱因相互联系起来，从而发现它们之间的属性，使自己得到启发，进而去探索未知的领域，获取更多的创新成果。正如贝弗里奇所说，科学的联想常常在于发现两个或者是两个以上的研究对象或假设之间的联系或相似之处。

（二）活化创新思维的空间

人脑在进行创新思维的时候是特别活跃的，有如波涛汹涌的大海。但是起伏的波涛并非凭空而起，而正是联想思维由此及彼、触类旁通的特征，将思维引向更加广阔的领域，让我们能够多角度、多渠道、多侧面地思考问题，使其达到想象或新的联想思维的形成，甚至能够产生灵感，从而寻求多种途径去解决问题。

联想思维就像是创新思维的"万花筒"，人们在思考中每进行一次联想，就好像将这个万花筒转动了一次，就能够看到丰富多彩、质量越高、数量越多的新图案，促使人们的创新思维空间更广阔。

（三）为想象思维提供一定的基础

联想思维一般不能直接产生有价值的新的形象，但是它往往将信息有条不紊地储存在大脑中，也就是把那些需要记住的东西"串"起来，然后纳入一定概念或形象的"链"中去，并在大脑中将其储存起来，从而为想象思维提供了一定的基础——表象。这些表象正是想象的接通点，想象就如同电路，它们就是电，只有插上电的电路才能通畅，少了电，电路则不通。也正因为有了人的大脑中储存的丰富的表象，人们在进行想象的过程中，才能以极高的速度从大脑的信息库中检索出所需要的信息来。否则，如果大脑储存的信息是杂乱无章的，像一个凌乱的房间，要找什么都找不到，那人的思考活动就很难进行下去。比如，在智力激励法中，参加会议的每个人，在听到别人发言以后会产生许多联想，而某些联想正是产生新的想象思维的起点。

五、联想思维与想象思维的异同点

（一）联想思维与想象思维的共同点

（1）它们都可以按非逻辑的形式进行。

（2）它们都属于形象思维的范畴，都能够借助形象而展开。

（3）它们互为起点。也就是说，想象思维可以联想到的事物为起点进行展开，同时，想象思维所获得的结果又可以引发新的联想。

（二）联想思维与想象思维的区别

（1）联想思维只能在已储存的记忆系统中的表象之间进行，而想象思维则可以超出大脑中已储存的表象范围。

（2）联想思维不能够产生新的表象，而想象思维可以产生新的表象。

（3）联想思维的进行必须要有一定的诱因，既刺激物，而想象思维可以没有诱因。

（4）联想思维不能超越时间和空间，而想象思维能够超越时间和空间。

（5）联想思维的空间是封闭的、有限的，而想象思维的空间是开放的、无限的。

六、联想思维的培养

(一)培养联想兴趣

兴趣是决定是否进行联想的先决条件,而联想兴趣在联想思维中还有着特殊的作用,它不同于一般的兴趣爱好,因为它没有特定的兴趣范围。联想兴趣不应该只是联想自己喜欢的事物,更要注意去联想自己并不感兴趣的事物,甚至是所反感的事物,只有这样,才能够有所发现、有所创新。

(二)树立联想意识

所谓联想意识,就是指从客观事物中感觉出或领悟到事物之间的关系,这种关系原来是不存在或者是别人没有意识到的。有了联想意识才可以通过联想进行创新。联想意识强烈,那么产生的联想就多,就越有可能联想到别人联想不到的事物,在创新中超前于人。

(三)形成联想的习惯

习惯具有很大的惯性,通常能够促使人们不由自主地去思考、去行动,形成良好的联想思维习惯,可以使我们由此及彼地将看似没有联系的事物相互联系起来,进而从中发现隐含在事物间的一些有价值的东西。

(四)搜集联想资料

在积累联想知识的过程中,搜集和联想思维有关的资料特别重要。因为,资料是联想知识积累的必要依据,丰富的资料有助于说明问题,同时也是对联想结果进行分析和评价的需要。所以,搜集联想资料的过程就是为积累联想知识奠定基础的过程。

(五)积累联想知识

联想思维的基本元素是储存在我们大脑中的表象,而表象的积累就是联想知识的积累,知识越多,记忆表象才可能越丰富,因此,联想知识水平就决定了联想思维的广度和深度。在平时生活中,是否积累和储备了大量的联想知识,就是我们能不能充分进行联想思维的前提。这里的知识,包括自然科学、工程技术、社会、人文、艺术等多方面的知识及日常生活经验。

(六)拓宽联想空间

运用联想创造出来的成果可能只有一个,但为了孕育这一成果而联想到的事物或者是需要联想到的事物却很多。要想获得更多的事物,就需要拓宽联想的空间,空间越宽阔,产生创新成果的可能性就越大。联想的空间与一个人的知识水平、情绪、环境和观察事物的角度、方法等都有很大的关系。所以,我们需要不断地调节自己的情绪,保持良好的心态,吸取各方面的知识,对事物进行全方位、多角度的观察,进而拓宽我们的联想空间。

◎ **课后练习题**

1. 想象思维训练题

（1）图形训练：

①请尽可能多地举出与"人""山""W""米""Q""S"形状相似的东西。

②完成图形：请根据下面所示的 A、B、C、D 四个图像，将其画成各种各样有意义的图画。

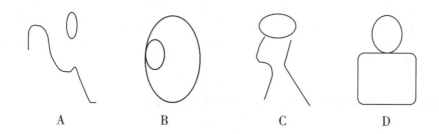

③通过下面所示的图片，运用丰富的想象将其组织成一个有意义的、完整的故事（要求：健康向上，字数在 100~300 字）。

（2）如果碰见下面的情景，你会有怎样的想象？

①酒席上，一个女子忽然大声尖叫。

②睡觉起来，发现一个陌生人站在你的床前。

③假设你买了一张彩票，中了一等奖，拥有 500 万元，你将做些什么？

2. 联想思维训练题

（1）通过时间或空间上的接近对下面所述情景进行丰富的联想：

①走到中学门口，你会产生怎样的联想？

②看着白皑皑的雪山，你会联想到什么？

③深秋，看到被风吹落的满地黄叶，你会联想到什么？

（2）请对下图所示的每个图像展开联想，看生活中有哪些东西与其相似。

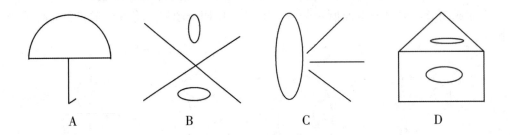

（3）强迫联想（通过 4~5 次联想将下面的事物联系起来）：

太阳——胶水　　　　　钢笔——电视机

石头——演员　　　　　警察——小提琴

蚂蚁——工厂　　　　　毛巾——大学生

水杯——手机　　　　　雨伞——立交桥

3. 利用下面三个句子，组织成一个有意义的、完整的故事（要求：健康向上，100 ~ 200 字）。

（1）美丽的女孩，整洁的办公桌，拥挤的街道，爱哭的婴儿。

（2）盛开的鲜花，奔驰的汽车，戴手套的男孩，卖花的女孩。

（3）爱撒谎的小男孩，热乎乎的馒头，疲倦的司机，嗡嗡的蜜蜂。

第七章　发散思维与收敛思维

第一节　发散思维

在进行创造发明的过程中，我们也经常会从一个目标或思维起点出发，沿着不同方向，顺应各个角度，提出各种设想，寻找各种途径，通过筛选最终获得具体问题的解决方案。这种灵活的发散的思维模式，加以最终的优化方案的思维模式是创新性思维的核心要素，不但对于创新方案的形成尤为重要，而且对于大学生创新能力以及科学思维能力的培养与发展，具有十分重要的现实意义。本章主要讲述了发散思维与收敛思维的相关内容。

一、发散思维的含义

发散思维是大脑在思维时呈现的一种扩散状态的思维模式。它表现为思维视野广阔，思维呈现出多维发散状，也叫辐射思维、扩散思维、求异思维、多向思维等。发散思维是一种非逻辑思维、跳跃式思维，是指人们在进行创新活动或解决问题的思考过程中，从一个已有的问题或信息出发，无拘无束地将思路由思维原点向四面八方展开，突破原有的圈，充分发挥想象力，经不同途径以不同的视角去探索，重组眼前的和记忆中的信息，产生新信息，从而获得众多的解题设想、方案和办法，使问题得到圆满解决的思维过程，如图7-1所示。不少心理学家认为，发散思维是创新思维最主要的特点，也是测定人的创新能力的主要标志之一。

我们处于一个普遍联系和永恒发展的世界之中，事物之间和实物内部各要素之间存在着相互影响、相互制约、相互作用的普遍联系。这就要求我们在思考问题时必须打开思路，多角度、多层次、多方位地思考问题，而且思维越开阔越发散，就容易产生想象和联想，越容易在别人意想不到的地方有所发现，产生创新思维成果。例如爱迪生在研究白炽灯时，找到了当时各种白炽灯共同的弱点，灯丝使用的材料不耐用。必须找到一种能燃烧到白热的物质做灯丝，这种灯丝要经受住2000度温度1000小时以上的燃烧。同时用法要简单，要能经受日常使用的击碰，价格要低廉，而且一个灯的明和灭不能影响另外任何一个灯的明和灭，要保持每个灯的相对独立性。为了找到这种灯丝，他花费了一年的时间，先后用1600多种材料进行了实验，其中有稻草、砂纸、金属、石墨、马尼拉麻绳、马鬃、钓鱼线、麻栗、硬橡皮、栓木、藤条、玉蜀黍纤维，甚至还用人的胡须、头发当作灯丝，但效果都不理想。在一次偶然的机会中，他突发奇想，决定将棉线做成灯丝试试看。于是

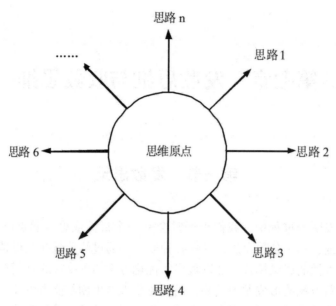

图 7-1 发散思维图

爱迪生便和他的助手一起研究，将棉线烧成碳丝，同时又提高灯泡的真空度，避免灯丝氧化。于是，1879年10月21日，世界上具有实用价值的白炽灯真正地诞生了。

发散思维是开放性思维，从已知领域中探索未知领域，从而达到解决问题和创新的目的。它广泛应用已有的信息，将为数众多的信息组合并重组，在思维发散过程中，不时会涌出一些念头、奇想、灵感、顿悟等，而这些新的观念有可能成为新的起点、契机，再将思维引向新的方向、新的对象和新的内容。因此，发散思维是多向的、立体的和开放的思维。例如，第二次世界大战时，当有人向英国首相丘吉尔提出问题时，他能立即说出解决这个问题的十几种可能，足见他的思维敏捷而广阔。

西方国家的教育自古以来比较强调个性发展、注重创新，并一直发展到今天。早在古希腊时期，苏格拉底教学法便是运用对话，利用发散思维列举出机智巧妙的问题进行教学，其目的不是传授知识，而是探索新知；文艺复兴时期以重视个性为特征、以发展人格为目的的人文主义教育，主张个性自由发展，培养学生多方面和谐发展，即培养学生的发散思维能力。这些教育方式无一不是突出了学生的个性发展，无一不注重发散创新。在我国，虽然孔子早有因材施教的教育思想，但受制于几千年的封建专制统治，把广大知识分子束缚在知足常乐、安分守己的被动适应的限度内。因此，我国的教育相对来说更注重适应，不太重视发散思维的培养。几千年来，我国教师的职责被限定为"传道，授业，解惑"。对于学生，则过分强调尊师重道、安分守己，在思想和行为上不能有丝毫出格，从而使学生的个性难以得到发展，创新能力也在一定程度上受到压抑。这一点可从我国的传统文化中看出来，中国传统文化特别强调的是顺从、一致、谦恭及和谐的人际关系，中国的传统教育历来注重培养儿童"孝顺""安分守己"的品性。传统的父母与教师十分强调对孩子严加约束，要求孩子做出适当的行为，却不注重孩子自己观点的表达，不注意其独立性、自我把握、创造性和人格的全面发展。有些父母还会禁止孩子表现出攻击性行为，鼓励年龄大的孩子要给弟弟妹妹做出榜样，举止要文雅、妥帖，要无私、忍让。这种严厉的体制压制了儿童的发散思维能力，也压抑了由他们的本能所赋予的强大创新能力。这种孩子也许会是"乖孩子"，会听话、守纪、文雅，但他们的个性可能会因此而变得平庸苍白，缺乏活力与创新能力。中华人民共和国成立后，由于计划经济的束缚，这种不注重个性发展的教育模式一直沿袭。我国的社会主义市场经济，现行的各种制度为创新教育、个性化教育提供了极好的机遇。要改变我国长期以来的这种适应性教育，培养创新型人才，就必须培养大学生的发散思维能力，进行创新教育。我国的创新教育是对过去局限的超越，其目标是创新能力的培养，注重发散思维，激发内在动机作为学生创新的动力，既保证人们良好的社会化，又维护积极的个性化，使学生焕发出创新的激情，并发挥出创新的潜能，是一种个性化的教育。

发散思维训练的目的就是要改变这种弊端，使人们认识到，对某些处于萌芽状态的可贵的思想品质，不可以简单地采用是非或对错的标准去认识处理，因为那将使思想平庸化、简单化。现实是复杂的，我们不仅需要严谨有序的思维，也需要跳跃的灵感、广泛的视角，只有这样才能培养开放性的、拥有包容大千世界的思维空间的头脑。发散思维的主要功能在于使人的认知不落窠臼、敢于求异，思考时能够不拘一格、多方设想、不一而足、不断求新。思维如果欠缺发散性，就不可能为解决问题提出大量供考虑与选择的新线索，从而也就减少了创新的可能性。所以一个人能否进行发散思维，能否冲破阻碍发散思维的外部束缚或内部定势，的确是能否发挥与显示创造力的一个重要环节。1964年，王永志参与我国自行设计的中近程火箭第一次飞行试验。当时出现了一个难题，计算火箭弹迹时发现射程不够，按常理应多加推进剂，但火箭燃料贮箱空间有限，加不进去。王永志结合当时天气情况对推进剂密度的影响，提出了一个独特的解决方案：从火箭体内卸出600公斤燃料，导弹就能达到预定射程。对于这个当时不过32岁的中尉的"奇思妙想"，在场专家大多认为是天方夜谭。王永志不甘心，并向时任发射场技术总指挥的钱学森直接汇报。钱学森耐心听完了王永志的想法后，把火箭总设计师叫过来，说："那个年轻人的意见很对，就按他的办！"果然，火箭卸出一些推进剂后射程变远了，连打3发，发发命中。知识的传承要"求同"，要靠标准的路径；而知识的延展要"求异"，要靠不同于标准的新的路径。在大学生中培养"求异"的思维，在高校中形成"求异"的氛围，可以激发创新人才成长。总之，社会在发展，人类在进步，宇宙中还有无数奥妙在等待着我们去揭示，这就需要我们敢想、敢说、敢学、敢于标新立异，并能使其思维始终处于自由创新的状态。而这些想法的形成需要我们在日常生活中培养自己的发散性思维能力。

发散思维方法已被广泛应用于企业产品开发。如鹅的综合利用，除鹅肉外，它的毛就有许多用途：刀翎，可直接出售；窝翎，用来做羽毛球；尖翎，用来做鹅毛扇；鹅绒可加工衣、被、枕等产品。此外，鹅血可以加工血粉作饲料添加剂，鹅胆可作胆膏原料，鹅胰可提炼药物，等等。现实生活中，可以通过从不同方面思考同一问题，如"一题多解""一事多写""一物多用"等方式，培养人的发散思维能力。

二、发散思维的特性

美国心理学家吉尔福特认为，发散思维具有流畅性、灵活性、独创性三个主要特性。

(一)流畅性

流畅性主要是指在思考问题时思维的进程流畅，灵敏迅速，畅通少阻，能在较短时间内得到较多的思维结果，也就是观念的自由发挥。它体现了发散思维在数量和速度方面较高的要求，可以用单位时间之内解答问题的数量或产生新观念、新想法的思维的"量"来作为计量的指标。发散思维的流畅性因人而异，但大多可以通过训练得到提高。一般来说，一个人的机智与思维的流畅性有密切的关联。例如，你能在"日"字(也可以在口字、大字、土字等加笔画)上、下、左、右各加一些笔画，写出尽可能多的字来吗(每种至少 3个)？

(二)灵活性

灵活性也叫变通性，它是指人们在思考问题时，发散思维的思路能够迅速地进行转换，从而得到更多的思维结果，为选择解题方法提供更多的可能。思维的灵活性包括三个方面：①思维的起点灵活，就是能从不同角度、不同方面，用多种方法解决问题，即能一题多解；②思维过程灵活，是指能灵活地采用分析、综合、比较、抽象与概括，以及分类与系统化等方法，巧妙地解决问题；③迁移能力强，是一种学习对另一种学习的影响，不但能做到顺向迁移，而且能逆向迁移。灵活性克服了人们头脑中某种自己设置的僵化的思维框架，按照某一新的方向来思索问题。它需要借助横向类比、跨域转化、触类旁通、随机应变，不受功能固着、定势的约束，使发散思维沿着不同的方面和方向扩散，表现出极其丰富的多样性和多面性。因而能产生超常的构思，提出不同凡响的新观念。

灵活性通常用从一类事物转换到另一类事物的数量来衡量，即它以类别数目为指标。灵活性是创新思维重要的因素，比流畅性要求更高，它要求对同一问题作出不同类型的回答。例如说某人死心眼、一根筋，一条道跑到黑，不撞南墙不回头，就是说某人的变通性较差。

(三)独特性

独特性也叫独创性、首创性。独特性是指人们在发散思维中做出不同寻常的异于他人的新奇反应的能力。它一般表现为发散思维成果的新颖、独特、稀有、意想不到的特点。独特性测量的是观念的唯一性和非凡性(或不寻常性)，通常以思维的新奇性、不寻常性和成效性为评价标准。独特性是发散思维的最高目标，它更多表征了发散思维的本质，是发散思维的灵魂。例如，测物体的质量要用天平，但是用天平无法测出地球的质量，而在牛顿发现了万有引力定律后，学者就根据月亮绕地球的运行规律，应用万有引力定律，巧妙地计算出地球的质量。再如，测定微观粒子的质量，通常采用电场或磁场来测定，但测定不带电粒子的质量，则无法用此常规方法。为了测定用 a 粒子轰击铍核所释放的不带电粒子的质量，查德威克巧妙地利用动量守恒定律和动能守恒，测出不带电粒子的质量近似等于质子的质量，由此发现中子，成为物理学中一项伟大的发现。

发散思维的三个特点之间也有一定的联系。独特性建立在思维的流畅性和灵活性的基础上；流畅性和灵活性是手段和途径，独特性是目的(根本目的)和结果。

三、发散思维的方法

在创新活动中，发散思维常用的操作方式有一般方法和特殊方法。一般方法主要有材料发散法、方法发散法、结构发散法、功能发散法、形态发散法、因果发散法、思维导图法、关系发散法八种。

(一)材料发散法

材料发散法就是以某个物品尽可能多的"材料"作为发散点，设想它的多种用途。并对材料的各种专用特性进行研究和改进，以达到要求的目标。如传统的杯子是用玻璃做的，还可用纸、塑料、树脂等材料。

(二)方法发散法

方法发散法就是以某种方法为其发散点，设想出能够利用该方法的各种可能性。如图7-2 所示，左边是 3 个圆柱体，右边是 5 个圆柱体。怎样才能使左右两边的圆柱体同样多呢?

图7-2　方法发散法图例(a)

方法 1：移一移。如图 7-3 所示，将图 7-2 右边的一个移到左边，这是一种总数不变的方法，就变成左 4 个圆柱体，右 4 个圆柱体。这个答案具有唯一性。

图7-3　方法发散法图例(b)

方法 2：去一去。如图 7-4 所示，将图 8-2 右边的圆柱体去掉两个，这是一种总数减少的方法。如图 7-4 所示，左边是 3 个圆柱体，右边是 3 个圆柱体。使用这种方法后的答案有 3 个，请你画出另外的两种。

图 7-4　方法扩散法图例(c)

方法 3：添一添。如图 7-5 所示，给图 7-2 左边添上两个圆柱体，这是一种总数增加的方法。如图 7-5 所示，左边有 5 个圆柱体，右边有 5 个圆柱体。运用这种方法后的答案有无数个，你能画出几个呢？

图 7-5　方法扩散法图例(d)

方法 4：去一去和添一添。给图 7-2 的左边添上一个圆柱体(添加的用无色圆柱体表示)，右边去掉一个，这还是一种总数不变的方法。如图 7-6 所示，左边有 4 个圆柱体，右边有 4 个圆柱体。运用这种方法后的答案有无数个，请你画出 6 个以上。

图 7-6　方法扩散法图例(e)

除了上述 4 种方法外，你还能想出哪些办法，使左右两边的圆柱体相等呢？

(三)结构发散法

结构发散法是以某事物的结构为其发散中心，设想出能利用该结构的各种可能性。比如，对"怎样才能充分利用包含 ⌒ 结构的事物现象(要求画出)？"对于这一问题，可以作出如下发散性思考，如图 7-7 所示。

此外，你还能做出哪些结构发散？

图 7-7　结构发散

(四)功能发散法

功能发散法是指从某事物的功能出发，构想出获得该功能的各种可能性，或者以某种事物(物品)功能为发散中心，设想这种功能的其他用途，如手机可以打电话、接电话、发短信、上网、听音乐、看电视、看电子书、打游戏等。自 1898 年居里夫妇发现了放射性元素镭以后，许多科学家采用他们的方法，又发现了一系列放射性元素。并且还有人在用途上动脑筋，使放射性元素由实验室走到工业、农业、医药、科研等领域，目前其在消毒、杀菌、育种、治病、食品保鲜等方面都得到了广泛应用。

(五)形态发散法

以某种事物形态(形状、颜色、声音、气味等)为发散中心，设想出能被利用的各种可能性，如红色，可以做衣服、旗帜、纸张、标记、标本、气球、喇叭、眉笔、唇膏、胭脂、领带、食品包装盒等。

(六)因果发散法

因果发散法是以某个事物发展的结果为发散点，推测出造成该结果的各种原因，或者由原因推测出可能产生的各种结果。例如：一个水杯摔碎了，可能是因为开水太烫了，水杯质量不好，小孩不小心撞翻打碎了，地震了，等等。

（七）思维导图法

思维导图又称脑图、心智导图、脑力激荡图、概念图、灵感触发图、树状图，等等。它简单却又很有效，是一种表达发散性思维的具有实用性的有效图形思维工具。它将各级主题的关系用相互隶属或者相关的层级图表现出来，具有图文并重的特点。即要求我们打开思维，使用一个中心关键词或想法引起形象化的构造和分类的想法，然后再用这个中心关键词或想法以辐射线形连接所有的代表字词、想法、任务或其他关联项目的图解方式。

思维导图是一种将发散思维形象化的方法。我们知道发散思维是人类大脑的自然思考方式，它将进入我们大脑的资料，例如文字、符码、数字、图画、线条、气味、颜色、食物、节奏、音符，等等，作为我们思考的中心，并由此中心向外发散出成千上万个关节点，每个关节点都与中心主题有一个联结，而每一个联结又可以成为思考的另一个中心主题，再向外发散出成千上万个关节点，呈现出发散性立体结构，而这些关节的联结可以视为人的记忆，就如同大脑中的神经元一样互相连接，也就是我们的个人数据库。如图7-8所示。

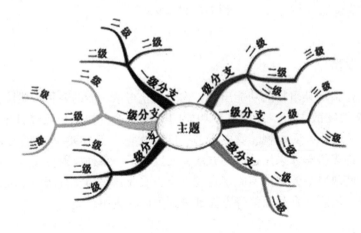

图 7-8　思维导图的简单画法

（八）关系发散法

关系发散法是以某些事物变化的联系、相互间的影响或者是某些个体之间的关系为发散点，设想其各种可能性。

应用发散思维，首先应寻找合适的发散源，掌握发散源的科学原理、技术基础；其次是运用发散思维，寻找新的应用领域去发明、创新，制造出社会所需要的一些新产品。当然，正确掌握发散思维，需要认真学习，真正理解和掌握各学科的基本理论知识和专业知识，并能仔细观察生活，做发明的有心人，才可能取得成绩。

四、发散思维的作用

(一)发散思维具有基础性作用

通常人们考虑问题时，总喜欢按起点(提出问题)到终点(解决问题)的思路进行，走不通就停下来，也许这时，从多个不同角度，或者是换一个思路去考虑，就能很容易地把问题给解决了。发散思维就是围绕一个问题，突破常规思维的束缚，沿不同方向去思考、探索，寻求解决这一问题的各种可能性，是由一点到多点的思维形式。思维发散的范围越广，产生的设想就越多，解决问题的成功率就越高。面对新方法、新技术、新规律、新产品、新现象，对一个训练有素的发明者，他会考虑能否有其他更多的用途制作更多类型的作品，设计新的装置，开创新的技术种类、新的系列化产品、新的应用领域等。而且创新思维的各种技法，都与发散思维有密切的关系。

(二)发散思维具有核心性作用

想象是人脑创新的源泉，联想使源泉汇合，而发散思维为这个源泉的流淌提供了广阔的通道。它在创新思维体系内具有独一无二的核心作用，今后学到的一些创新思维方法，例如奥斯本检核表法等技法都离不开发散思维。首先，发散思维集中地体现了创新思维的本质和特征。创新思维是一种借助于想象与联想、直觉与灵感等，使人们的认识打破常规，寻求变异，探索多种解决问题的新方案或新途径的思维方式，是灵活运用多种思维方式的独特思维过程，是众多思维方法的交替、综合运用。而发散思维作为一种多方向、多角度、寻求多种思路的思维方式，它集中体现了创新思维的性质和特征。其次，发散思维内在地包含了逆向思维、横向思维、测向思维、曲向思维、求异思维以及组合思维、类比思维、非相似思维等其他思维方式。再次，发散思维与想象、联想、灵感等思维方法互为前提或基础。

曾经有学者提出如下公式：人的创新能力=所获取的知识量×发散思维(想象力)。这个公式指出：人的创新能力是与发散思维成正比的。一个人若只拥有渊博的知识，但缺乏丰富的想象力也是很难成就创新事业的。

(三)发散思维具有保障性作用

发散思维的主要功能之一就是为随后的收敛思维提供更多的解题方法，以保障收敛思维的顺利进行。

总之，发散思维不但可以使人的思维敏捷而且活跃，办法多变而且新颖，并且能够提出大量可供选择的方案、办法或建议，特别是能提出一些完全出乎人意料、别出心裁的新鲜见解，使问题奇迹般地得到解决。

我们之所以重视和推崇发散思维，不仅仅是因为发散思维在创新中具有举足轻重的作用，更重要的是在我国的一些教育及人们的思维习惯方面，发散思维常常得不到重视，甚至还被曲解。

五、发散思维的几个相关形式

(一)逆向思维与正向思维

逆向思维,又叫逆反思维,即突破思维定势,从相反方向思考问题的方法。它是与正向思维相对而言的,换句话说,就是与一般的正向思维,即传统的、逻辑的或习惯的思维方向相反的一种思维,因此也叫作反向思维。它要求人们在进行思维活动时,从两个相反的方向去观察和思考问题,从相向视角(如上—下、左—右、前—后、正—反)来看待和认识客体。这样往往别开生面、独具一格,有利于创造性的发挥,能取得突破性的成果。如说话声音的高低能引起金属片相应的振动,相反,金属片的振动也可以引起声音高低的变化。爱迪生在对电话的改进中,发明制造了世界上第一台留声机。逆向思维可分为功能反转、结构反转、因果反转、状态反转等。运用逆向思维通常会取得意想不到的效果。比如,军事上的"声东击西""欲擒故纵""空城计"等都与逆向思维有关。逆向思维常常被视为创新思维的主要表现之一。科学上的许多创造发明离不开逆向思维,如:化学能产生电能,据此意大利科学家伏特于1800年发明了伏打电池。反过来电能也能产生化学能,通过电解,英国化学家戴维于1807年发现了钾、钠、钙、镁、锶、钡、硼七种元素。

逆向思维与正向思维之间存在着互为前提、相互转化的辩证关系。逆向思维与正向思维是对立统一的,没有正向思维,也就无所谓逆向思维。在某种情况下的正向思维,在另外一种情况下也有可能成为逆向思维,逆向思维在某种程度上就是别的方向上的正向思维。逆向思维的运用常常建立在一定的正向思维的基础上,没有一定的正向思维作为基础,是很难产生逆向思维的。总之,逆向思维与正向思维不可分。许多创新性成果以正向思维为基础,又需要从逆向思维的角度进行思考。因此,全面地看,创新性思维是逆向思维与正向思维的有机结合。

逆向思维运用的关键是要突破思维定势。这就要求我们在思考问题时,有意识地运用这一思维方法和我们后面介绍的创新技法,同时注重进行思维训练,使自己养成多向思维的习惯。

(二)纵向思维和横向思维

按照思维进行的方向,可以将思维划分为横向思维和纵向思维两种基本方式。

纵向思维就是指在一种结构范围中,按照有顺序的、可预测的、程式化的方向进行的思维方式。它是一种符合事物发展方向和人类认识习惯的思维方式,遵循由浅到深、由低到高、由始到终等线索,因而清晰明了、合乎逻辑。我们在平常的生活、学习中经常采用这种思维方式。例如19世纪末,法国园艺学家莫尼哀从植物的盘根错节想到水泥加固的例子。当一个人为某一问题苦苦思索时,大脑里会形成一种优势灶,一旦受到其他事物的启发,就很容易与这个优势灶产生相联系的反应,从而解决问题。

所谓横向思维,也叫侧向思维,它是相对于纵向思维而言的一种思维形式,是指突破问题的结果范围,从其他领域的事物、事实中得到启示而产生新设想的思维方式。纵向思维是按逻辑推理的方法直上直下的收敛性思维。而横向思维是当纵向思维受挫时，从横向寻找问题答案。它不完全按照逻辑推理，而是换一个角度，提出解决问题的办法。正如时间是一维的、空间是多维的一样，横向思维与纵向思维代表了一维与多维的互补。最早提出横向思维概念的是英国学者德博诺。他创立横向思维概念的目的是针对纵向思维的缺陷提出与之互补的对立的思维方法。

（三）变通思维

世间万物都具有变动不居的本性。这种本性要求认识主体在把握事物的时候，必须根据事物的变化和发展而变更自己的思想和方法，不能死守常规、呆板处事。人的思维若不经常变化，就很容易僵化。我们的思想与行动必须根据事物的变化而变化。事物需要你"这样"变时，你也能做出"那样"的抉择，这就是变通。即我们在解决问题时不是一条路走到黑或是不撞南墙不回头，而是从多方面、多角度去思考，这是发散思维最一般的形式。因此，要想拥有创新思维，就要敢于向僵化挑战。尤其是当情势有变化或者是受到条件制约，原来的方法解决不了问题的时候，就更应该借用变通这一有力的武器，另辟新路以寻求多种解决问题的方法、方案或策略等，这样才能够取得出乎意料的成果。

变通思维是创新思维的重要组成部分，它反映了人们在进行创新思维过程中的转换和灵活应变的特征。"变"是应运生变，即顺应事态的变化而采取符合客观事物发展规律的举措。"通"就是通达，即思路的畅通与豁达。其中"变"是前提，"通"是结果。思维变通者，他的思维活动应不受定势和功能固有的束缚，不局限某一方面，能从一个方面发散到另一个方面，能够做到触类旁通、随机应变。我国一代伟人邓小平同志在开创中国特色社会主义现代化道路的过程中，能根据事物的现实状况和发展趋势，审时度势，以变应变，做到因时制宜、因人制宜、因地制宜、因事制宜，从不固守某种过时的理念和模式。因而，他的思想和行为总是能与时代合拍，与历史合流。他的这种变通思维在实践中发挥到了极致，取得了令人叹为观止的成功。所以，一个人如果想要有所建树、取得非凡的成果，关键还在于他自身的变通思维和创新精神的建塑。

第二节 收敛思维

一、收敛思维的概念

收敛思维又称聚敛思维、集中思维、求同思维、复合思维，也是创新思维的一种形式。它与发散思维不同，发散思维是为了解决某个问题，从已有问题出发，思考的方法、途径越多越好，总是追求还有没有更多的办法。而收敛思维也是为了解决某一问题，但它在解决问题时和发散思维相反，思维主体总是尽可能地利用众多的现象、线索、信息、方法和途径，把众多的信息和解题的可能性逐步引导到条理化的逻辑链中去，向着问题的一个方向思考，根据已有的经验、知识或发散思维中针对问题的最好办法去得出最好的结论和最好的解决方法。即从已知信息中产生逻辑结论，从现成资料中寻求正确或具有可行性答案的思维，其思维方向总是从四面八方指向思维目标的，如图 7-9 所示。

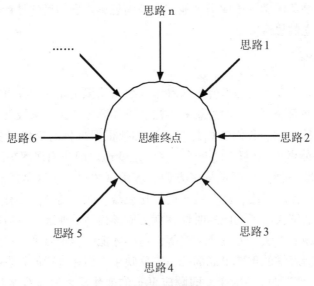

图 7-9 收敛思维结构图

曾经有学者认为，收敛思维可能对创新思维有阻碍作用，还认为中国人习惯收敛思维，不如西方人善于使用发散思维，因此创新能力不如西方人等。这些说法都不正确。收敛思维对创新活动的作用是正面的、积极的，它和发散思维同样是创新思维不可缺少的。合理运用这两种思维方式，都会对创新活动起到促进作用；若使用不当，就不能发挥其应有的作用。但我们国家过去在很长一段时间里，在教育方法上忽视了发散思维，这对创新能力的培养是不利的，但并不能因此将创新能力的欠缺归罪于收敛思维。

二、收敛思维的特征

收敛思维实际上是一种逻辑思维方法，它离不开逻辑思维常有的抽象、判断、分析、综合、概括、推理等思维形式。所以，收敛思维的特征与逻辑思维的特征基本上是一致的，主要有以下几点。

（一）集中性

发散思维的思考方向是以问题为原点指向四面八方的，具有开放性，而收敛思维是针对一个集中的目标，将许多发散思维的结果由四面八方集中起来指向这个目标，通过比较筛选、组合、论证得到解决问题的答案，具有集中性。集中性的直接体现就是在收敛过程中不会再有新的解题思路或方案出现，已有的设想或方案的数量通过评价、选择的优化过程变得越来越少，直到剩下一个最优或相对最优的结果。收敛思维认为在一定的时间、地点和条件下，对于一个问题的诸多答案、办法和方法中，只能选择一个公认为是最好的答案、办法和方法，因而集中性还表现在最终所选择的方向和道路是集中的、唯一的。

(二)连续性

发散思维的过程是从一个设想到另一个设想，它们可以没有任何联系，是一种跳跃式的思维方式，具有间断性。而收敛思维的进行方式则相反，它有明确的目标，在利用现有的信息和线索解决问题时，要求把解决的问题纳入传统的逻辑轨道，然后按照传统逻辑规则进行严谨周密的推理论证，必须是按部就班，有一定的步骤，一环紧扣一环地展开，特别重视因果链条，不允许用联想和想象代替推理和论证，更不允许出现跳跃，具有较强的连续性。由于收敛思维总是从同一方面考虑问题，所以对这一过程也就赋予了严格的程序，先做什么后做什么，一步接着一步，使问题的解决有章可循。这也是由逻辑思维的因果链所决定的。

(三)求实性

发散思维所产生的众多设想或方案，一般来说大多是不成熟的，或是不太实际的，我们也不应对发散思维提出过高的要求。那么对于发散思维的结果，就必须进行筛选，而收敛思维就具有这种筛选作用。被选择出来的设想或方法、方案是按照实用的标准来决定的，应当是切实可行的。这样收敛思维就表现了很强的求实性。因为收敛思维最终要求得到最满意的答案、办法、方法以及方案，必须符合客观真理。要符合客观真理，就要求从客观实际出发，搜集大量的事实材料，然后进行分析、综合、抽象、概括，揭示客观事物的本质及其规律性，然后对得出的结论进行实践检验，一旦发现同检验的客观事实不相符合，即立即返回到问题的起点重新进行发散认识。所以它要求实事求是，杜绝想象、联想等各种非逻辑方法。因此，真理性和求实性是收敛思维的宗旨。

三、收敛思维应遵循的标准

我们必须遵循一定的标准才能合理排除无关思路，去伪存真，寻找到能真正解决问题的方法。

(一)思路合理化

创新思维过程是一个完整的思路，但是思路是否合理是个关键问题。我们运用收敛思维的时候首先要考虑的就是思路合理化。

唐朝时，李勉曾镇守陕西凤翔一带。有一次，一个农民挖出了一瓮金元宝，立即交给县官，县官担心存放在县衙不安全，便把瓮放在了自己的住所里。隔了两天，他打开一看，瓮里的金元宝都变成了土块。这瓮金元宝出土时，乡里的头面人物都曾检验过，现在竟发生了这样的变化，自然引起了县衙内外的一片惊诧。此事上报到李勉那里，县官因无法作出解释，只得承认是自己偷换了金元宝，并画了押。但金元宝藏在何处，以及怎样把它们花掉的，县官却一点儿也说不出来。此事引起了李勉和他的幕僚袁滋的怀疑。经过查看，他们发现瓮里放有250多个土块，于是叫人找来一些铜铁一类的金属，熔化后铸成和土块一样大小的金属块，然后再称它们的重量，只称了其中的一半，就已有300多斤重。而这个装金元宝的瓮是由两个农民用竹扁担抬到县城里来的。如果瓮里真的有这么多金元宝，这两个农民是无论如何也抬不动的。这表明大瓮在抬进县衙以前就被调换了。这样县官的冤情也就得到了昭雪。

李勉正是在厘清整个事情的思路后，发现了其中不合理的环节，才找到了真正的坏人。这就是思路合理化的收敛标准起到的作用。

（二）逻辑合理化

逻辑规律是我们解决问题应该遵循的基本规律，收敛思维可以按照逻辑规律严格衡量每一个思路是否符合逻辑。

做了30年联邦特工的纽伯瑞询问一位女证人时，女人说她听到枪声后就藏了起来，没有看到任何人。"她的话不符合逻辑。听到枪声怎么可能没留意开枪的人？"于是，纽伯瑞趁她没注意，突然重重地拍了一下桌子，这位女证人立即扭过头去看他。纽伯瑞说："你看，一个人听到声音，会本能地朝发出声音的地方看去。也就是说她先看到开枪的人，然后才跑开。"

当然在更多情况下，逻辑关系非常复杂，我们要发现逻辑矛盾并不是一件简单的事情。

在巴基斯坦影片《人世间》中，女主人公拉基雅被认为持枪杀害了她恶贯满盈的丈夫。在拉基雅面临困境的时候，正直的律师曼索尔证明了拉基雅不是丈夫的凶手，从而把这个善良的妇女从绝境中解放了出来。

曼索尔的证明过程是这样的：拉基雅的手枪里一共有五发子弹，如果她是凶手，那么必然最少有一发子弹打中了她的丈夫。而现场经过检查，发现子弹全都打在了对面的墙上，并没有打中她的丈夫。另外，拉基雅是面对面地冲她丈夫开的枪，如果她的丈夫死于枪下，子弹一定是从正面打进身体的，但是经过法医鉴定，尸体上的子弹是从背后打进去的。律师曼索尔通过这两次演绎论证，成功证明了拉基雅不是凶手。

逻辑是在形象思维和直觉顿悟思维基础上对客观世界进一步地抽象。所谓抽象，是认识客观世界时舍弃个别的、非本质的属性，抽出共同的、本质的属性的过程，是形成概念的必要手段。

（三）观念合理化

速溶咖啡在进入日本市场之初，遭遇惨淡的销售经历。为什么速溶咖啡在第一次进入日本市场时无人问津？在日本的传统文化中，"男主外，女主内"，家务事基本由女主人承担。她们有很强的家庭观念，注重家庭成员的饮食健康与营养，倾向于咸、鲜、清淡、少油的食物；另外，清酒作为日本的传统饮料，广为日本家庭所接受，其芳香宜人、口味纯正、绵柔爽口，含多种氨基酸、维生素，是营养丰富的饮料酒。日本崇尚的茶道，拥有复杂的冲泡与品尝工序，强调修身养性，是一种备受重视与传承的传统的文化产物。然而，速溶咖啡在他们眼中口味浓厚、稍苦，并且冲泡简单，毫无艺术内涵，营养价值不高，长期饮用会影响人体健康；而作为西方文化的产物，咖啡在日本并没有很好的文化基础。因此，速溶咖啡在初次进入日本市场时并未得到家庭主妇的重视，也就失去了一大市场先机。由此可见，思路的观念合理化多么重要。

（四）时间合理化

时间是一个很好的参照物，很多思路收敛可以时间合理化标准衡量。日常生活中我们也会遵循时间合理化。比如打电话十秒钟没人接，一般人就会确定没人接然后挂掉电话。还有人每天要睡八小时等。

某高校一名教师上报一周工作量表，结果统计出其上课时间为 240 小时。报表被另一位教师看到后，马上提出了问题。一天 24 小时，就算这个老师不吃不喝不睡觉，也不可能在一周之内完成这么多的工作量。经过仔细检查，果然是这位老师在填写的时候不小心填错了。

（五）经济合理化

有些思路看似可行，但耗费过大，得不偿失，我们在进行收敛思维的时候就要利用经济合理化这个标准去排除这种思路。另外辩证看待收获、积少成多也是经济合理化的一种融会贯通。

在玉器之乡长大的申志兵，对于翡翠、和田玉等珠宝非常熟悉。"我在很多商场做过调查，一般标价 1 万元的和田玉，生产成本大概只有四五百元。"申志兵说，珠宝行业利润太高，所以，他认为薄利多销是打开产品市场的关键。申志兵向记者展示了自己的产品目录，价格最低的只有 200 多元，最高的不过几千元。"同样的产品，我的定价比目前市场上的任何珠宝商至少低 50%，因为我有进货渠道的优势。"申志兵透露，与其他珠宝商进成品货不同，申志兵都是在老家进原材料，然后再找熟人进行加工，这个过程，比直接进成品要便宜 50% 左右。当然，有时候价格低也不一定是好事，难免会有客户怀疑珠宝的质量。对此，申志兵请权威机构对自己的产品一一进行鉴定。低价，加上权威的鉴定证书，申志兵的珠宝不但在网上卖得火，也赢得了两家珠宝商的青睐，要求申志兵定期为其供货。一年下来，除了吃喝和付学费外，申志兵还赚了将近 4 万元。①

（六）能力合理化

思路设计要符合现实情况，而现实中很多情况是人的能力达不到方案的要求，因此，任何思路都要根据人的能力限定标准，才能真正付诸实施。

"傻瓜"照相机就是在使用者的能力达不到专业要求的情况下应运而生的产品。"傻瓜"照相机是一种电子程序式自动曝光照相机。这种照相机的光圈和速度均由照相机内的

---

① 大学生 QQ 上卖珠宝，平入五万[EB/OL]. [2009-11-17]. http：//voice. cug. edu. cn/info/1006/7758. htm? from = singlemessage.

电子程序电路根据胶卷感光度和被摄主体及环境的情况自动设置，无需摄影者干预而实现自动摄影。与单镜头反射式全手动照相机相比，"傻瓜"照相机具有简便易用的优点，但由于它的镜头孔径较小，成像质量没有单镜头反射照相机好。"傻瓜"照相机可以分为三类，即固定焦点式、自动聚焦式和变焦式。固定焦点式照相机的镜头是固定的，它的工作原理是利用镜头的景深进行摄影。这种照相机镜头的景深较宽，可以对相当一端距离（如1~3米）里的物体成像。这种照相机的机身上通常标有FF（Focus Free），它实际上是一种玩具照相机，成像质量较差。使用这种照相机时要注意，被摄对象最好在照相机前2~3米处以保证获得清晰的影像。正因为它可以自动对焦，操作方便，技术要求比较低，只要会按快门就行，就算是傻瓜也会用，所以叫"傻瓜"机。现在很多家电包括电脑等，操作越来越简单化，一方面是科技进步了，另一方面就是考虑到了使用者的能力。

四、收敛思维与发散思维的关系

（一）发散与收敛模式

在进行创新活动时，仅仅靠发散思维是不能有效实现创新目标的。因为实践中的创新活动，最终只需要少数或唯一的思维结果，所以在发散思维之后，需要进行收敛思维。在创新思维过程中，人们为了获得新结论，一般都是先从思维原点出发，经发散思维得到众多的新信息、新方法、新思路等，然后根据创新目的的需要对新的信息群或是新的方法、新的思路进行清理和筛选，即通过收敛思维去获取所需的结果，这种思维过程如图7-10所示。

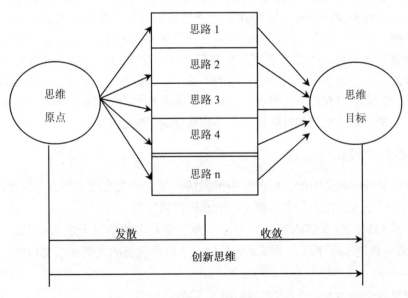

图 7-10　发散-收敛思维模式图

(二)二者的区别与联系

作为思维方式，收敛思维和发散思维既有联系，又有明显的区别，它们是创新思维不可缺少的两翼。这两翼协同动作，创新思维才能顺利展开。

(1)二者思维方向不同。发散思维的思路是由问题中心指向四面八方，而收敛思维的思路则是从四面八方指向问题中心，从而获取解决问题的最佳方案。

(2)二者作用不同。从思维功能讲，收敛思维尊重前提的事实性和真理性，逻辑严谨周密，重视理论的逻辑证明和实践检验，要求实事求是，符合客观真理。并且它是一种求同思维，要集中各种想法的精华，达到对问题系统全面的考察，然后寻求一种最有实际应用价值的结果，将多种想法理顺、筛选、综合和统一。而发散思维是一种求异思维，尽可能在广泛的范围内搜索，将各种不同的可能性都设想到。

同时，收敛思维与发散思维的关系也是一种辩证关系。对于创新思维的全过程，发散思维与收敛思维又都是必不可少的，它们相互联系、相互依赖、相互补充。没有发散思维对思路的广泛收集、多方搜索，收敛思维就没有了加工对象，无从进行。也就是说，收敛思维必须以发散思维所取得的成果为前提，只有经过发散思维提出的多种答案、方案和办法，收敛思维才能对其进行综合、集中、求同和选择。发散思维提出的多种答案、方案、办法愈多愈广泛，收敛思维的认识就愈全面，选择的机会愈多，愈容易得出最为满意的答案，也就愈接近客观真理。反过来，发散思维所取得的多种答案，只有经过收敛思维的综合、比较、集中、求同和选择，才能加以确定。即如果没有收敛思维的认真整理、精心加工，发散思维的结果再多，也不能形成有意义的创新成果，也就成了废料，毫无价值可言。在创造实践活动中，发散思维和收敛思维是反复交织、相辅相成、缺一不可的。所以，有人说发散思维和收敛思维是创新思维的两翼。美国学者库思认为，只有发散思维和收敛思维这两种方式相互拉扯，并在所形成的"强力"下协同作用、交替使用，创新过程才能圆满完成。

由此可见，发散思维和收敛思维具有相互促进、相互补充、相辅相成的辩证关系。实际上，当人们的思维发展到一定程度，就要收敛一下，进行比较，以寻找较好的解决问题的方案。然后，又在新的基础上再进行发散，进而在更高的层次上再收敛，从而不断循环下去，直到解决问题。人类的思维就是按照"发散—收敛—再发散—再收敛—再发散"，不断地使创新思维向更高的水平发展。在进行创新思维过程中，若发散思维不以收敛思维为前提，思维就不会取得成果；收敛如果不以发散为基础，思维也就不会有创新。因此，收敛思维是创新思维过程中必不可少的一种思维方式。

五、提高收敛思维能力的训练方法

(一)收敛思维训练方法

1. 目标确定法

当我们碰到的大量问题比较明确时，很容易找到问题的关键，并且只要采用适当的方法，问题便能迎刃而解。但是当一个问题并不是非常明确，易产生似是而非的感觉时，很容易将人们引入歧途。针对这种情况，目标确定法首先要求我们正确地确定搜寻的目标，其次要进行认真的观察并作出判断，找出其中关键的现象，围绕目标进行收敛思维。

目标的确定越具体越有效，故在确定目标时，不要去确定那些各方面条件尚不具备的目标，这就要求人们对主客观条件有一个全面、正确、清醒的估计和认识。目标可以分为大的、小的、近期的、远期的等。开始运用时，可以先选小的、近期的目标，等熟练掌握后再逐渐扩大。

在实际生活中，我们也常遇到选择目标的情况。例如我们急需制作一个表格上交，但专职打字员又没在，我们只能自己操作，制作的过程可能不规范，并且用的时间会很长。有的人指责说：你的打字水平太低，制作太不规范，而且速度慢，应该先去学习训练。这里就有一个目标的问题，自己是为了及时上交表格，而不是为了学习打字制表。专职打字员学习了规范打字和制作表格后，可以提高打字和制作表格的速度和质量。显然，目标不同，处理问题的方法也会不同。

2. 求同思维法

当一种现象在不同的场合反复发生，且在各场合中只有一个条件是相同的，那么这个条件就是这种现象的原因，寻找这个条件进行收敛的思维方法就叫作求同思维法。

3. 求异思维法

当一种现象在第一场合出现而在第二场合不出现，并且在这两个场合中只有一个条件不同，这一条件就是现象的原因。寻找这一条件进行收敛，就是求异思维法。

4. 层层剥笋法

我们在思考问题时，最初认识的仅仅是问题的表面，然后层层分析，向问题的核心一步一步地逼近，从而揭示出隐蔽在事物表面现象内的深层本质。

5. 聚焦法

聚焦法就是人们常说的沉思、再思、三思，即在思考问题时，有意识、有目的地将思维过程停顿下来，并将前后思维领域浓缩和聚拢起来，以便帮助我们更有效地审视和判断某一片段信息、某一问题、某一事件。

聚焦法带有强制性指令色彩，主要包括以下两方面。

(1) 它可通过反复训练，培养人们的定向、定点思维的习惯，形成思维的纵向深度和强大穿透力，犹如用放大镜把太阳光持续地聚焦在某一点上，就可以形成高热。

(2) 由于经常对某一片段信息、某一问题、某一件事进行有意识的聚焦思维，自然会积淀起对这些信息、问题、事件的强大透视力、溶解力，以便最后顺利收敛思维，从而解决问题。

例如隐形飞机的制造是难度比较大的问题，它是一个多目标聚焦的结果。要制造一种使敌方雷达测不到、红外及热辐射仪追踪不到的飞机，就需要分别实现雷达隐身、红外隐身、可见光隐身、声波隐身等多个目标，每个目标中还有许多小目标，分别实现，最终制成隐身飞机。

（二）收敛思维训练的重点

一般来说，收敛思维是在发散思维的基础上进行的。为了快速寻找实用性的结果，两者不能截然分开。在进行思维发散的时候，不追求产生最优的结果，发散得多也可以，少一些也可以。但是为了确保收敛的时候得到最佳的答案，发散的数量应尽可能多一些，不能太少。收敛思维承担着产生最优结果的重任，思维效果直接影响问题能否得到最好的解决。

1. 科学掌握收敛思维的时机

收敛思维的思考方向与发散思维恰好相反。如果同时进行，必然互相碰撞、互相干扰，使思维者在思考中产生混乱，进行不下去，或者产生不出有意义的思维结果。因此，两者最好分开进行。当运用发散思维寻找尽可能多的方案、设想时，先不要考虑结果的对与错以及有用还是没用。换句话说，不要过早进入收敛思维阶段。最好的时机是在发散思维已经难以捕捉到新的设想、新方案时，思维再开始进行收敛。

与此同时，要适度进行发散思维与收敛思维。在进行发散思维的时候，不能发散起来没个尽头，该收敛时就得收敛；但在收敛时也不能着急，没有发散完毕，收敛就会挂一漏万。在实际生活中，收敛和发散经常是交替进行的。举一个例子，你上街逛商店，要买一件漂亮、时尚而又便宜的衣服。你走进一个商店，看了几种，都不太满意，再走进一个商店，再看几种，仍然不满意，继续逛，直到买到最满意的为止。这就叫作适度进行发散思维与收敛思维。但是你不能逛起来没完，可能逛到最后还不满意，认为还不如前面商店的，这样将会毫无结果、一无所获，所以感觉差不多时买下来就可以了。但你也不能看了一两家就买，买完可能会发现后面的商店的衣服比你买得更好、更便宜。

2. 合理把握收敛思维的尺度

在发散思维的基础上，思维主体还要根据本人的知识和经验，通过逻辑思维，将前面产生的多种设想、方案等与要解决的中心问题联系起来，进行评价、选择。这里所说的尺度，就是评价、选择设想和方案等的宽严尺度，过宽、过严都不好。由于人的知识和经验是有限的，人所掌握的评价创新结果的尺度在一定时期也就不可能是完全正确的，这样一些有潜在价值的、超前性的设想就很可能被认为是不合理的而被舍弃掉。例如，19世纪科学幻想小说里的飞行器、潜水艇、雷达等，在当时的发明创造者那里都被舍弃了。所以，在运用思维收敛的时候，创新主体自己的知识和经验不足，就不能轻易舍弃，而要把尺度掌握得宽松些，将有价值的设想尽量保留下来。例如，1909年，美国培克兰博士正在研究一种新树脂。可是他所居住地区的老鼠十分猖獗，夜里会进入他的实验室，不但会破坏他的实验仪器、书籍和实验笔记，而且还会把一些宝贵的化学药剂撞翻在地。于是他从朋友的家里要来一只猫，让其守在实验室中。岂料这只猫懒得出奇，除了吃喝就知道睡觉，对于身边窜来窜去的老鼠连理都不理。培克兰只好买来一只捕鼠夹，并特意选用了一块奶酪作为诱饵放在鼠夹上，将鼠夹放在老鼠活动最频繁的药架上。第二天推门一看，鼠夹和那块奶酪仍在原地。药架上的药品又被老鼠搅得一团糟。当他整理时，忽然发现鼠夹上的那块奶酪有些不对劲。原来，一瓶蚁醛被老鼠撞翻后，全部泼洒在老鼠夹和奶酪上了。他小心地从鼠夹上取下奶酪，发觉奶酪变得像木头一样硬，他尝试着用手将奶酪捏碎，但不管如何用力，"变质"了的奶酪始终保持原来的形状。培克兰拿着奶酪走到实验台前，操起放大镜，仔细地观察起来，奶酪在蚁醛的作用下已经变成了另一种物质，不再是原先那种由动物奶汁做成的半凝固食品了。于是培克兰用一些更大的奶酪与蚁醛进行混合，制造出一些更大的"新物质"。他惊喜地发现这种新物质不但质地坚硬、表面光洁，而且具有防酸防腐的作用，还不导电，是制作电气绝缘材料的最佳选择。另外，这种新物质还具有质轻、制成后不变形等特点，可广泛运用于工业生产中。这种物质，我们今天称为"电木"，即塑料的一种。

3. 运用知识和积累经验并熟练掌握逻辑思维方法

知识和经验是收敛思维的基础。没有知识和经验，就无法进行收敛思维，知识和经验不足，进行收敛思维也非常困难。当人们试图通过收敛思维在大量设想与中心问题之间建立通道的时候，这个通道的构成也要依赖知识和经验。这就需要我们不断学习知识、积累经验。但是，创新活动的开展并不能等我们学富五车、饱经沧桑之后再去进行。实践，在干中学，在学中干，不怕经历失败，也是学习和积累的过程。搞科研、从事发明创新的人，往往会先查资料，运用已有的、他人的知识和经验，可以少走弯路，这也是在建立这样的通道。

收敛思维是按照逻辑链进行的思维方式，因此，逻辑思维常用的分析、综合、判断、概括、抽象、推理等方法都要用到创新主体，应熟练掌握逻辑思维方法。例如，在第一次世界大战期间，法国和德国两国交战时，法国军队的司令部在前线构筑了一座极其隐蔽的地下指挥部。指挥部的人员深居简出，十分诡秘。但不幸的是，他们只注意到了人员的隐蔽，而忽略了长官养的一只小猫。德军的侦察人员在观察战场时发现：每天早上八九点钟左右，都有一只小猫在法军阵地后方的一座土包上晒太阳。德军依此判断：①这只猫不是野猫，因为一般野猫白天不出来，更不会在炮火隆隆的阵地上出没；②猫的栖身处就在土包附近，很可能是一个地下指挥部，因为周围没有人家；③根据仔细观察，这只猫是相当名贵的波斯品种，在打仗时还有兴趣玩这种猫的绝不会是普通的下级军官。据此，他们判定那个掩蔽处一定是法军的高级指挥所。随后，德国军队集中六个炮兵营的火力，对那里实施猛烈袭击。事后得知，他们的判断完全正确，最后这个法军地下指挥所的人员全部阵亡。

◎ 课后练习题

1. 发散思维训练

(1)请说出废报纸的用途，越多越好。

(2)请用方法发散法对普通自行车进行创新。

(3)请用思维导图法对"外出旅行"进行发散。

(4)有一个古老的智力题："树上有 10 只鸟，打死 1 只，还有几只?"请列出它的各种可能的答案。

2. 收敛思维训练

（1）请说出几种家中既发热又发光的东西，并找出它们的共同点。

（2）请写出泉水与江水的共同之处，越多越好。

（3）蜻蜓、蝴蝶、蜜蜂与苍蝇有什么相同之处？

（4）铜、铁、铝、不锈钢等金属材料有什么共同的属性？

3. 发散-收敛思维训练

做下列练习时要注意尽可能多地写出可能的方案，然后运用收敛思维，确定最佳方案，必须考虑到经济性、可行性，并且说明原因。

（1）假如你家在山西，暑假要回家，往返路途很远，你能选择一种省钱省时又不太劳累的交通方式吗？

（2）一位学生的家庭特别困难，每年的学费、生活费都没有着落，请你设计一个使他能坚持完成学业的好方案。

（3）假如你是一个钟表商店的经理，门前要挂两个大的钟表模型，你认为时针和分针分别在什么位置最好？

第八章　逆向思维

逆向思维，是人们在生活实践中不可或缺的一种思维方式。当大家都朝着一个固定的思维方向思考问题时，而你却独自朝相反的方向思索，这样的思维方式就叫作逆向思维。例如，"司马光砸缸"。有人落水，常规的思维模式是"救人离水"，而司马光面对紧急险情，运用了逆向思维，果断地用石头把缸砸破，"让水离人"，救了小伙伴性命。人们习惯于沿着事物发展的正方向去思考问题并寻求解决办法。其实，对于某些问题，尤其是一些特殊问题，从结论往回推，倒过来思考，从求解回到已知条件，反过来想或许会使问题简单化，使解决它变得轻而易举，甚至因此而有所发现，创造出惊天动地的奇迹来，这就是逆向思维和它的魅力。

第一节　逆向思维的概念、特征与优势

逆向思维与常规思维不同，它是反过来思考问题，是对传统习惯的一种挑战。比如与快递业相反的新兴的慢递业。运用逆向思维去思考和处理问题，实际上就是以"出奇"去达到"制胜"。因此，运用逆向思维的结果常常会令人大吃一惊、喜出望外，从而别有所得。

一、逆向思维的基本概念

逆向思维也叫作求异思维，它是对司空见惯的似乎已成定论的事物或观点反过来思考的一种思维方式。其敢于"反其道而思之"，让思维向对立面的方向发展，从问题的相反面深入地进行探索，树立新思想，创立新形象。

有两个人一起出差，其中一个人逛街时看到大街上有一老妇在卖一只黑色的铁猫。这只铁猫的眼睛很漂亮，经过仔细观察，他发现铁猫的眼睛是宝石做成的。于是他不动声色地对老妇说："能不能只卖一双眼珠？"老妇起初不同意，但他表示愿意花整只铁猫的价格，老妇便把铁猫眼珠取出来卖给了他。他回到旅馆，欣喜若狂地对同伴说：我捡了一个大便宜，用很少的钱买了两颗宝石。同伴了解前因后果后问他那个卖铁猫的老妇还在不在？他说那个老妇正等着有人买她的那只少了眼珠的铁猫。同伴便取了钱，寻找那个老妇去了，不一会儿，同伴便把铁猫买了回来。同伴分析这只铁猫肯定价值不菲，于是用锤子往铁猫身上敲，铁屑掉落后发现铁猫的内质竟然是用黄金铸成的。从这个故事能看出，买走铁猫玉眼的人是按正常思维走的，铁猫的玉眼很值钱，取走便是。但同伴却通过逆向思

维断定：既然猫的眼睛是宝石做的，那么它的身体肯定不会是铁。正是这种逆向思维使同伴摒弃了铁猫的表象，发现了猫的黄金内质。

二、逆向思维的特征

（一）普遍性

逆向性思维在各种领域、各种活动中都有适用性，由于对立统一规律是普遍适用的，而对立统一的形式又是多种多样的，有一种对立统一的形式，相应地就有一种逆向思维的角度，所以，逆向思维也有无限多种形式。如性质上对立两极的转换：软与硬、高与低等；结构、位置上的互换、颠倒：上与下、左与右等；过程上的逆转：气态变液态或液态变气态、电转为磁或磁转为电等。无论哪种方式，只要从一个方面想到与之对立的另一方面，都是逆向思维。

（二）批判性

逆向是与正向比较而言的，正向是指常规的、常识的、公认的或习惯的想法与做法。逆向思维则恰恰相反，是对传统、惯例、常识的反叛，是对常规的挑战。它能够克服思维定势，破除由经验和习惯造成的僵化的认识模式。

现在人们生活速度加快，快递生意火爆，但就是有人反其道而行，发明了慢递。慢递，也叫写给未来的信，是将信件按约定的未来某个时间寄给指定的人的一种服务。慢递是一种类似于行为艺术的方式，提醒人们在快速发展的现代社会去关注自己的当下，其在中国大城市已开始流行。慢递概念的产生可以理解为"时间胶囊"与"传统书信"的创意结合。具体做法是将记载重要事件的文物、资料和实物装入密封的器皿中，并深埋地下，经较长时间，譬如 50 年或 100 年后再取出。书信上熟悉的文字所带来的感觉是现代电话、短信等即时通信所无法传递的。在科技日新月异的今天，依然存在着特殊的意味，传承千年依然久盛不衰。结合二者，慢递提供和邮政类似的信件投递服务，投递时间由寄信人决定，可以是几个月、几年甚至几十年。慢递实际上是帮人在指定的时间投递情感。"慢递服务"契合了都市人的心理需求，忽略时间的"慢递"能放缓工业社会的时间观念对人们生活的挤压。生活中不便直接表达的情绪，通过拉长收信时间，可以缓解寄信人的焦虑感，帮助减压。在收到信件的刹那发生时空错位，提醒人们在快节奏的生活方式里不要遗忘最宝贵的回忆和憧憬。停下来冷静地思考，什么才是真正值得珍惜的。慢递服务的客户涵盖各个年龄层次的人们，有准妈妈留给将要出生的宝宝的一封信；有失恋的男生选择在五年后告诉女友当初的无奈……

（三）新颖性

运用循规蹈矩的思维和传统方式解决问题虽然简单，但容易使思路僵化、刻板，若不摆脱掉习惯的束缚，得到的往往是一些司空见惯的答案。其实，任何事物都具有多方面属性。由于受过去经验的影响，人们容易看到熟悉的一面，而对另一面却视而不见。逆向思维往往能克服这一障碍，从而给人出人意料、耳目一新的感觉。

某企业党委实行差额选举，规定从 23 名候选人中选出 21 名党委委员。常规操作方法是按党员代表数量发出选票，上列 23 位候选人名单。代表拿到选票后选出自己同意的 21 位候选人，投票后，由监票人进行唱票统计，最后排在前 21 位的得票者当选。对于这种司空见惯的做法，谁都没有异议。但是，这是一种效率低下的做法。对于这个事情，若采用逆向思维，完全可以这样来做：当拿到选票后，选出自己不同意的两位候选人，唱票时，每张选票也只唱两次，最后谁的票多谁就落选。这样每一位代表所花的时间只有原来的十分之一，每一张选票的唱票时间也只有原来的十分之一，选举效率提高了十倍。仔细想想不难发现，这种做法不但提高了效率，而且也有助于提高候选人和代表的压力感和责任感。选取赞成的人选时，很多人是从前往后打钩，只要不是很不顺眼，就按着顺序往下钩了，最后的结果往往导致居于最后位置的两位候选人落选的可能性最大。在这种做法下落选人的压力不是很大，会认为是自己的排位不佳导致的。而当代表从 23 名候选人中择出 2 名自己认为不合适的人时，那么对所有候选人来说压力便大了，候选人必须十分注重自己的形象，改进自己的不足。对代表来说，也必须经过慎重思考，负责任地表达自己的意见。

三、逆向思维的优势

逆向思维优势之一，在日常生活中，常规思维难以解决的问题，通过逆向思维却可能轻松破解。

网球与足球篮球不一样，足球、篮球有打气孔，可以用打气针头充气。网球没有打气孔，漏气后球就软了、瘪了。如何给瘪了的网球充气呢？专业人士首先会分析网球为什么会漏气？气从哪里漏到哪里？我们知道，网球内部气体压强高，外部大气压强低，气体就会从压强高的地方往压强低的地方扩散，也就是从网球内部往外部漏气，最后网球内外压强一致了，就没有足够的弹性了。怎么让球内压强增加呢？专业人士运用逆向思维，考虑让气体从球外往球内扩散。怎么做呢？那就是把软了的网球放进一个钢筒中，往钢筒内打气，使钢筒内气体的压强远远大于网球内部的压强，这时高压钢筒内的气体就会向网球内"漏气"，经过一定的时间，网球便会硬起来了。

逆向思维优势之二，逆向思维会使你独辟蹊径，在别人没有注意到的地方有所发现、有所建树，从而出奇制胜。

美国汽车大王福特一世在街上散步时，偶然间看到肉铺仓库里的几个工人顺次分别切牛的里脊肉、胸肉、头肉，他的脑海里马上浮现出与此相反的过程：让工人顺次分别装上汽车的种种零部件。这就是用流水线组装汽车的方法，它和以前让每一个工人自始至终地装配一辆汽车相比，由于每个工人只负责汽车中的一小部分，操作简单、容易熟练，因此，工人的劳动效率大大提高，而且很少出差错。福特公司由此脱颖而出，奠定了其在汽车行业中的地位。

逆向思维优势之三，逆向思维会使你在解决问题的多种方法中获得最佳方法和途径。

一天，富翁哈德走进纽约花旗银行的贷款部。看到这位绅士很神气，打扮得又很华贵，贷款部的经理不敢怠慢，赶紧招呼道："这位先生有什么事情需要我帮忙的吗?""哦，我想借些钱。""好啊，你要借多少?""1 美元。""只需要 1 美元?""不错，只借 1 美元，可以吗?""当然可以，像您这样的绅士，只要有担保，多借点也可以。""那这些担保可以吗?"哈德说着，从豪华的皮包里取出一大堆珠宝堆在写字台上。"喏，这是价值 50 万美元的珠宝，够吗?""当然，当然! 不过，你只要借 1 美元?""是的。"哈德接过了 1 美元，就准备离开银行。在旁边观看的分行行长此时有点傻了，他怎么也弄不明白这个富翁为何抵押 50 万美元就借 1 美元，他急忙追上前去，对哈德说："这位先生，请等一下，你有价值 50 万美元的珠宝，为什么只借 1 美元呢? 假如您想借 30 万、40 万美元的话，我们也会考虑的。""啊，是这样的，我来贵行之前，问过好几家金库，他们保险箱的'租金'都很昂贵。而您这里的'租金'很便宜，一年才花 1 美元。"哈德用这种方式，每年只花 1 美元就可以"租"到银行保险箱，保存自己的珠宝。

逆向思维优势之四，生活中自觉运用逆向思维，会将复杂问题简单化，从而使办事效率和效果成倍提高。

沙克是一个老人，退休后在学校附近买了一间简陋的房子。住下的前几个星期还很安静，不久后有三个年轻人开始每天在附近踢垃圾桶闹着玩。老人受不了这些噪音，出去跟年轻人谈判。"你们玩得真开心。"他说，"我喜欢看你们玩得这样高兴。如果你们每天都来踢垃圾桶，我将每天给你们每人一块钱"。三个年轻人很高兴，更加卖力地表演"足下功夫"。不料三天后，老人忧愁地说："通货膨胀减少了我的收入，从明天起，只能给你们每人五毛钱了。"年轻人显得不大开心，但还是接受了老人的条件。他们每天继续去踢垃圾桶。一周后，老人又对他们说："最近没有收到养老金支票，对不起，每天只能给两毛了。""两毛钱?"一个年轻人脸色发青，"我们才不会为了区区两毛钱浪费宝贵的时间在这里表演呢，不干了!"从此以后，老人又过上了安静的日子。

逆向思维优势之五，使用逆向思维思考问题，常常会助你在"山重水复疑无路"时，进入"柳暗花明又一村"的境界。

有时候，用逆向思维处理婚姻中出现的不忠问题也会收到奇效。婚姻中，如一方不忠，比如说丈夫在外面有了情人，有些顾家爱夫的妻子知道后，惯常是使用哭、闹，打上门去、以死相逼等激烈或极端的方式试图来挽救濒死的婚姻，然而以此方式却很少有成功的，即便丈夫出于压力没有离婚，但夫妻之间的感情也容易彻底崩溃。有位聪明的妻子却采用了逆向思维的方式。丈夫在外面有了情人，如痴如醉。妻子得知后，便默默地离开了家，为丈夫和他的情人腾出了空间。临走时留下一张字条，上书："亲爱的：自从嫁给你，我就是从心底深深地爱着你，非常希望你幸福快乐。既然你喜欢和她在一起，对你的爱告诉我，就让你得到自己的幸福快乐吧。我先暂时离开家一段时间，请你认真思考我们的关系后再作出决定。"这位妻子是这样考虑的：第一，既然丈夫已经心有他属，"一哭二闹三上吊"或采取其他激烈的方式是无济于事的，而且还会彻底伤害夫妻多年的情分，使夫妻关系彻底破裂。而选择冷静地离开，就算不能挽回家庭婚姻，但至少双方都不会受到很深的伤害。第二，如果丈夫的情人各方面很优秀，那么丈夫爱情人就有他的道理，自己又哭又闹只会让丈夫愈加瞧不起自己，变相地证明自己确实不如情人。第三，男人喜欢情人往往是出于"得不到的就是最好的"心理，因为双方的关系处于秘密和地下的状态，这种距离感使他们之间产生了强烈的美感，而这位妻子索性让他们近距离接触，让丈夫更快地真正了解对方。那位丈夫在和情人亲密接触后却陡然发现情人有很多地方不及贤惠的妻子，没多久就果断地离开情人，回到了妻子的身边。这位妻子运用逆向思维，不哭不闹，给丈夫留出了空间，给自己留出了空间，同时留给了丈夫回头的空间，最终挽回了家庭。在日常生活中积极主动地运用逆向思维，往往能够起到拓宽思路和启发思维的重要作用。当你陷入思维的死角不能自拔时，不妨尝试一下逆向思维法，打破原有的思维定势，反其道而行之，说不定就会眼前一亮、豁然开朗。逆向思维最可宝贵的价值，是它对人们认识的挑战，是对事物认识的不断深化，并由此而产生原子弹爆炸般的威力。我们应当自觉地运用逆向思维方法，创造更多的奇迹。

第二节　逆向思维的分类

逆向思维的类型十分复杂，不同的标准也会划分出各种各样不同的类型。例如以思维对象的状态为目标，可以将思维分为原理逆向思维、功能逆向思维、结构逆向思维、属性逆向思维、程序逆向（方向逆向）思维和观念逆向思维。

原理逆向思维：就是从事物原理的相反方向进行的思考，如温度计的诞生，意大利物理学家伽利略曾应医生的请求设计温度计，但屡遭失败。有一次他在给学生上实验课时，由于注意到水的温度变化引起了水的体积的变化，这使他突然意识到，如果倒过来，由水的体积的变化不也能看出水的温度的变化吗？循着这一思路，他终于设计出了温度计。

功能逆向思维：就是按事物或产品现有的功能进行相反的思考，如风力灭火器。现在我们看到的消防队员使用的灭火器有风力灭火器。风吹过去，温度降低，空气稀薄，火便被吹灭了。一般情况下，风是助火势的，特别是当火比较大的时候。但在一定情况下，风可以使小火熄灭，而且相当有效。

结构逆向思维：就是从已有事物的结构出发进行反向思考，如进行结构位置的颠倒、置换等。如，日本有一位家庭主妇对煎鱼时总是会粘到锅上感到很恼火，煎好的鱼常常会烂开，不成形。有一天，她在煎鱼时突然产生了一个念头，能不能不在锅的下面加热，而在锅的上面加热呢？经过多次尝试，她想到了在锅盖里安装电炉丝这一从上面加热的方法，最终制成了令人满意的煎鱼不糊的锅。

属性逆向思维：就是从事物属性的相反方向进行的思考，如1924年，法国青年马谢、布鲁尔产生了用空心材料代替实心材料做家具的设想，成为新型建筑师和产品设计师的杰出代表。

程序逆向（方向逆向）思维：就是通过颠倒已有事物的构成顺序、排列位置而进行的思考，如变仰焊为俯焊。最初的船体装焊时都是在同一固定状态进行的，这样有很多部位必须作仰焊。而仰焊的强度大，质量不易保障。如果改变焊接顺序，在船体分段装焊时将需仰焊的部分暂不施工，待其他部分焊好后，将船体分段翻个身，变仰焊位为俯焊位，这样装焊的质量与速度都能有保证。

观念逆向思维：观念不同，行为不同，收获不同；观念相同，行为相似；行为相似，收获相同。这不是文字游戏，它意在昭示：观念是多么的重要，要想自己有超凡的收获，必须有独特的观念。如，某人的合伙人做生意损失 100 多万美元，他不仅没有抱怨合伙人，反而加以宽慰：干得不错，如果是我，说不定损失更多。

目前，在理论界广为采用的普遍分类方式是将逆向思维分为逆向反转型思维、逆向转换型思维、缺点逆用型思维三类。

一、逆向反转型思维

这种思维类型是指从已知事物的相反方向进行思考，产生发明构思的途径。

有一家人决定搬进城里，于是去找房子。全家三口，夫妻两个和一个 5 岁的孩子。他们跑了一天，直到傍晚，才好不容易看到一张公寓出租的广告。他们赶紧跑去，发现房子出乎意料得好，于是就前去敲门询问。这时，温和的房东出来，对这三位客人从上到下地打量了一番。丈夫鼓起勇气问道："这房屋出租吗？"房东遗憾地说："啊，实在对不起，我们公寓不招有孩子的住户。"丈夫和妻子听了，一时不知如何是好，于是，他们默默地走开了。那 5 岁的孩子，将事情的经过从头至尾都看在眼里。那可爱的孩子想：真的就没办法了？他又去敲房东的大门。这时，丈夫和妻子已走出 5 米来远，都回头望着孩子。门开了，房东又出来了。这孩子精神抖擞地说："老爷爷，这个房子我租了。我没有孩子，我只带来两个大人。"房东听了之后，高声笑了起来，决定把房子租给他们住。

日本是一个经济强国，却又是一个资源贫乏国，因此人们十分崇尚节俭。当复印机大量吞噬纸张的时候，人们将一张白纸的正反两面都利用起来，一张顶两张，节约了一半。日本理光公司的科学家不以此为满足，他们通过逆向思维，发明了一种"反复印机"，已经复印过的纸张通过它以后，上面的图文便会消失，从而重新还原成一张白纸。这样一来，一张白纸可以重复使用许多次，不仅创造了财富、节约了资源，而且使人们树立起新的价值观：节俭固然重要，创新更为可贵。

二、逆向转换型思维

这是指在研究问题时，由于解决这一问题的手段受阻，而转换成另一种手段，或转换思考角度思考，以使问题顺利解决的创新思维。

传统的破冰船，都是依靠自身的重量来压碎冰块的，因此它的头部都是采用高硬度材料制成的，而且设计得十分笨重，转向非常不便，所以这种破冰船非常害怕侧向漂来的流水。苏联的科学家运用逆向思维，变向下压冰为向上推冰，即让破冰船潜入水下，依靠浮力从冰下向上破冰。新的破冰船设计得非常灵巧，不仅节约了许多原材料，而且不需要很大的动力，自身的安全性也大为提高。遇到较坚厚的冰层，破冰船就像海豚那样上下起伏前进，破冰效果非常好。这种破冰船被誉为"最有前途的破冰船"。再如历史上被传为佳话的司马光砸缸救落水儿童的故事，实质上就是一个用逆向转换型思维的例子。由于司马光不能通过爬进缸中救人的手段解决问题，因而他就转换为另一手段，破缸救人，进而顺利地解决了问题。

三、缺点逆用型思维

这是一种利用事物的缺点，将缺点变为可利用的东西，化被动为主动，化不利为有利的创新思维。

某时装店的经理不小心将一条高档呢裙烧了一个洞，其身价一落千丈。如果用织补法补救，也只能蒙混过关。这位经理突发奇想，干脆在小洞的周围又挖了许多小洞，并精于修饰，将其命名为"凤尾裙"。一下子，凤尾裙销路顿开，该时装商店也出了名。逆向思维带来了可观的经济效益。无跟袜的诞生与"凤尾裙"异曲同工。因为袜跟容易破，一破就毁了一双袜子，商家运用逆向思维，成功研制无跟袜，创造了非常良好的商机。

这种方法并不以克服事物的缺点为目的，相反，它是将缺点之弊化为利，找到解决方法。就像金属腐蚀是一种坏事，但人们利用金属腐蚀原理进行金属粉末的生产，或进行电镀等其他用途，无疑是缺点逆用思维的一种典型代表。

第三节 逆向思维的应用

正反向思维起源于事物的方向性，客观世界存在着互为逆向的事物，由于事物的正反向，才产生思维的正反向，两者是密切相关的。人们解决问题时，习惯于按照熟悉的常规的思维路径去思考，即采用正向思维，有时能找到解决问题的方法，收到令人满意的效果。然而，实践中也有很多事例，对某些问题，利用正向思维却不易找到正确答案。然而一旦运用逆向思维，常常会取得意想不到的功效。

有一位赶马车的脚夫，驱赶着一匹马，拉着一平板车煤要上一个坡。无奈路长、坡陡、马懒，马拉着车上了整个坡的三分之一后就再也不愿意前进了，任脚夫抽打，马只是原地打转。脚夫这时招呼同行将马车停下，从同伴处借来两匹马相助。按常规的思维方式，一匹马拉不上坡，另两匹马来帮忙，那肯定是来帮忙拉车的。但脚夫并没将牵引绳系在车上，而是将牵引绳系在自己那匹马的脖子上。这时，只听脚夫一声吆喝，借来的两匹马拉着懒马的脖子，懒马拉着装煤的车子，很快便上了坡。对脚夫这种做法，你可能会感到疑惑：用借来的两匹马拉自己的懒马，其结果仍然是自己的懒马在使劲，另两匹马不但使不上劲，而且还有可能拉伤自己的马。脚夫就是运用了逆向思维。思考一：这匹马的力量同其他马的力量差不多，车上装的煤也差不多，别的马能上去，这匹马就应当能上去，上不去的原因是这匹马懒惰，也就是说，是态度问题，而不是能力问题。思考二：使用两匹马拉住懒马的脖子，就迫使懒马必须尽最大的力量，拼命拉着煤车前进。否则，脖子就可能被另外的两匹马拉断。求生欲使得懒马必须积极主动地拉车上坡。思考三：如果让另外两匹马帮助拉车，虽然可以顺利地将车拉上坡，但让马尝到偷懒的甜头后，再遇到上坡一定还会坐等别的马帮忙。而系住它的脖子让另外两匹马教训它一下，则可以使其记住偷懒所吃的苦头，以后上坡时不敢再偷懒，从而根治该马的懒病。我们不能不承认，脚夫运用逆向思维解决懒马问题，实在是高人一筹。

逆向思维里面的"逆"不是简单的叛逆，对于逆向思维的运用，应注意以下两方面：

一、必须深刻认识事物的本质

所谓逆向，不是简单的表面的逆向，不是别人说东，我偏说西，而是真正从逆向中做出独到的、科学的、令人耳目一新的超出正向效果的成果。

某节目主持人曾问当时的杭州市长："杭州的景色很美，不知在市长先生心中，最佩服的前任市长是哪位？"这个问题不好答。然而，市长先生稍作思考后，却斯文地作了回应："我最佩服的前任市长有两位，一是唐代的白居易，二是宋代的苏东坡。两位'市长'一前一后，不仅为我们的后人建设了美丽的杭州，留下了白堤与苏堤，还吟作了200多首脍炙人口、宣传杭州的广告词。"巧妙风趣的应答，迎来了一阵掌声，也显示了这位市长超人的智慧。对于这个问题，市长先生"你问今我答古"，来个反其道而行之，选出了唐代刺史白居易和宋代知州苏东坡。刺史也好，知州也罢，同是掌管杭城的衣食父母官，他们不也就是昔日的市长吗？于是现任市长来个及远不就近、说古不道今，回避了该要回避的难点，作出了这个绝顶聪慧的对答。

二、坚持逆向思维与正向思维的辩证方法统一

正向和逆向本身就是对立统一的，不可截然分开，所以以正向思维为参照、为坐标，进行分辨，才能显示逆向思维的突破性。

美国著名企业家保罗·道弥尔是一位善于运用各种经营怪招的人。一次，他买下了一家即将倒闭的工艺品制造厂，并制定出一条提高产品出厂价的策略。这家工厂生产的产品本来就滞销，现在再提高产品的出厂价，岂不是雪上加霜，把企业往绝路上逼吗？于是指责声四起。可说来也奇怪，经过他的一番创新经营，竟然使工厂奇迹般地扭亏为盈。

原来保罗·道弥尔决定提价，是经过一番深思熟虑的。一家工厂要生存和发展，应在推销方法和产品质量方面下功夫，而不能在价格上一味迁就消费者。通常，价廉物美的产品是赢得顾客的重要保证，不过对于某些特殊商品来说，价廉未必有销路。这家工艺品制造厂产品滞销的原因之一，就是价格定得太低，几乎无利可图。保罗·道弥尔自己解释说："工艺品不仅仅是用来装潢、点缀家庭环境的，它还是一种尊贵的象征。我们的产品太便宜了，反而没人买，就是因为人家认为这些玩意不值钱，显不出自己的身价，或误以为我们质量不行。大家想想，你家客厅里的吊灯值300美元，而我家的值500美元，客人问起来，咱俩谁的脸上有光呢？所以说，我们加价，对工厂有利，对买主也有利。"

这位企业家正是将降价逆向转变为涨价，并与客户追求的昂贵辩证地统一了起来，既满足了客户的需求又为自己创造了丰厚的利润。

在日常生活中，人们在思考问题时会"左思右想"，说话时会"旁敲侧击"，这就是侧向思维的形式之一。在视觉艺术思维中，如果只是顺着某一思路思考，往往会找不到最佳的感觉，导致始终不能进入最好的创作状态。这时可以让思维向左右发散，或作逆向推理，有时能得到意外的收获，从而促成视觉艺术思维的完善和创作的成功。这种情况在艺

术创作中非常普遍。达·芬奇在创作《最后的晚餐》时，对出卖基督的叛徒犹大的形象一直没有合适的构思，他循着正常的思路苦思冥想，始终没有找到理想的犹大原型。直到一天修道院院长前来警告他，再不动手画就要扣他的酬金。达·芬奇本来就对这个院长的贪婪和丑恶感到憎恶，此刻看到他，便转念一想，何不以他作为犹大的原型呢？于是他立即动笔把修道院院长画了下来，使这幅不朽名作中的每个人都具有了准确而鲜明的形象。在一定的情况下，侧向思维能够起到拓宽和启发创作思路的重要作用。

逆向思维是超越常规的思维方式之一。按照常规的创作思路，有时我们的作品会缺乏创造性，或是跟在别人的后面亦步亦趋。当你陷入思维的死角不能自拔时，不妨尝试一下逆向思维法，打破原有的思维定势，反其道而行之，开辟新的艺术境界。古希腊神殿中有一个可以同时向两面观看的两面神。无独有偶，我们中国的罗汉堂里也有个半张脸笑、半张脸哭的济公和尚。人们从这种形象中引申出"两面神"思维方法。依照辩证统一的规律，我们在运用视觉艺术思维时，可以在常规思路的基础上作逆向型的思维，将两种相反的事物结合起来，从中找出规律。也可以按照对立统一的原理，置换主客观条件，使视觉艺术思维达到特殊的效果。在平面设计中，逆向思维是常用的训练方法之一。如埃夏尔的作品《鸟变鱼》，这个作品打破了思维定势，通过渐变的处理手法将天上飞的小鸟逐渐变为河水，而白色的天空逐渐过渡为水里的游鱼，鸟和鱼是反转的关系，画面自然和谐、耐人寻味。另一幅作品《瀑布》在构思上也采用了逆向思维的方法，利用透视的错觉，形成了水渠与瀑布的一整套流动过程，并在看似正常的图形中对局部加以变化，造成一个不合理的矛盾空间，仔细分析后得知这个画面是违反常规的。

从古今中外服装艺术的发展历程中我们可以看出，时装流行的走向常常受到逆向思维的影响。当某一风格广为流行时，与之相反的风格就要兴起了。如在某一时期或某种环境下，人们追求装饰华丽、造型夸张的服饰装扮，以豪华绮丽的风格满足自己的审美心理。当这种风格充斥大街小巷时，人们又开始进行反思，从简约、朴实中体验一种清新的境界，进而形成新的流行风格。现代众多有创新意识的服装设计师在自己的创作理念上，往往运用逆向思维的方法进行艺术创作。"多一只眼睛看世界"，打破常规，向你所接触的事物的相反方向看一看，遇事反过来想一想，在侧向—逆向—顺向之间多找些原因，多问些为什么，多几次反复，就会多一些创作思路。在艺术创作过程中，运用逆向思维方法，在人们的正常创意范畴之外反其道而行之，有时能够起到出奇制胜的独特艺术效果。

三、逆向思维作文

很多我们习以为常的观点，如果以逆向思维的方式去加以阐释，会立即标新立异。

(一)近墨者未必黑

俗话说，"近朱者赤，近墨者黑"。其实这话也未必正确，历史在发展，今天我们可以大胆地说，"近墨者未必黑"。

"近墨者黑"，是说和一些坏的、消极腐朽的人或事物长期在一起，耳濡目染，难免会受到侵蚀和破坏。这话当然有一定的道理。但是如果一刀切，一味地强调环境决定论，就难免失之偏颇。这里我们就来谈谈"近墨者未必黑"。

对于"不为五斗米折腰"的晋朝陶渊明，大家是非常熟悉的，他就是"出淤泥而不染""近墨而不黑"的代表，在官场腐朽、民怨载道的封建社会里，陶渊明能自守清誉，实在不是一件易事。由此可见，近墨者完全可以不黑甚至于更红。

当然，并非人人都能做到"近墨而不黑"，能够凛然自洁者须有特殊的能力方可。首先，自身要有很强的"免疫力"，只有自己具有一定水准的世界观、方法论，只有自己心中装着一轮永不褪色的太阳，你才不会被暂时的迷雾所吞噬，你才不会被腐朽同化，否则，你很容易成为"墨"的"俘虏"。其次，还要能听那些逆耳的忠言，乐于向周围经验丰富的同志请教，这样你才能时刻保持清醒，及时地清理沾染上的点滴黑墨。只有这样，你才能保持一个堂堂正正的自我。

新时代的青年应当有"近墨而不黑"的勇气，拥有"近墨却能红"的能力，如果我们都能时时处处地严格要求自己，那么我们必能拥有一个光明的未来。

我们相信，近墨者可以不黑！

(二)君子动口，更要动手

有句古话：君子动口不动手。但有时候这句话得这么讲：君子动口更要动手。"口"动得对不对，是真诚还是伪善，需看行动，也即是看"手"。一件事情发生了，只会挑剔指责，而自己不肯去协助解决，这就是虚伪的。因为言论不能解决问题，唯有行动才是试金石。这好比一个政党要究其阶级性，不能只看其口号，须看其实践一样。

我们社会主义时期的公民也要做君子、做真正的君子，要有正确的观点和行为准则，不仅要动口，更要动手，拿起工具，自己去干，我们的家园就会更加美丽、繁荣。

(三)冤哉，东施

"东施效颦"妇孺皆知，有人认为东施的行为不妥，更有甚者，竟给东施女士冠以"傻老冒"的称号。这般对待东施女士，的确不公，实在不该。

东施女士的冤屈显而易见。

常言道，"生活中不是没有美，而是缺少发现。"这说明许多人并不具备一双发现美的慧眼。档次不到，品位不高。而东施能"效"（即模仿），虽不能说是伯乐再世，但可以表明东施女士已具有一双审美的慧眼了。然而有人却这般地对一位具有慧眼者恶意中伤，倒不知其品位怎样、居心何在？

更何况东施之举是对美的崇拜，是对美的追求。追求美是无可挑剔的，谁不知道"爱美之心人皆有之"呢？怎么能把人人皆具备的优点否定了呢？东施之举远比那些不知美是何物，甚至见美仍麻木者强过成百上千倍。

再有，不能见人稍一动作，就说三道四。那不仅违反了"允许'摸着石头过河'"的原则，更是一种不分青红皂白就乱贴标签的盲动。如此对待东施完全是幼稚之行、糊涂之为。

很明显，对东施的批评完全是那种不看本质、只重表象的糊涂行为。东施的模仿绝没有为了坑蒙拐骗而造假之意。

更重要的是这"效"可看作一种勇敢之为、聪明之举。华佗"效"禽兽的动作而创造出世界上最早的体操套路——五禽戏，音乐家"效"风吹芦苇之音而制成美妙的乐器，建筑师"效"鸟兽筑巢穴而建成华美的楼阁，科学家"效"蜻蜓的飞行而制成能在天空自由翱翔的飞机……他们都因为"效"而得到了称赞和美誉，为什么却给东施冠以"傻老冒"的称号？这完全是那种"成则为王，败则为寇"的逻辑，甚至是那种不敢"效"之流的故意造谣、恶意中伤之举。

冤哉，东施！

◎ 课后练习题

1. 有个教徒在祈祷时来了烟瘾，他问在场的神父，祈祷时可不可以抽香烟。神父回答"不行"。另一个教徒也想抽烟，但他换了一种问法，结果得到了神父的许可，你能想到他是怎么问的吗？

2. 如下图所示，白鞋在运输的过程中，不小心沾了红色的墨水，请根据这一缺点，改革这一产品。

第九章　开发右脑与激发灵感

科学研究表明，人的创新思维能力和右脑功能有着一定的关系。只有大脑左右半脑的功能得到平衡发展，两半脑互相协调配合，人的创新能力才能得到提高。因此，开发右脑潜能，是培养大学生创新思维能力的一个有效途径。然而，目前的教育方法过多地注重对"左脑思维"即抽象思维、语言能力的研究，而轻视对"右脑思维"即非言语思维、形象思维的研究，这不能不说是一个误区。在我们的工作与生活中，灵感有时也会带来意想不到的创新成果。本章主要介绍开发右脑潜能和激发灵感的方法。

第一节　开发右脑

目前，世界各国越来越重视人的素质问题。而人的素质问题必然涉及人的心理素质的改善，特别是大脑潜能的开发。怎样认识人的大脑潜能，怎样开发和利用人的大脑潜能，将是人类适应新环境和改善生存条件的必然要求。科学的发展和竞争的需求促使每一个国家、民族乃至个人必须充分开发自己的大脑潜能，利用自己大脑的潜能造福于人类和自身。

一、大脑功能分工

（一）人类对大脑的研究

人的大脑是个极其复杂而又精致的组织，它要对机体和五脏六腑发号施令，是人体的统帅机关——"司令部"。人类用智慧在地球上创造了幸福的家园，又在不断地向征服宇宙的征途迈进。正是大脑这个神奇的器官创造了人类本身，同时又在不断地改变着世界。

人类研究大脑已有千年的历史，但前期进展缓慢。早在古希腊时代，就有人开始探索大脑怎样才能记忆得更多、更牢固。这就出现了"强记术"和死记硬背的"场所记忆"等方法。直到20世纪90年代末期，人类对大脑的研究取得了前所未有的突破，人们称之为"脑革命"。

世界著名科学家爱因斯坦说：人类最伟大的发现之一，就是对大脑无限潜能的认识。所谓潜能，是指我们身上存在的某种潜在的能力或某种内在的可能性。例如，人类已经能用"无土栽培法"，让一株普通西红柿的苗，经过科学培育结出13000个果实，这是普通西红柿所结果实的100倍以上；还有肉眼看不见的原子核能释放出威力无比的原子能。其实这些都是事物本身所具有的能力，只不过是通过科学的方法，让其能量充分发挥出来而已。

有专家认为，人类的潜在智商有 2000。但现代人的智商一般是 49 到 152，一个人的智商若在 140 以上，便可被称为天才，可还是离 2000 的 1/10 都不到。这就是说，我们每个人一出生智商都有潜在的 2000 点，但是由于开发得不够，人类大脑潜能无法充分发挥出来。所以，一直到人死去之时，一般人的大脑 90%的潜能仍然在"睡觉"。这是多么的可惜呀！

当今世界各国都十分重视对人类大脑的开发与研究。各国都把脑科学研究列为最富有挑战性的科学研究课题之一，并制订了人脑功能的开发计划，其目的是为人才竞争抢占制高点。

1955 年，七田真最早提出开发右脑的潜能。

1989 年，美国率先推出了全国性的脑科学计划，美国国会通过决议，把 1990—2000 年命名为"脑的十年"，并制定了以开发右脑为目的的"零点工程"。美国"脑的十年"计划推出后，国际脑研究组织(IBRO)和许多国家相应学术组织纷纷响应，推出了"脑的十年"计划，使其成为世界性的行动。

1993 年，新西兰颁布"普卢凯特"计划，提出教育必须从出生开始。

1996 年，日本开始启动为期 20 年的"脑科学时代"计划，完成了"脑科学时代"的宏伟规划。该规划包括：认识脑、保护脑和创造脑。2003 年 1 月，启动了"脑科学与教育"研究项目，逐步构造理想的教学方法和教育体系。

1997 年，美国白宫会议提出"幼儿早期发展与学习"的项目。

1998 年，法国提出学生最重要的是要会观察、会动手，培养科学能力。

1999 年，中国香山会议上提出，要关注脑高级功能与智力潜能开发。

由此可见，当今世界各国都十分重视对人类大脑的开发与研究，重视脑科学在教育中的应用。

(二)左右脑功能分工

脑科学研究发现，人的大脑约有 140 亿、共 5000 万种不同类型的神经细胞，每天能记录生活中大约 8600 万条信息。据估计，人的一生能凭记忆储存 100 万亿条信息。人脑子里储存的各种信息，相当于美国国会图书馆的 50 倍，即 5 亿本书的知识。根据神经学家的研究，人脑的神经细胞回路比当今世界的网络还要复杂 1400 多倍。大脑神经细胞间最快的神经冲动传导速度为 400 多公里/小时 。但是，在人的各个器官不断接收的信息中，仅有 1%的信息经过大脑处理，其余 99%均被筛去。也就是说，世界上最聪明的人的利用率也不足其储存量的 1%。

我们人和一般动物不同，人类的大脑除了具有直接或间接调节与控制身体各个器官、系统的生理活动的功能外，更成为思维和语言的器官，使人类超越一般动物的范畴，能在生产劳动中组成社会。从这个意义上说，人与一般动物的不同正在于脑的结构的不同。

我们的大脑分成左、右两个大脑半球，两半球经胼胝体，即连接两半球的横向神经纤维相连。大脑的奇妙之处在于两半球分工不同。美国斯佩里教授通过割裂脑实验，证实了大脑不对称性的"左右脑分工理论"，并因此荣获1981年度的诺贝尔医学/生理学奖。

研究还发现，人脑所储存的信息绝大部分在右脑中。右脑如同一个书架，架上分类摆放不同的书籍，每本书有自己的书名，书中再分章划节层层记录，右脑信息储存量是左脑的100万倍。思考的过程是左脑一边观察、提取右脑所描绘的图像，一边将其符号化、语言化。换言之，右脑储存的形象信息经左脑的逻辑处理，变成语言的、数字的信息。

中央电视台曾播放过一次现场表演：一位青年书画家，他用左手作画，右手写书法，龙飞凤舞，左右开弓。画图是非线性的直观行为，所以是右脑发挥作用，其指挥左手完成；而右手写书法（诗词），需要完成记忆性的语言和思维，所以是左脑指挥右手完成。这个例子生动地说明了左、右脑的分工情况。

解剖生理学和神经生理学的研究也告诉我们：人的大脑分为左右两个半球，它们在功能上存在着明显的差异。大致来说：左脑主要负责逻辑、文字、语言、分析、数字等抽象逻辑思维、复合思维和分析思维等，是科学脑；而右脑主要负责颜色、音乐、想象、图形等具体形象性思维、发散性思维和创造性思维等，是艺术脑。科学家们预言，两脑相比，左脑存在的潜能只是右脑的100万分之一，如果左脑加右脑协同作用，其效果会增大5倍、10倍，甚至更多。如果进行形象一点的描绘，左脑就像个雄辩家，善于语言和逻辑分析；又像一个科学家，长于抽象思维和复杂计算，但刻板，缺少幽默和丰富的情感。而右脑就像个艺术家，长于非语言的形象思维和直觉，对音乐、美术、舞蹈等艺术活动有超常的感悟力，空间想象力极强；不善言辞，但充满激情与创造力，感情丰富、幽默，有人情味。但是长久以来，我们的教育只重视个体左脑的发展，而忽视了右脑方面的训练，阻碍了大脑的均衡发展。因此，在大力弘扬培养创新人才的今天，开发右脑就显得更为重要。

右脑具备的图形、空间、绘画、形象的认识能力，即形象思维的能力，使它处于大脑感知世界的前沿。创造性思维中的"知觉"和"一闪念"是极其重要的，这个"火花"往往孕育一个新理论、新学说，有的甚至摧毁了原有的思想体系。此时，右脑具有的直观的、综合的、形象的思维机能就能发挥巨大的作用。也就是说，想要不断地创新，必须充分利用和开发我们的右脑。

由于左右脑功能有分工，尤其是对于灵感的突发，必须通过左右脑的配合协调作用才能涌现。因此，应该重视两个半球的并举开发。如果不注意右脑训练，学生就会在语言、数学、音乐、体育等许多课程中面临解题、判断的障碍，影响成绩，影响创造、创新能力，甚至将来会影响判断决策能力。

总之，左脑的思考模式是语言逻辑型，其主管的有理性思维，包括人的逻辑思维（分析和推理等）、数学、次序、语言和情绪（区分悲伤、同情和感激等）；右侧身体的感知和运动；说话、阅读、书写和听话。右脑的思考模式是视觉图像型，其主管的有感性思维，包括节奏、旋律、音乐、图像和幻想；左侧身体的感知和运动；表象、想象和直觉。

（三）左右脑协调才有创新

自 1981 年美国斯佩里博士关于右脑左脑分工理论获得诺贝尔医学生理学或医学奖之后，各国竞相探索右脑智力开发，脑功能研究有了进一步的发展。脑科学家研究证明，右脑与创造功能密切相关，如果在日常工作和生活中，对某件困惑已久的事情突然有所感悟，或者突然间豁然开朗，其实这都是右脑潜能发挥作用的结果。人脑的大部分记忆，是将情景以模糊的图像存入右脑，就如同录像带的工作原理一样，信息是以某种图画、形象，像电影胶片似地记入右脑的。所谓思考，就是左脑一边观察右脑所描绘的图像，一边把它符号化、语言化的过程。所以左脑具有很强的工具性质，它负责将右脑的形象思维转化成语言。

被人们称为天才的爱因斯坦曾经指出，自己思考问题时，不是用语言进行思考，而是用活动的跳跃的形象进行思考。当这种思考完成后，要花很大的力气把他们转化成语言。可见我们在思考时，首先需要用右脑非语言化的"信息录音带"（即记忆存储）描绘出具体的形象。现代社会强烈要求的创新能力或者说创造力是什么呢？它实际上就是把头脑中那些被认为毫无关系的情报信息联系组合起来的能力。这种并不关联的信息之间的距离越大，把它们联系组合起来的结果也就越新奇，所以创造力也就是对已有的信息进行再加工的过程。因此，假如右脑本身直观的、综合的、形象的思维机能发挥作用，并且有左脑很好的配合，就能不断有新的设想产生。科学家们认为，人类要充分发挥自身的创造性，则需要挖掘自己的智能潜力。

我们强调在重视应用左脑优势的基础上，也要重视右脑优势的发挥，不以半脑优势论英雄。最理想的状态是左右脑协调运用。

（1）以左脑优势获得的一般智力是创造力的基础。

因为创新活动离不开必要的信息、观念和概念，而创新却离不开右半脑。有人把左脑比喻为"聚光灯"，可以把思维指向某一定点，那么，也可以把右脑比喻为"泛光灯"，它是弥散的、多指向的。两"灯"配合才能创新。

（2）左右脑协同发展才有创新。

右脑长于发散思维（求异思维），左脑长于收敛思维（求同思维），而发散思维在创新思维中占有重要的地位和具有明显的作用。协调开发左右脑功能，把求异思维与求同思维结合起来，就能有效地提高创新能力。

举一个例子来说，假如你某天在百货公司或是街头闲逛或是购物时，突然一个熟悉的身影从身旁而过，一时之间你想不起他的名字，但是你确定自己一定认识他。另外，我们在参加中学时期的同学会时，突然会叫不出同学的名字，但是那似曾相识的面孔，让你知道他肯定是你的同学。

右脑掌管着图像记忆功能，所以你能很有效率地搜寻到同学的画面（长像），但一时却又找不到左脑掌管的同学的名字。这个例子明确地告诉我们，右脑的图像学习效果不仅快且不易忘记。所以，许多学习法，皆是利用右脑的图形及图片记忆能力或是透过情境的想像连接，来帮助提高学习的记忆效果。但实际上，这不过是对右脑原本的记忆功能的应用，只是人们大多不知道如何来强化及使用我们自己的大脑而已。而且，就全像理论来说，这也只是应用于记忆的一个方法，而非做到全脑的真正开发及使用。因为，大脑的应用发展是不该去区分左右两脑的差异，而应该是整合其全脑的应用，图像思维就是如此，透过右脑的图像记忆效应来思索左脑的分析和决策，这才是全像思维，而不仅是记忆效果。

语言与思维是人类大脑独特的功能。由于左脑是主管语言的中枢，因而人们一直认为大脑左半球是占支配、统治地位的优势半球，而右半球则是处于从属地位的劣势半球。从大脑两半球功能不对称性的特点看，右半球的主要功能是形象记忆和形象思维，左半球的主要功能是抽象记忆和抽象思维。如果不注重促进两种思维的发展，将不利于大脑两半球功能的发挥及和谐发展这两种思维。综合运用两种思维方法，其效果可能是惊人的。

科学家指出，强调右脑的功能，绝不是贬低左半球的作用。事实上，在人类的一切活动中，只有大脑左右两脑的功能平衡发展，人的创造力才能得到最好的发挥。实践证明，许多具有高度创造才能的人，不仅大脑左半球发达，右半球也特别发达，而且二者的活动十分和谐。这使得他们既善于抽象分析，又善于具体综合，并具有丰富的想象力。

二、开发右脑潜能的重要意义

我国教育界受传统的"灌输式""填鸭式"和"封闭式"教学模式的束缚比较深，对于右脑的开发认识还不够全面，虽然今天都在大力提倡素质教育，然而多数学校的教学方法也还是变相地把现成的东西灌输给学生，在评估标准上还是倾向于死记硬背，从而大大加重了学生的左脑负担。我们的教育确实存在着只强调左半球功能的缺陷，具体表现为：从教育计划、教学内容和教学方式、方法以及学生评价上都存在着重抽象轻形象、重分析轻直觉、重理性轻感情，即"重左(脑)轻右(脑)"的倾向。学生从小学到大学，甚至到研究生阶段，常常生活在一个"左脑社会"之中，学校的教育活动大多围绕着发展左脑功能，鼓励左脑行为，致使学生左脑训练较多，右脑活动相对较少，大脑两半球功能得不到和谐的发展和合理的运用，大大地妨碍人的智慧潜能和创造能力的发展。

美国西北理工大学校长谢佐齐教授在访问中国时曾经指出，"中国教育非常严谨，具有十分严密的逻辑性和丰富的知识性。培养的学生，抽象思维能力比较强，显然左脑比较发达，而动手能力和表达能力相对较弱，说明缺乏右脑的训练。"他带过不少中国留学生，大多数人的笔试成绩非常优秀，可是解决实际问题和协作的能力就比较差了，如有的人生活自理能力很差，有的人不善于合作，有的人三分钟的即兴演讲很糟糕。他认为，"问题的根源就是左右脑的训练失衡。"[①]

在电脑迅速普及的今天，时代对我们每个人又提出了新的要求。简单地说，就是每个人都要能够适应计算机时代的大脑使用方法。前面我们讲到，人有左、右两个大脑，电脑恰恰能够代替左脑，例如 Windows 系统，它能够很好地组织文字、编辑文章，代替人的左脑的语言功能。电脑，一开始就是为了代替人的逻辑、计算、语言处理和分析等功能而制

---

① 张文贵.浅谈艺术教育与智力和非智力因素的培养[J].教育情报参考，2018(10)：49-50.

造的，这些恰恰都是左脑的工作。随着电脑功能和软件技术的迅速发展，电脑功能已经远远超过人的左脑功能。

我们在日常工作中，要更多地使用右脑的想象和形象思维的功能。有些人在工作时像工蜂一样，整天忙忙碌碌，然而并不出成绩。原因何在？其实认真想一想，所谓的忙碌，大部分时间都是接电话、做统计等机械式的、繁琐的事务性工作。要在这些工作上出成绩谈何容易，而这正是现代上班族左脑思维的生活状况。要想创造性地工作，在运用左脑的同时必须全力开动右脑。右脑掌管形象思维，是想象力的大本营，其作用是左脑所不可取代的。因此，在一项工作开始之前，不一定非要制订极其完善的计划，这样一味地让左脑发挥作用，方案尽管详尽却往往缺乏新意。开始工作之前，与其呕心沥血去制订计划，不如尽力去把握即将开始的工作的整体情况，这样工作起来效率会更高。最好能在大脑中形象地思考一下自己将要进行的工作。这时动用右脑的想象力，不拘于细节而着眼于全局，常能起到事半功倍的效果。

要想在竞争激烈的市场有所突破，要想在济济人才中脱颖而出，要想使企业另辟蹊径、创造性地开辟新的发展道路，我们每个人，特别是从事脑力工作的管理人员、企业家、策划师、销售人员等，都必须充分开发和使用自己的右脑，必须把用脑方向转向电脑无能为力的创新策划、综合判断、制订计划、分析感悟和形象概括上。由此可见，不论是否在现实生活中运用电脑，现代人都必须注意开发和使用右脑，活用右脑往往成为现代人突破困境、出奇制胜的犀利武器。

总之，在挖掘脑力潜能时重视右脑功能的开发，是为了更好地发挥大脑左右半球协调活动的整体优势，充分发挥人脑的智慧潜能。

三、开发右脑的训练方法

能促进右脑潜能的训练方法有许多，这里简单介绍几种常用的方法。

(一)培养绘画意识

经常欣赏美术图画并动手绘画，有助于大脑右半球的功能开发。学校中进行艺术方面的教育，带有综合教育训练模式的性质。艺术教育是学生个性发展教育不可缺少的重要内容。在艺术教育过程中，对受教育者的大脑，特别是右脑，既具有身体活动的直接刺激模式的作用，又具有认知和非认知刺激模式的作用。故此，开发人脑特别是右脑的潜能，应十分重视和加强学校的艺术教育。西方国家有的学校会增加艺术课程时间，一半时间上各种艺术课程，另一半时间上常规课。结果，学生们的数学、科学和其他课程的成绩都有所提高。

(二)画思维导图等图表

在学习活动中经常把知识点、知识的层次、方面和系统及其整体结构用思维导图、图表、知识树或知识图的形式表达出来，有助于构建整体知识结构，对大脑右半球机能发展有益。俗话说，千言万语不如一张图。

(三)远足或旅游

发展空间认识，每到一地或外出旅游，都要明确方位，分清东西南北，了解地形地貌或建筑特色，充分发展空间想象能力。

组织学生远足或旅游，到大自然中漫游、观察，将山水田园、蓝天白云、红花绿树、晨雾彩虹等千姿百态、五彩缤纷、生机勃勃、运动变幻的大自然整体形象输入人的脑海（主要是大脑右半球），更多地刺激右脑。这样既可以引起人的美感体验，又可以丰富人的感性形象，为形象思维提供充分的信息，从而促进右脑功能的发挥。

(四)练习识别能力

在认识人和各种事物时，要仔细观察其特征，将特征与整体轮廓相结合，形成独特的模式加以识别和记忆。

(五)音乐训练

音乐能够帮助人愈合伤口，音乐令人兴奋，音乐令人感动，能启发灵感，音乐能深深地触动灵魂。1984 年，在联邦德国召开的国际医学研讨会上，研究者们总结出了音乐对于人体与大脑的积极作用：音乐会为身体按摩，带走所有的机理失调，调整荷尔蒙分泌，减缓压力，提高学习效率。音乐能够提高学习效率与质量。当你进入深度放松的状态，倾听那些与右脑频率相匹配的轻柔音乐时，无形中会加速整个学习过程。

虽然音乐分为很多种，但是最佳的选择是那些与心跳相吻合的音乐，也就是身体本身的节奏。古典音乐更适合进行听觉刺激。听古典音乐为什么会使脑子变聪明呢？因为在耳朵中的高频率区有声音响起时，脑内神经会变得更加发达，你就会变得"头脑清晰"，并且对音阶与和声的分析统筹能力以及判断力都会变得更好。振动音的作用是：发挥耳朵的全部能力，让大脑内充满能量，打开一直封闭着的右脑大门。

经常欣赏音乐，可以增强音乐鉴赏能力，能促进大脑右半球功能发展。

(六)冥想训练

经常用美好愉快的形象进行想象，如回忆愉快的往事，遐想美好的未来，想象时形象鲜明、生动，不仅能使人拥有良好的心理状态，还有助于右脑潜能的发挥。另外运用想象来学习，取得的成果也是不同的。发挥想象力是比较简单的事情，要进入右脑的意识状态，进行想象是很必要的。有一个公式可以教我们如何进入右脑意识状态和使用右脑，那就是"冥想、呼吸、想象"。也就是说，进入右脑意识之前首先要闭上眼睛，平静心情，然后深呼吸三次，再进行必要的想象。

常人不必也不可能去禅寺坐禅，但可以每天抽 10~20 分钟的时间冥想。选一个舒适的位置，坐在椅子上，最好是盘腿坐。然后调整呼吸，排除干扰，使大脑处于空白状态。这种脱离琐事缠绕的清心寡欲的状态，可以在不受左脑功利主义思考的影响下，拥有单独使用右脑的时间。

其实，在上班的班车上也可以试着打坐，闭上眼睛，专心去听窗外的车声鸟声，让头脑停止胡思乱想，创造一种没有语言的无意识状态。也许，当你走进办公室，有些灵感就已经冒出来了。

(七)经常开展形象记忆和形象思维活动

右脑具有左脑所没有的快速大量记忆机能和快速自动处理机能，后一种机能使右脑能够超快速地处理所获得的信息。

人类大脑的一部分组织能够增强记忆，如果我们能够知道增强记忆的方法并用到实践中去，那么我们使用大脑的方法也会改变，大脑能够变得更灵活，原来运转比较缓慢的机能会开始加快运转速度。这样一来，学习能力低下的孩子可以提高记忆力，成人则能降低患痴呆症的危险，并长久保持灵敏的头脑。

哪些组织能够增强记忆力呢？人类的大脑分为上下两部分，上面一部分由表层意识(意识)控制，下面一部分由深层意识(潜意识)控制。这两种意识的工作内容完全不同。人们通常使用外部的表层意识，不大使用深层意识，但是出色的记忆力其实存在于我们的深层意识中。人类的大脑分为左右两个半球，表层意识位于左半球，深层意识位于右半球。

通常我们认为通过理解达到背诵的目的是很重要的，然而理解行为只动用了我们的表层大脑。大量反复地朗读和背诵可以帮助我们打开大脑内由表层脑到深层脑的记忆回路，记忆的素质因而得以改善。

浅层记忆发生在表层大脑中，很快就会消失得无影无踪。通过大量反复的朗读和背诵，我们就能够打开深层记忆回路，大脑的素质会发生改变。深层记忆回路是和右脑连接在一起的，一旦打开了这个回路，它就会和右脑的记忆回路连接起来，形成一种"优质"的记忆回路。

左脑的记忆回路是低速记忆，而右脑是高速记忆，素质完全不同。左脑记忆是一种"劣质记忆"，不管记住什么很快就忘记了。右脑记忆则让人惊叹，它有"过目不忘"的本事。这两种记忆力简直就是 1∶100 万，左脑记忆实在没法和右脑记忆相比。

但是，虽然我们人类拥有这么神奇的右脑，一般人却只使用靠"劣质记忆"来工作的左脑，他们的右脑一直在睡觉。所以人们一直在错误地使用大脑的说法一点也不过分。

(八)运用 CMT 技术训练右脑

这是由自律法的世界性权威 W. 鲁特在自律法、坐禅法、瑜伽法的基础上创立的一种方法。这种方法的生理机制是创造一种条件，利用色彩激发右脑的功能，进而使侧重于形象思维、非逻辑思维和空间处理的大脑右半球和负责语言、抽象思维的左半球取得功能上的平衡。其重点是要集中精神，大力激发右脑功能。具体做法是，参与者用画笔蘸上不同颜色的颜料，随意地、毫无目的地在纸上乱涂乱画。等乱涂乱画一阵子后，再静下心来观看自己的作品。这时要用海阔天空的联想和漫无边际的想象去观看、理解和分析自己的作品，有时就能激起新的设想。乱涂乱画的过程，一方面促使人集中精力，又一方面可以使精神放松、情绪稳定。这其实是让左脑处于抑制状态而右脑处于活跃状态，激发了右半脑的创意功能。观赏作品则进一步激发右脑的想象功能、联想功能，从而促进创造性的开发。

（九）左侧体操

在体育锻炼、体操活动和生产劳动中，注意训练左右肢体的协调活动能力。练左侧体操和运动有助于右脑保健。

通过身体的各种动作训练来刺激大脑的相应部位，促进脑力潜能的发展。比较典型的实验是对于利用右手的人进行左侧肢体训练，这种直接作用于右脑的刺激，对促进右脑潜能的发挥起着明显的作用。实验证实，对大批利用右手的人进行左手、左脚等左侧肢体的专门锻炼，可以明显改善其中绝大多数人的记忆力。常做的左侧运动有以下内容：用左手做事，比如用左手洗脸、刷牙、用筷子、扫地、剪纸、画画、拿剪刀、切菜、打乒乓球、写字，还可以用左手打羽毛球、排球、网球，用左脚踢毽子、足球等。当然，在日常生活中不一定要让人变成"左撇子"。但在训练后，左右手交替从事活动，对大脑机能的平衡、协调，对右脑功能的开发利用是非常有好处的。

第二节 激发灵感

在生活中，我们常有这样的体会，当对一个问题的思考进入死胡同时，虽然绞尽脑汁，研究了很长时间，但仍一无所获，沮丧之余，不得不暂时放弃这种研究。忽一日，或在吃饭，或在散步，或在交谈，或在干什么别的事时，头脑中突然划过一道"闪电"，眼前豁然一亮，一个念头在毫无思想准备的情况下突然降临，倏忽之间，闭塞许久的思路顿时贯通，缠绕多日而未能解决的问题便迎刃而解了。这种突然降临的良策就是灵感。

一、灵感的概念

灵感也称顿悟，是指人们在久思某个问题不得其解时，由于受到某种外来信息的刺激或诱导，忽然想出了解决问题的办法的思维过程。

创造者对某一既定目标久攻不克之时，偶然受到某种启示而顿开茅塞，从而找到解开关键性问题的症结的新思路，使既定目标最终实现。这种思维就是灵感。灵感，自古就引起了人们的注意。那时的人认为，灵感就是在人与神的交往中，神依附在人的身上，并赐给人以神灵之气。随着科学的发展，人们逐渐从生理、心理学意义上搞清楚了这些长期困扰我们的问题。但仍有人将灵感说得很神秘，仿佛灵感是天生的，是不能培养的。其实，灵感并不是天上掉下来的，也不是头脑中固有的，而是后天刻苦钻研、勤奋思考的结果，偶然之中存在着必然。

灵感是人们借助直觉启示所猝然迸发的一种领悟或理解的思维形式。诗人、文学家的"神来之笔"，军事指挥家的"出奇制胜"、思想战略家的"豁然贯通"、科学家与发明家的

"茅塞顿开"等，都说明了灵感的这一特点。"十月怀胎，一朝分娩"，就是这种方法的形象化的描写。灵感来自于信息的诱导、经验的积累、联想的升华和事业心的催化。

二、灵感的基本特征

（一）偶然性

灵感的产生具有随机性、偶然性。有心栽花花不开，无意插柳柳成荫。灵感通常是可遇不可求的，至今人们还没有找到随意控制灵感产生的办法。人不能按主观需要和希望产生灵感，也不能按专业分配划分灵感的产生。

（二）普遍性

灵感的产生是世界上最公平的现象，任何能正常思考的人都可能随时产生各种各样的灵感。无论是贫民还是权贵，无论是知识渊博的科学家还是贫困地区的文盲，都能产生灵感。

（三）价值性

产生灵感几乎不需要投入经济成本，而灵感本身却可能是有价值的。灵感价值的大小也是随机的，不会因为你高贵就让你产生高贵的灵感，也不会因为你低贱就只让你产生低贱的灵感。鉴于灵感价值的特点，可以将灵感看作有价值的产品，这种产品是只有智慧的动物和人才能生产的！

（四）丰富性

灵感具有"采之不尽，用之不竭"的特点。这是灵感最为特殊的特点，越开发，灵感产生得越多。

（五）瞬时性

灵感具有稍纵即逝的特点，如果不能及时抓住随机产生的灵感，它可能永不再来。

（六）新颖性

灵感是创造性思维的结果，是新颖的、独特的。人产生灵感时往往具有情绪性，当灵感降临时，人的心情是紧张的、兴奋的，甚至可能陷入迷狂的境地。尽管灵感随时可能产生，产生灵感几乎不需要投入，但对它进行捕捉、保存、挖掘提炼、开发转化，从而实现价值，则可能需要一定的投入，而且往往需要经历一定的程序和过程，需要进行必要的社会分工，甚至可能需要调动单位、社会和国家的资源。

三、激发灵感的意义

激发灵感在我们的学习、生活以及科学研究中都起着极其重要的作用。历史上许多科学家取得创新成果并不一定是运用了逻辑思维的结果，而是得益于灵感。著名物理学家爱因斯坦指出，科学创造首先是灵感，而不是逻辑。

英国苏格兰医生邓普禄有个儿子，每天在卵石路上骑自行车。因为那时还没有充气的内胎，因此自行车颠簸得很厉害。他一直担心儿子会受伤。有一次他在花园里浇水，手里橡胶水管的弹性一下触发了他的灵感，于是发明了内胎。

四、激发灵感的方法

爱迪生认为，天才，就是1%的灵感加99%的汗水。如不付出那99%的汗水，而仅依赖那1%的灵感，如何取得好成绩，又如何取得成功？科学家普遍认为，在灵感出现之前，必须经过一段艰苦的、顽强的、致力于创造性地解决问题的活动，而灵感的突然降临，正是人长期不断思考的结果。可见，如果没有不断地致力于创造性地解决问题的活动，就不可能经常有灵感出现，这是很普通的道理。大多数人并不否认灵感的存在，虽然灵感是一种纯粹的心理状态，但人们还是能够体验到的。对于灵感是怎样产生的，存在不同的看法，但"灵感神授"的说法是不正确的。长期的艰苦劳动和孜孜不倦的钻研是产生灵感、获得成功的基础。

获得灵感需要一定的主客观条件。主要是对要解决的问题，做了大量充分的准备，内心十分强烈地追求可能解决问题的症结。由于该问题时时萦绕于脑中，像苍蝇一样驱赶不散，在反复的思考过程中，大脑与外界建立了许多暂时的联结，一些不可名状的诱因一旦闪现，就如同打开电钮一样，豁然贯通。所以，灵感是长期艰苦劳动的结果，正如俗话所说："积之于平日，得之于顷刻。""众里寻它千百度，蓦然回首，那人却在灯火阑珊处。"这些正是灵感出现时的真实反映。俄国画家列宾说得好，"灵感是对艰苦劳动的奖赏"。不进行辛勤的努力而把成功的希望寄托在心血来潮、灵机一动上面，那无异于缘木求鱼、守株待兔。

灵感出现的机遇对每个人都是公平的，灵感就在每一个人的身边，尽管它有时稍纵即逝，甚至令人百思不解、难以捕捉。那些努力追求、刻意进取、随时留意并敏锐地感觉、捕捉到灵感的人是成功的典范。培根认为，人在开始做事前要像千眼神那样察视时机，而在进行时要像千手神那样抓住时机。不停地思考、努力地探索，为艺术创作中灵感的出现铺平了道路，因而灵感始终属于那些勤于思考的人。

现代科学的发展已经证实，不仅杰出的天才人物有灵感，普通人也有灵感。日常生活中我们赞成某人有灵气、悟性高，某篇文章是"神来之笔"，实际上就是在谈灵感的问题，只是未曾意识到罢了。因此，我们一定要破除对灵感的神秘感，帮助学生树立"我也有灵感"的坚定信念。

（一）在知识和创新思维能力的长期积淀中迸发灵感

灵感是一个知识和能力长期积淀的过程，博大精深的知识结构是灵感产生的深厚底蕴和广阔背景。人们需要广泛地汲取知识，积极地参与实践活动，深入地思考问题，敏锐地观察事物，从而积累知识和社会生活经验，并在大脑中存储起来。当显意识和潜意识发生碰撞时，就可以在储存知识的基础上形成灵感，产生顿悟，迸发出创造的火花。

柴可夫斯基认为，灵感是一个不喜欢拜访懒汉的客人。诺贝尔就是因为对炸药原理和性质的熟知，在看到硝酸甘油渗入硅藻土的时候灵机一动，发明了安全炸药；爱迪生在设计出电灯前，也参阅了大量关于煤气灯的资料。兴趣是促使人们刻苦获取知识的动力之一，对某一领域的研究有兴趣，就会自然而然地留意工作、学习和日常中与之有关联的事物。因此，文艺工作者和科学工作者若有广泛的兴趣，便会使自己具有丰富的知识经验，这也是捕捉灵感的一个基本条件。

(二)对一个问题的长时间集中思考

科学家巴斯德说：灵感只偏爱那些有准备的头脑。爱因斯坦在创立狭义相对论之前，就已经对这个问题思考了十年。因而对一个问题的长时间集中思考，是迸发灵感的一个必不可少的条件，也是激发灵感的方法。

(三)外部信息的刺激

激发灵感往往需要外部信息的刺激，如，火箭专家库佐寥夫为解决火箭上天的推力问题而苦恼万分、食不甘味，妻子知道后说："这有何难呢？像吃面包一样，一个不够再加一个，还不够，继续加。"他一听，茅塞顿开，采用三节火箭捆绑在一起进行接力的办法，终于解决了火箭上天的推力难题。

相传我国著名书法家郑板桥在未成名时，成天琢磨前辈书法大家的字体，总想写得与前辈大家一模一样。一天晚上，他在睡觉时用手指在自己身上练字，朦胧之中手指写到妻子身上，妻子被惊醒，生气地说："我有我体，你有你体，你为何写我体？"他从妻子的话中马上得到启示：应该写自己的字体，不能一味学人。在这个思想的作用下，他刻苦用功，朝夕揣摩，终于成为自成一家的书法名家。

(四)在多元化的思路中学会迅速捕捉灵感

灵感来自潜意识，触发潜意识需要悟性和灵气，而多元化的思路如八面来风，能吹开人们的心灵之窗。由于灵感稍纵即逝，因此，我们要学会及时准确地捕捉住转瞬即逝的灵感火花，并能够及时把它记下来。爱因斯坦有一次和朋友一边共进午餐，一边讨论问题，忽然获得灵感，他一时找不到纸，就把公式写在崭新的桌布上。爱迪生经常携带笔记本，随时记录自己的新鲜想法，不管这种想法初看起来多么微不足道。法国物理学家安培有一次走在路上时，突然来了灵感，于是他捡起地上的小石块，在一辆马车的后板上演算起来。一天，奥地利著名作曲家约翰·施特劳斯正在餐馆吃饭，忽然一个音乐灵感袭来，他由于一时找不到现成的纸，便在自己的衬衣袖子上写了起来。灵感的催动，使他似有神助，在衬衣上写下了一首后来流传世界的名曲——《蓝色多瑙河》。

在捕捉灵感的时候，不能放弃任何有用的、可取的闪光点，哪怕只是一个小小的火星也要牢牢地抓住，这颗小小的火星很可能就是足以燎原的智慧火花。米开朗基罗在创作罗马教堂壁画的过程中，为了以壮观的场面表现上帝的形象，他苦思冥想，都没有满意的构思。一天，暴风雨过去后，他去野外散步。看到天上白云翻滚，其中形状如勇士的两朵白云飘向东升的太阳，他顿时领悟，突发灵感，立刻回去着手进行创作，绘出了气势浩大的《创世纪》杰作。有一次肖邦养的一只小猫在他的钢琴键盘上跳来跳去，出现了一个跳跃的音程和许多轻快的碎音，这点燃了肖邦灵感的火花，由此他创作出了《F大调圆舞曲》。据说这个曲子又有"猫的圆舞曲"的别称。这些都是艺术家抓住突然闪烁的灵感火花而创作出优秀作品的范例。又如，视觉艺术家在创作过程中，某个偶然的事件和突发的因素能使艺术家那模糊不清、反复思考却无结果的概念突然清晰起来。

（五）借助某些创新思维以获取不期而至的灵感

灵感不是随时随地都会产生的，它往往借助于同类事物的类比和联想才会产生。尤其是在原型启发条件下产生的灵感，看似无关的原型与待解决的问题之间的间接相似性和潜在联合点，必须通过类比和联想才能发现。灵感有时来自于注意力高度集中状态下的苦思冥想，有时来自于紧张思考之后的轻松休息之际，有时来自于似睡非睡的朦胧恍惚之中，但共同之处则往往是由类比联想而唤起潜意识，并在与潜意识的交融中解开百思不得其解的疑难问题。

建筑师萨里受环球公司委托，在纽约肯尼迪机场设计一座建筑，他构思多日都未获得满意的方案。一天早餐，他偶尔瞟了一眼放在桌子上的一只柚子，柚子的外壳使他豁然开朗。他出神地盯住柚子左看右看，然后连早饭也没吃完就急忙走进了设计室。当建筑竣工时，建筑界大为惊奇，赞誉萨里设计的建筑是"一种完全流体的样式，把弯曲和环转包含其内，使人联想到大鸟在飞翔"。

儿童的信手涂鸦，行车时迅速后退的街景，古希腊神殿残存的柱石，随风而舞的树叶，大地龟裂的纹路，干枯树枝的交错排列，等等，都能够触发人们心灵的共鸣，从而产生灵感。如果能果断而准确地捕捉住瞬时闪现的灵感，对人的创作可能会起到不可估量的作用。灵感的捕捉对于艺术家来说，是职业的敏感与天性的结合。艺术家们在艺术创作中一旦出现灵感，往往会激情高涨，如入无人之境，达到忘我、痴迷的程度，并不顾一切地投入创作。

综上所述，知识积淀、质疑诘难、讨论启智、知识迁移、类比联想，等等，这些都是已被实践证明的激发灵感的好方法。

◎ 课后练习题

1. 由一名同学对某人或某事的特征进行描述，不能说出名称，让其他人进行识别。

2. 用五笔输入法进行打字练习。打字需要左右手高度协调，输入汉字时，要将汉字拆成字根，主要由左脑完成；还需要将字根转化为英文字母，再将它们组合在一起，一般由右脑完成。因此打字练习能使左右脑得到不断协调的训练。

3. 讲述你利用灵感解决问题的一次经历。

4. 乐器练习。无论是弹奏乐器、吹奏乐器还是打击乐器，都需要左右手的高度协调，所以它和打字练习一样，也是协调左右脑的一种有效的训练方法。

第十章 逻 辑 思 维

进入 21 世纪以来，创新教育正越发受到教育界的关注。但在创新教育中，有一种忽略逻辑思维作用的倾向。人的思维素质作为一个整体，在认识世界、发现世界、创新世界的过程中，是多种思维能力的综合结果，它必定是以人类最基本的思维方式即逻辑思维为基础。因此，在思维素质和能力的教育培养中，唯有更加重视逻辑思维的基础教育，我们才能在创新活动中真正把握"人以一种全面的方式，也就是说，作为一个完整的人，占有自己的全面本质"。①

第一节 基本概念

一、逻辑与逻辑思维

（一）逻辑

世界处在逻辑中，人们生活在逻辑中。西方逻辑早在明代就开始传入中国，起初，中国译者们按先秦传统来理解"logic"，先后将其译为"名学""辩学""理则学"，等等。李之藻与人合作翻译了葡萄牙人所写的一部逻辑学讲义，译为《明理探》。清朝末年，逻辑方面的翻译著作有《辩学启蒙》《穆勒名学》等。严复是将"logic"译为"逻辑"的第一人，但他并未对此概念加以提倡、推广，而是选用"名学"作为他的译著的书名。到 20 世纪三四十年代，"逻辑"这一译名才逐渐流行开来。不过，在中国台湾地区，直到 20 世纪后半期，仍有逻辑学教材冠以理则学等名称。②

在现代汉语中，"逻辑"一次同样也是多义的，主要含义有：

（1）客观事物的规律。例如，"适者生存，优胜劣汰。这是自然界的逻辑，也是市场竞争的逻辑"。

（2）某种理论、观点。例如，"强权即公理，这就是霸权主义者所奉行的逻辑"。

（3）思维的规律、规则。例如，"某个说法不合逻辑"，"只有感觉的材料十分丰富和

---

① 马克思恩格斯全集(第 42 卷)[M]. 北京：人民出版社，1979：123.
② 陈波. 逻辑哲学十五讲[M]. 北京：北京大学出版社，2008：27.

合于实际，人们才能根据这样的材料，作出合乎逻辑的结论来"。

（4）逻辑学或逻辑知识。例如，"在一般人的印象中，逻辑很难学"。

（二）逻辑思维

逻辑思维是在认识事物的过程中，借助概念、判断、推理反映现实的思维方式。逻辑思维是建立在理论、知识、见识、经验等基础上，以实践为前提，抽象出科学的概念，再进行判断、推理、论证，所以又叫"抽象思维"，亦称"理性思维"。

二、概念

（一）什么是概念

概念是反映对象本质属性的思维形式。一个事物之所以成为该事物，是由其本质属性决定的，而概念正是反映事物本质属性的思维形式。

（二）概念的内涵和外延

概念反映对象的本质属性，同时也就反映了具有这种本质属性的对象，因而概念有客观的内容和确定的范围。这两个方面分别构成了概念的内涵和外延。

概念的内涵是指反映在概念中的对象的本质属性。概念的外延是指具有概念所反映的本质属性的对象。例如，"商品"这个概念，它的内涵是为交换而生产的劳动产品，它的外延是指古今中外的所有商品。又如"人"这个概念，它的内涵是指人的本质属性，即有语言、能思维、能制造和使用工具的动物。"人"这个概念的外延是指古今中外所有的人。

内涵是从质的方面解释概念的，它揭示概念所反映的对象"是什么"；外延是从量的方面揭示概念的，它说明概念所反映的对象"有哪些"。每一个科学的概念都既有确定的内涵，又有其确定的外延。要使概念明确，就必须准确地揭示出概念的内涵和外延这两个方面。

概念明确是人们正确思考的必要条件。只有概念明确，才能作出恰当的判断，才能进行合乎逻辑的推理，才能获得正确的认识。

三、命题和推理

（一）命题的概述

命题又叫作判断，是对思维对象有所断定的思维形式。例如：

> 所有的犯罪都是有社会危害性的行为；
> 某人是罪犯。

任何一个命题都对思维对象有所断定，即肯定或否定。如我们说"某人是罪犯"，就是断定某人具有罪犯的属性，如果无所断定就不是命题。有所断定是命题的第一个逻辑特征。

命题的第二个逻辑特征就是真假之分。命题是对思维对象有所断定的思维形式，因此也就有断定是否符合客观实际的问题。如果一个命题的断定符合客观实际，如"犯罪是有社会危害性的行为"就是直言命题。如果一个命题的断定不符合客观实际，如"正当防卫的行为要负法律责任的"就是假命题。如何鉴别一个命题的真假呢？唯一的标准就是实践，也就是看命题所反映的思想是否和客观实际相一致。

按不同的标准可以将命题分为不同的种类，按命题的简繁可以把命题划分为简单命题和复合命题。命题是推理的要素。推理是由命题组成的，没有命题也就没有推理，只有命题真实，才能保证推理的正确。其中，复合命题的推理过程是非常复杂的，我们将另辟章节详细阐释。

（二）推理的概述

推理是从一个或几个已知命题推出一个新命题的思维形式。例如：

> 所有的商品都是有使用价值的；
> 所以，有些有使用价值的东西是商品。

> 所有的犯罪都是具有社会危害性的；
> 过失杀人也是犯罪；
> 所以，过失杀人是具有社会危害性的。

> 只有年满十八周岁，才有选举权；
> 某甲未满十八周岁；
> 所以，某甲没有选举权。

这些都是推理，从这些例子里我们可以看出：任何推理都要有这样两个组成部分，即推理所依据的命题，以及推出的新命题。前者叫作前提，后者叫作结论。一个推理可以有几个前提，也可以只有一个前提，而结论只有一个，即一个命题。

正确推理（即要使推理正确）必须具备两个基本的前提条件：一是要遵守推理的规则，即推理要符合正确的推理形式，做到形式正确；二是要前提真实。逻辑学不能具体解决每个推理前提真实与否的问题。

推理和概念、命题一样，是同语言联系在一起的。推理在语言上表现为复句或多重复句或句群。在这类语言和句群中，一般用"因为……所以……""由于……因此……""……

由此可见"等关联词语表达推理。

第二节 逻辑推理

一、简单命题的推理

简单命题是不包含其他命题作为其组成部分的命题，也就是指在结构上不能再分解出其他命题的命题。简单命题通常分两种，一种是性质命题，另一种是关系命题。

(一)直言命题

1. 什么是直言命题

直言命题是肯定对象具有或不具有某种性质的命题。例如：

> 所有的罪犯都是有社会危害性的；
> 有些违法行为不是犯罪行为；
> 这个犯罪分子是很凶残的。

由于这些命题对对象性质的断定是直接的，因而传统逻辑把这些命题称为直言命题。直言命题由主项、谓项、联项和量项四部分组成。主项表示被断定的对象的概念，通常用S表示。谓项表示被断定对象性质的概念，通常用P表示。联项是指联系主项和谓项的联系词，也就是命题的质，一般用"是"或"不是"来表示，又称肯定联项和否定联项。量项是指命题中主项数量的概念，一般称为命题的量。量项可分为三种，一是全称量项，它表示在一个命题中对主项的全部外延做了断定。通常用"所有""一切"来表示。在命题的语言表述中，它们可以省略。二是特称量项，它表示在一个命题中对主项作出断定，但未对主项的全部外延作出断定。通常用"有的""有些"来表示。在命题的语言表达中，它们不能省略。三是单称量项，表示在一个命题中对主项外延的某一个别对象作了断定，可以用"这个""那个"来表示。其在命题的语言表达中不能省略。

2. 直言命题的种类

(1)按照直言命题的质的不同，可以把直言命题分为肯定命题和否定命题。

肯定命题是断定对象具有某种性质的命题。例如，"宪法是国家的根本大法"。其形式是：S是P。

否定命题是断定对象不具有某种性质的命题。例如，"正确思想不是从天上掉下来的"。其形式是：S不是P。

(2)按照直言命题的量的不同，可以把直言命题分为全称命题、特称命题和单称命题。

全称命题是断定某种事物中所有对象都具有或不具有某种性质的命题。例如："有些案件是经济案件""有些案件不是经济案件"等，其形式是：有的 S 是(或不是)P。

特称命题即存在性命题，是否有存在量词的命题。其形式为"某些 S 是 P"或"一些 S 不是 P"。

单称命题是断定某一个别对象是否具有某种性质的命题。例如，"这个犯罪分子是狡猾的""张三不是贪污犯"等，其形式是：某个 S 是(或不是)P。

(3)按照命题的质和量的结合，可以把直言命题划分为以下 6 种：

全称肯定命题，是断定某类的所有对象都具有某种性质的命题，如"所有的法律都是有强制性的"。其形式是：所有的 S 都是 P。

全称否定命题，是断定某类中所有对象都不具有某种性质的命题，例如，"所有的法人都不是自然人"。其形式为：所有的 S 都不是 P。

特称肯定命题，是断定某类中部分对象具有某种性质的命题。如"有些案件是经济案件"。其形式是：有的 S 是 P。

特称否定命题，是断定某类中部分对象不具有某种性质的命题。如"有些案件不是经济案件"。其形式是：有的 S 不是 P。

单称肯定命题，是断定某一个别对象具有某种性质的命题，如"这个犯罪分子是狡猾的"。其形式是：某个 S 是 P。

单称否定命题，是断定某一个别对象不具有某种性质的命题，如"这个犯罪分子不是贪污犯"。其形式是：某个 S 不是 P。

3. 直言命题的形式

其中，由于单称命题是对某一单独对象的断定，也就是对反映某一单独对象的概念的全部外延作了断定，因此，从逻辑性质上说，单称命题可以看作是全称命题。据此，直言命题又主要归结为如下四种基本形式：

全称肯定命题，通常用"A"来表示，也可以写为 SAP。

全称否定命题，通常用"E"来表示，也可以写为 SEP。

特称肯定命题，通常用"I"来表示，也可以写为 SIP。

特称否定命题，通常用"O"来表示，也可以写为 SOP。

(二)三段论

1. 三段论的概念

三段论是由一个共同词项将两个直言命题连接起来，得出一个新的直言命题作为结论的推理。例如：

> 所有成功人士都是专心工作者；
> 所有专心工作者都不是心猿意马者；
> 所以，所有心猿意马者都不是成功人士。

以上就是一个三段论推理。三段论由三个直言命题构成，其中两个是前提，一个是结论。结论的主项叫"小项"，含有小项的前提叫"小前提"；结论的谓项叫"大项"。在上例中，"心猿意马者"是小项，"成功人士"是大项，"专心工作者"是中项。相应地，"所有成功人士都是专心工作者"是大前提，"所有专心工作者都不是心猿意马者"是小前提，"所有心猿意马者都不是成功人士"是结论。①

2. 三段论的规则

一个三段论要成为有效推理，就必须遵守一些推演规则。推演规则分为一般规则和特殊规则。一般规则有以下七条：

(1)规则一：在一个三段论中，有且只能有三个不同的词项。

这条规则实际上是三段论定义中的应有之义。如前所述，三段论由三个直言命题组成，每个直言命题含两个词项，即主项和谓项，因而共有六个词项。但由于结论的主项和小前提的一个词项相同，结论的谓项与大前提的一个词项相同，两个前提中还有一个共同的中项，因此不同的词项只能有三个。三段论实际上是通过中项分别与大项和小项发生关系，从而推导出关于小项与大项之间关系的结论。若没有中项，就失去了连接大项和小项的桥梁或媒介，推不出任何确定的结论来。违反这条规则所犯的错误就叫作"四词项错误"。例如：

> 莎士比亚戏剧不是一天能读完的；
> 《哈姆雷特》是莎士比亚戏剧；
> 所以《哈姆雷特》不是一天能读完的。

在这个三段论的前提中，作为中项的"莎士比亚戏剧"有不同的意义，在大前提中是指莎士比亚戏剧的整体概念，而在小前提中是指莎士比亚的一篇戏剧，实际上是两个不同的概念，因而不能起桥梁或媒介作用，不能必然地推导出结论，该三段论犯了"四词项错误"。

(2)规则二：中项在前提中至少要周延一次。

如前所述，三段论是凭借中项在前提中的桥梁、媒介作用得出结论的，即大项、小项至少有一个与中项的全部发生关系，另一个与中项的部分或者全部发生关系，如此才能保证大、小项之间有某种关系。否则，假如大、小项都只与中项的一部分发生关系，就有可能大项与中项的这个部分发生关系，得不出必然的结论。违反这条规则所犯的逻辑错误就称为"中项不周延"。例如：

> 所有的艺术品都有审美价值；
> 有些自然物品具有审美价值；
> 因此，有些自然物品也是艺术品。

在这个三段论中，中项"具有审美价值(的东西)"两次都是作为肯定命题的谓项，因

---

① 陈波. 逻辑哲学十五讲[M]. 北京：北京大学出版社，2008：147.

而都是不周延的，违反了规则二，因此不能必然地得出结论。

（3）规则三：在前提中不周延的词项，在结论中不得周延。

三段论是一种演绎推理，其前提的真要保证结论的真，因此结论所断定的就不能超出前提所断定的。具体就周延问题来说，如果一个词项在前提中不周延，但在结论中周延了，即结论所断定的超出了前提所断定的，结论真就不能由前提来保证，就有可能出现前提真而结论假的情况，因此这个推理就不是有效的。因此，一个三段论要成为有效的，它在前提中不周延的词项在结论就不能周延。违反这条规则所犯的逻辑错误就叫作"周延不当"，具体有"小项周延不当"和"大项周延不当"两种形式。例如：

> 所有想出国留学的人都要学好外语；
> 我不想出国留学；
> 所以，我不必学好外语。

在这个三段论推理中，大前提是一个肯定命题，因而大项"要学好外语"在大前提中不周延。但结论是一个否定命题，大项"要学好外语"在结论中周延。因此，这个三段论犯了"大项不当周延"的逻辑错误，故命题无效。

（4）规则四：从两个否定前提推不出任何确定的结论。

如果两个前提都是否定的，这就意味着大项和小项发生否定性的关系，这样就不能保证大项和小项由于与中项的同一个部分发生关系而彼此之间发生关系，中项起不到连接大、小项的桥梁作用，大项和小项本身就可能处于各种各样的关系之中，从而得不出确定的结论。例如：

> 所有的基本粒子都不是肉眼能够看见的；
> 所有的昆虫都不是粒子；
> 所有的昆虫都能用肉眼看见。

这个三段论得不出任何结论。

（5）规则五：如果结论否定，则前提必有一否定。

如果一个三段论的结论否定并且两个前提肯定，那么中项与大小项在外延上都是相容的关系。这时如果能得出结论，则结论必然是肯定的。这样就与结论否定相矛盾了。所以，如果一个三段论的结论否定，则两前提中必有一个是否定的。

一个三段论如果违背这一规则，就会犯"结论否定而前提肯定"的逻辑错误。例如：

> 所有的优秀团员都是团员；
> 所有的团员都是青年；
> 所以，有些青年不是优秀团员。

虽然这个三段论的前提真而且结论也真，但它同样是没有必然性的。因为这个三段论违背了规则五，犯了"结论否定而前提肯定"的错误。

在满足存在预设，也即在三段论中没有空概念的条件下，一个三段论如果遵守上述五条规则就是有效的。但是，如果不满足存在预设，即如果三段论中可能包含有空概念，那么上述五条规则就不够了。因为全称命题并没有断定主项所指称的对象的存在，而特称命题则断定了这一点。因此，如果一个三段论由两个全称命题做前提，以及一个特称命题做结论，就会出现前提未断定某种对象的存在，而结论却断定了这种对象的存在的情形。而从不存在推出存在这就不合理了，为了避免这种情形，我们再增加一条规则，就是规则六。

（6）规则六：两个特称前提不能得出结论。

一个三段论如果违背了这一规则，我们称之为犯了"推出存在"的逻辑错误。例如：

> 所有的飞马都是会飞的。
> 所有的飞马都是马。
> 所以，有些马是会飞的。

这一个三段论从两个全称的前提推出了一个特称的结论。由于两个前提都是全称的，所以从现代逻辑的眼光看，前提并未断定飞马的存在。但是结论却断定了飞马的存在，因为结论是特称的。这一个三段论犯了"推出存在"的错误。

需要指出的是，对规则六的使用有一定的灵活性，我们可以根据人们在什么意义上理解全称命题或在什么情况下进行推理来决定是否需要使用这条规则。如果人们已经假定了全称命题中的主项所指称的对象是存在的，或者在现实中人们已经知道全称命题所指称的对象是存在的，那么在推理时就不需要使用这条规则了。

（7）规则七：前提中有一个是特称的，结论必须也是特称。

根据规则六，两个特称前提推不出结论，所以一个正确的三段论，前提中若有一个是特称的，则另一个就必然是全称的。

二、复合命题的推理

复合命题是在自身中包含了其他命题的一种命题，在一般情况下，它是由若干个简单命题通过一定的逻辑联结词组合而成的。构成复合命题的简单命题称作复合命题的支命题。"既……又……"是把两个支命题结合起来的联结词或称联结项，任何一个复合命题都是由一定的联结词结合若干支命题构成的。

由此可见，复合命题包含两种成分：支命题和联结词。复合命题的逻辑性质是由联结词来决定的。联结词的不同是区别几种不同类型的复合命题的依据。

（一）联言命题与联言推理

1. 联言命题

联言命题是断定若干情况同时存在的命题。例如：检查人员既要执法，又要守法。这个复合命题断定了两种事物情况同时存在，即一方面肯定检查人员要执法，另一方面肯定检查人员要守法。构成联言命题的支命题，称为联言支。在联言命题中，联言支可以有两个，也可以有两个以上。例如：张三不是贪污犯，不是抢劫犯，也不是强奸犯。

在这个联言命题中就有三个联言支。在实践中，人们用得比较多的是具有两个联言支的联言命题。一个二支的联言命题可用公式表示如下：

p 并且 q。

其中 p 和 q 表示支命题，"并且"表示联结词。在日常用语中，表示联言命题的联结词的词语是多种多样的。例如，"既是……又是……""不但……而且……""虽然……但是……"等。

2. 联言推理

联言推理是前提或结论为联言命题的推理。联言推理有两种有效形式，一是联言推理的分解式。联言推理的分解式是由联言命题的真，推出一个支命题真的联言推理形式。在这种推理形式中只有两个命题，一个是作为前提的联言命题，另一个是作为结论的支命题。例如：

司法工作人员办案要以事实为根据，以法律为准绳，
所以，司法工作人员办案要以事实为依据。

以公式表达这种推理形式如下：

P 并且 q，
所以 p。

只有在所有的联言支都为真的情况下联言命题才是真的，这就是上述联言命题推理的依据。有了联言命题这种逻辑性质，才能由联言命题之真，推出其中一支为真。这种推理形式，由前提的肯定总体到结论的重点突出，这在认识过程中自然有其不可忽视的意义。

二是联言推理组合式。它是由全部支命题的真推出联言命题的联言推理形式。在这种推理形式中，结论是联言命题，前提是联言命题的全部支命题。例如：

数的概念是从现实世界中得来的；
形的概念是从现实世界中得来的；
所以，数与形的概念是从现实世界中得来的。

以公式表示这种推理形式如下：

P，q，

所以，

p 并且 q。

（二）选言命题与选言推理

1. 选言命题及其种类

选言命题是断定若干事物情况至少有一个存在的命题。例如：

> 李某失踪的去向，或走失，或自杀，或他杀。

在这个命题中，我们断定了"李某失踪的去向"的三种可能情况：走失、自杀、他杀。其中至少有一种情况是存在的。构成选言命题的支命题，可简称为选言支。联结词常用"或……或……""要么……要么……"。

对于任何一个选言命题来说，如果选言支能够同时存在，那就是说，该选言命题所断定的若干事物情况是不相排斥的，即各个选言支之间是彼此相容的，可以同时存在，是可以同真的。例如：

> 他是个演员或是个导演。

这里的选言支是可以同真的（有人既是演员，又是导演），因而是相容的。反之，如果选言支不能并存，那就是说，该选言命题所断定的若干事物情况是相互排斥的，即各个选言支是不相容的，不能同时存在，是不能同真的。例如：

> 那张画是唐代的或是宋代的。

这里的选言支是不能同真的，因而是不相容的。根据选言支是否相容，可以把选言命题分为相容的选言命题或不相容的选言命题。

（1）相容的选言命题。

相容的选言命题是断定有一个选言支为真的选言命题。例如：

> 胜者或因其强，或因其指挥无误。

这份统计表格的错误，或者由于材料不可靠，或者由于计算有误。

这些都是相容的选言命题，因为这两个选言命题中各个选言支断定的事物情况是可以并存的。相容的选言命题可用公式表示如下：

　　　　p 或者 q。

　　其中，p 和 q 表示支命题，"或者"是联结词。在日常用语中，相容的选言命题的联结词还可表示为："可能……也可能……""也许……也许……"等。

　　（2）不相容的选言命题。

　　不相容的选言命题是断定有且只有一个选言支为真的选言命题。

　　例如：

　　　　某甲要么自杀，要么他杀。

　　对待前进道路上的困难或者战而胜之，或者被困难吓倒。

　　这些都是不相容的选言命题。它们都断定选言支反映的事物情况是不能并存的。不相容的选言命题的公式是：

　　　　要么 p，要么 q。

　　其中 p、q 表示支命题，"要么……要么……"是联结词。在日常用语中，不相容选言命题的逻辑联结词还有"不是……就是……""或者……或者……"等。

　　2. 相容的选言命题推理

　　选言推理是前提中有一个选言命题，并且根据选言命题、选言支间的关系而推出结论的推理。选言推理可以分为相容的选言推理和不相容的选言推理两种形式。

　　相容的选言推理是前提中有一个相容的选言命题的选言推理。根据相容的选言命题的逻辑性质，相容的选言推理有两条规则：否定一部分选言支，就要肯定另一部分选言支；肯定一部分选言支，不能否定另一部分选言支。

　　这种选言推理由于选言支相容，肯定其中一支或数支后，不能随之否定其他支，因此，它只有一种正确的推理形式，即否定肯定式。例如：

　　　　一份统计报表的错误，或者由于材料不可靠，或者由于计算上有错误，这份统计报表的错误不是由于材料不可靠，

　　　　所以，这份统计报表的错误是由于计算上有错误。

　　可以用公式表示如下：

　　　　或 p 或 q，
　　　　非 p，
　　　　所以，q。

根据前面的规则，肯定否定式对于相容的选言推理来说是不正确的推理形式。例如：

> 他或者是演员，或者是导演，
> 他是演员，
> 所以，他不是导演。

3. 不相容的选言命题推理

不相容的选言推理是前提中有一个不相容的选言命题的选言推理。根据不相容的选言命题的逻辑性质，不相容的选言推理有两条规则：

肯定一部分选言支，就要否定另一部分选言支；

否定一部分选言支，就要肯定另一部分选言支。

根据不相容的选言推理的这两条规则，不相容的选言推理有两种正确的推理形式：

一是肯定否定式：即前提中肯定选言命题的一个选言支，结论中否定其他选言支的形式。例如：

> 张某之死要么是自杀，要么是他杀，
> 张某之死是自杀，
> 所以，张某之死不是他杀。

可以用公式表示如下：

> 要么 p，要么 q，
> p，
> 所以，非 q。

二是否定肯定式：即前提中否定选言命题除了一个选言支以外的其余选言支，结论中肯定那个没有被否定的选言支的形式。例如：

> 甲犯应判处五年以下的有期徒刑、刑拘或管制，
> 甲犯不应判处拘役或管制，
> 所以，甲犯应判处五年以下的有期徒刑。

用公式表示就是：

> 要么 p，要么 q，
> 非 p，

所以，q。

（三）假言命题与假言推理

1. 假言命题及其种类

假言命题也是一种复合命题，这种命题的主要逻辑特点在于：它不是对事物情况作出无条件的断定，而是反映某一事物情况是另一事物情况存在的条件。所以我们可以说，假言命题是断定某一事物情况是另一事物情况条件的命题，或者说，假言命题是有条件地断定某事物情况存在的命题。例如：

如果甲是凶手，那么甲有作案时间；

假如语言能生产物质财富的话，那么夸夸其谈的人就会成为世界上最富有的人。

以上这些都是假言命题。假言命题由两个支命题构成。其中表示条件的支命题称作假言命题的前件，表示已知条件而成立的命题称为假言命题的后件。将前件和后件联系起来的联结词，称为假言命题的联结词。

由于假言命题是断定事物情况直接的条件关系的命题，因此，一个假言命题的真假就只取决于其前件和后件的关系是否确实反映了事物情况直接的条件关系。如前所述的第二个例子，尽管前件"语言能生产物质财富"和后件"夸夸其谈的人就会成为世界上最富有的人"都是假的，但前件和后件之间确实存在着条件关系，因而整个假言命题就是真的。

按照假言命题所表示的条件性质的不同，可以相应地将它们区分为不同的种类。

（1）充分条件假言命题。

充分条件假言命题是断定某事物情况是另一事物情况充分条件的假言命题。什么是充分条件呢？如果有 p，就必然 q；而没有 p，是否有 q 不能确定（即可能有 q，也可能没有 q）。即：有之必然，无之不必然。这样 p 就是 q 的充分条件。例如，"摩擦"对于"生热"来说，就是一个充分条件，因为只要摩擦就必然生热，而不摩擦，未必不生热。

充分条件假言命题所断定的就是事物情况之间的这种充分条件的联系。例如：

如果物体摩擦，那么物体就会生热；

如果张三杀了人，那么他就有杀人动机。

以上这些都是充分条件假言命题。这种命题如果用一个公式来表示，则为：

如果 p，那么 q。

在这个公式中，p 和 q 分别表示前件和后件，"如果……那么……"是联结词。在日常用语中，充分条件假言命题的逻辑联结项还常常表达为"假如……那么……""倘若……则……""只要……就……"等。

（2）必要条件假言命题。

必要条件假言命题是断定某一事物情况是另一事物情况必要条件的假言命题。什么是必要条件呢？就是说，如果没有 p，就必然没有 q；而有了 p，却未必有 q。这样 p 就是 q 的必要条件。换句话说，对于 q 的存在而言，p 的存在是必不可少的。即：无之必不然，有之不必然。例如，"事实清楚"对于"正确判决"来说，就是一个必要条件。因为，一个案件，如果事实不清楚，就无法作出正确判决，而事实清楚，并不一定就能作出正确判决。

必要条件的假言命题所断定的就是事物情况之间的这种必要条件的联系。例如：

只有认识到落后，才能去改变落后。

只有长期努力地学习，才能学到系统的知识。

以上是必要条件的假言命题。这种命题如果用一个公式来表示，即：

只有 p，才 q。

其中，p 和 q 分别表示前件和后件，"只有……才……"是联结项。在日常用语中，必要条件假言命题的联结项还可用"必须……才……""除非……不……"等来表示。

（3）充分必要条件假言命题。

充分必要条件假言命题是断定某事物情况是另一事物情况的充分而又必要条件的假言命题。什么是充分而又必要的条件呢？就是说，如果有 p，必然有 q；如果没有 p，必然没有 q。这样 p 就是 q 的充分必要条件。即 p 这一事物情况的存在，对于 q 这一事物情况的存在来说，不仅是足够的，而且也是必不可少的。可以概括为：有之必然，无之必不然。

例如："三角形等角"对于"三角形等边"来说，就是一个既充分又必要的条件。因为有了三角形等角，则三角形必等边；而没有三角形等角，则三角形必不等边。充分必要条件假言命题所断定的就是事物情况之间的这种充分必要条件的联系。例如：

人不犯我，我不犯人；
人若犯我，我必犯人。

三角形是等边的，
当且仅当三角形是等角的。

以上这些都是充分必要条件的假言命题。这种命题可用公式表示如下：

> 如果 p，则 q，
> 并且，
> 只有 p，才 q。

也可以表示为：

> 当且仅当 p，
> 则 q。

2. 充分条件假言推理

假言推理是前提中有一个为假言命题，并且根据假言命题前后件之间的关系而推出结论的推理。例如：

> 如果一个三角形的三边相等，则该三角形的三个内角相等，
> 这个三角形的三边相等，
> 所以这个三角形的三个内角相等。

根据假言命题条件的不同，假言推理又可分为：充分条件假言推理、必要条件假言推理和充分必要条件假言推理。充分条件假言推理是一个伪充分条件假言命题，另一个前提和结论为直言命题的假言推理。例如：

> 如果某人是犯罪分子，那么某人就应该受到法律的制裁，
> 某甲是犯罪分子，
> 所以，某甲应该受到法律的制裁。

根据充分条件假言命题的逻辑性质，充分条件假言推理的规则有两条。

(1)规则一就是肯定前件就要肯定后件，否定后件就要否定前件。

根据充分条件假言命题的性质，有前件就有后件，因此，肯定了前件就要肯定后件。又由于有了前件就一定有后件，因此，没有后件一定是由于没有前件，所以，否定后件就要否定前件。根据规则，充分条件假言推理有两个正确的形式。

一是肯定前件式：在前提中肯定假言命题的前件，结论肯定它的后件。例如：

> 如果某人是杀人犯，那么就应受刑法处罚，
> 某甲是杀人犯，
> 所以，某甲应受到刑法处罚。

用公式表示就是：

> 如果 p，则 q，
>
> p，
>
> 所以，q。

二是否定后件式：前提中否定假言命题的后件，结论否定它的前件。例如：

> 如果某人是贪污犯，那么某人就是国家工作人员，
>
> 某甲不是国家工作人员，
>
> 所以，某甲不是贪污犯。

这种推理形式如下：

> 如果 p，则 q，
>
> 非 q，
>
> 所以，非 p。

(2) 规则二就是否定前件不能否定后件，肯定后件不能肯定前件。

这条规则也是由充分条件假言命题的性质决定的。充分条件假言命题的另一性质是没有前件，不一定没有后件，因此，否定前件不能因此而否定后件；同理，没有前件不一定没有后件，是由于后件可根据其他条件得出，就是说，同一后件可由不同条件得出，所以，肯定后件就不能因此而肯定前件。

充分条件的假言推理如果违反了上述规则，就不是正确的假言推理。例如：

> 如果得了肺炎，就一定要发烧，
>
> 李同志没患肺炎，
>
> 所以，李同志没发烧。

这是一个错误的假言推理。因为有许多原因可以引起发烧，没有患肺炎不一定不发烧。规则二指出否定前件不能否定后件，而在这个推理中，从否定前件推到否定后件，所以是错的。又如：

> 如果骄傲，就要落后，
>
> 张同志落后了，
>
> 所以，张同志一定骄傲了。

　　这个假言命题也是错误的，因为造成落后的原因可以有很多，张同志落后，不一定就是由于骄傲引起的。规则二指出肯定后件不能肯定前件，而在这个推理中，从肯定后件推到肯定前件，所以是错的。

　　3. 必要条件假言推理

　　必要条件假言推理是一个前提为必要条件假言命题，另一个前提和结论为直言命题的假言命题。例如：

> 　　只有看到了别人的长处，才能学习别人的长处，
>
> 　　你没有看到别人的长处，
>
> 　　所以，你不能学习别人的长处。

　　根据必要条件假言命题的逻辑性质，必要条件假言推理也有两条规则：

　　(1)规则一就是否定前件就要否定后件，肯定后件就要肯定前件。

　　这条规则是由必要条件假言命题的性质决定的。根据必要条件假言命题的性质，没有前件就没有后件，因此，否定前件就要否定后件。又由于没有前件就没有后件，因此，有了后件就一定是由于有了前件，所以肯定后件就要肯定前件。

　　根据规则，必要条件假言推理有两个正确的形式。

　　否定前件式：前提中否定了假言命题的前件，结论可否定它的后件。例如：

> 　　只有你想清楚了，才能说清楚，
>
> 　　你没有想清楚，
>
> 　　所以，你不能说清楚。

　　这种推理形式如下：

> 　　只有 p，才 q，
>
> 　　非 p，
>
> 　　所以，非 q。

　　肯定后件式：前提中肯定了假言命题的后件，结论可肯定它的前件。例如：

> 　　只有建立必要的规章制度，生产才能顺利进行，
>
> 　　某工厂生产顺利进行了，
>
> 　　所以，某工厂建立了必要的规章制度。

　　这种推理形式如下：

只有 p，才 q，

q，

所以，p。

（2）规则二就是肯定前件不能肯定后件，肯定后件不能否定前件。

这条规则是由必要条件的性质决定的。必要条件的另一性质是有了前件不一定有后件，因此，肯定前件不能肯定后件。从另一个方面看，有了前件不一定有后件，是由于单独一个前件不能得出后件，前件必须加其他条件才能得出后件，因此，没有后件不一定是由于缺少前件，也可能是由于缺少其他条件，所以，否定后件不能否定前件。

根据规则，"肯定前件式"和"否定后件式"对于必要条件假言推理来说都是错误的。例如：

只有年满十八周岁，才有选举权，

这个人已年满十八岁，

所以，这个人有选举权。

这就是一个错误的"肯定式前件"。

只有年满十八周岁，才有选举权，

他没有选举权，

所以，他没有年满十八周岁。

这就是一个错误的"否定后件式"。

4. 充分必要条件假言推理

充分必要条件的假言推理是一个前提为充分必要条件的假言命题，另一个前提和结论为直言命题的假言推理。例如：

当且仅当一个三角形是等边三角形，则它是等边三角形，

这个三角形是等边三角形，

所以，这个三角形是等角三角形。

充分必要条件假言命题的性质是：有前件就有后件；没有前件就没有后件；有后件就有前件；没有后件就没有前件。因此，在前、后件之间肯定其中一个便要肯定另一个；否定其中一个便要否定另一个。由此得出四种正确的推理形式如下：

（1）肯定前件式：

当且仅当 p，则 q，

p，

所以，q。

（2）肯定后件式：

当且仅当 p，则 q，

q，

所以，p。

（3）否定前件式：

当且仅当 p，则 q，

非 p，

所以，非 q。

（4）肯定后件式：

当且仅当 p，则 q，

非 q，

所以，非 p。

第三节　逻辑思维与创新思维的关系

一、逻辑思维与创新思维的关系

（一）逻辑思维与创新思维的联系

创新思维是创造创新活动的核心。创新思维既靠想象、直觉、猜测来完成，同时也要靠分析和判断、比较和综合、抽象与概括、归纳与演绎。从逻辑思维的特点可以看出，逻辑思维单就创造性而言还具有局限性。也就是说，使用逻辑思维不一定为了获取创意，但要完成创造创新的全过程，必然要有逻辑思维的介入。因此，它们之间存在着一定的联系。创新思维、逻辑思维、想象思维之间的关系如图 10-1 所示。

从图 10-1 中可以看出，创新思维中的一部分是逻辑思维，另一部分不是；逻辑思维中的一部分是创新思维，另一部分不是。不论是创新思维还是逻辑思维，都包含在想象思维中。

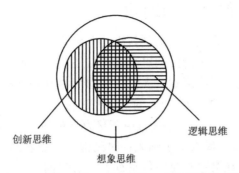

图 10-1 创新思维、逻辑思维、想象思维关系图

(二)人类知识和经验的发展

人类的知识和经验总是不断发展的，当发展到一定阶段时，就有可能导致原有逻辑思维的矛盾，其中可能有新问题、新现象，这就需要用创造性思维去发现，更需要以科学实践提供的事实材料进行推理。如果新的创造性思维符合规律、符合科学，就有可能成为新理论、新经验，就可以纳入新的知识体系中，再广泛指导人们进行（新）逻辑思维。如此这样不断地进行，就形成了如图 10-2 所示的循环。

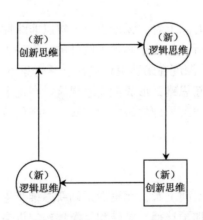

图 10-2 创新思维与逻辑思维循环图

例如，机械加工过程中出现质量问题，用逻辑思维进行分析、判断，找出问题和解决问题。在已有的知识、经验中，找不出问题的原因，就应该突破原有的知识和经验，用创造性思维（想象、直觉甚至分析、推测等）去找原因，并加以解决。突破后，就形成一个新知识或新经验，再出现问题时可以此为前提去分析、判断。如果还是推理不出结论，就需要再突破、再创新，这是客观的、必然的发展规律。

二、逻辑思维在思维创新中的作用

人类文明发展到今天，是在不断的创新活动中前进的。但人类最早形成的思维工具系统是逻辑学。逻辑作为理想认识阶段的思维形式，是人们思维活动的主要体现者，是人们认识世界、沟通交流的主要思维形式。人们认识的世界首先是一种相对稳定存在的世界。面对客观事物间的相对稳定的关系，"人的实践经过亿万次的重复，它在人的意识中以逻辑的格式固定下来。这些正是（而且只是）由于亿万次的重复才有着先入之见的巩固和公理的性质"。① 这也使得每一代人从小到大，时刻都在接受着经验逻辑的训练，不断积淀着经验逻辑的感觉，使之在潜移默化中似乎有了"先在"的性质。

思维创新作为一种思维，是奠基在逻辑思维之上的。应该说，无论怎样的创新思维形式，均须臾离不开逻辑思维的基础作用。

（一）发现问题

虽然创新思维要求思维的灵活性，但在创新活动中，无论思维如何创新性地发散，都受到如何解决问题的"问题意识"驱动，其指向问题的意识与目的性必须是明确的。这恰是逻辑思维的确定性的思维要求所决定的。因为任何"问题意识"都是逻辑思考的结果，不管它是潜在的还是明显的。

（二）直接创新

从创新思维过程的思维时间上看，无论思维怎样以非线性的、发散的方式思考，这个创新思维是否成立、是否可行，最终还必须由线性的、有序的收敛思维来进行理性的"最优收敛"，以使思维的广度、深度在缔造灵性空间、活化思维、提高认知水平和创新思维能力的层面上，过滤各个创新思维，形成创新思想流。在这个发散思维与收敛思维的综合过程中，思维以逻辑思维中选言推理的否定肯定式，围绕创新点的轴心，进行排他法的比较取优论证。

（三）评价成果

从创新思维过程的思维空间上看，无论探索创新思维产生的过程是一个怎样的无限过程或概率过程，它也只是增加了选择、突破和重新建构的机会，从而提高了创新思维的实现概率。但这种创新思维的产生与实现过程，总是有它合乎逻辑的东西，总可以若明若暗地勾勒出一条产生与实现过程的逻辑轨迹。例如，在进行发散思维时，其发散的方向总有其逻辑依据，而不是毫无根据的胡乱发散。所谓创新思维的无限空间，是指有逻辑根据的无限空间。如果没有既有的知识、经验被用来进行逻辑的改造，任何创新思维都是难以产生的。同时，即使创新思维以其突发性、无序性、跳跃性的方式顿悟出一种"创新思维"，在其问题的提出与产生过程中留下许多因果关系链的空白点，也有待于逻辑思维的验证进

---

① 列宁全集(第55卷)[M]. 北京：人民出版社，1990：186.

行填补。

(四)筛选设想

从思维方式的类型上看，无论创新思维怎样以变异性、多向性的思维寻找尽可能多的思路，都是为逻辑思维的线性指向提出更多的设想，提供更多的选择对象。在这种选择中，每一条不定向的思维指向，在逻辑思维的参与下也就同时成为一条定向的思维指向。没有这种规范性、定向性的有序指向来追求结论的创新有效性，创新思维的不定向的无序指向也就失去了意义，希望进入一种全新认知境界的理想也就变成了无源之水。

(五)推广应用

创新的产生受心理机制的影响，而把握不同心理因素与创新思维之间的本质联系，也需要借助于它们之间"为什么如此"的逻辑联系来认识与理解。即使在文学欣赏中，通过形象思维创新性地理解一种意境，必须有一种内在的可以用语言表达的逻辑联系，使得意境感发了心情，契合了心境，而"感发"和"契合"就是一个心灵映射与逻辑联系的过程。

(六)总结提高

创新思维有突破和重新构建已有知识、经验的功能。这一功能突破性地体现在想象上，它是在头脑中改造记忆表象而创造新的形象的思维过程，也是对过去已经形成的那些事物的联系方式进行新的选择或重组的过程，具有极大的自由度和超现实性。

三、逻辑思维与创新思维的互动

尽管创新思维与逻辑思维是两种具有本质区别的思维品质，但在人的整体的思维素质中，它们之间又具有十分密切的、不可分割的互动联系。

(一)确定性与灵活性的互动

从思维的要求上看，逻辑思维要求思维的确定性。在人们认识时间的过程中，逻辑思维以其具有的思维形式在结构上不能丝毫改变的"刚性"要求我们的任何论证都要严密、完整、有序。

而创新思维则要求思维的灵活性。它要求在认识事物中，思维主体的思维活动不受常规思维定势的束缚、局限，不恪守一种稳定的有序性，其思维方式、方法、程序、途径等没有固定的框架，允许思维自由地跳跃，它往往要借助于直觉和灵感，以突发式、飞跃式的形式回答问题。例如司马光砸缸的故事，常规思维要求是"让人离开水"，而创新思维则考虑也可以"让水离开人"。这种灵活性体现了思维认识角度的灵活多样。因此，它没有确定的、唯一的思维结构形式。

(二)线性与非线性的互动

从创新活动过程的思维时间上看，在创新活动过程的准备阶段和验证阶段，逻辑思维以线性的、有序的思考方式，提出问题并验证解决问题。它的每一步都有严格的时间渐进顺序，即使在推理的省略式中，其省略的部分也是思维者心中自明的。而创新思维主要是非线性的、发散的思考方式，通过创新思维的各种具体思维方法，自由地寻求解决问题的最佳方案。它往往呈现出一种时间上的突发性、无序性，以跳跃的方式在时间上留下许多空白点，有待于创新思维提出后，由逻辑思维的验证进行填补。

但是，创新思维与逻辑思维在思维时间上又相互渗透。任何一个创造性思维的产生，总有它时间上的前因后果。创新成果的实现，是连续性和非连续性的统一。

（三）有限与无限的互动

从创新活动的思维空间上看，逻辑思维过程是有限过程，只要前提正确，并遵循思维的规律和规则，就可以通过有限的推导步骤，得出一个正确的结果。而创新思维过程却是一个无限的过程，或称概率过程。它只是增加了选择、突破和重新建构的机会。在此过程中，其思维的展开具有宏阔的空间。正是这种无限的思维空间，提高了创造性思维的实现概率。

但是，创新思维与逻辑思维在思维空间上也是相互渗透的。如前文所述，任何一个创造性思维的产生，总是有它的合乎逻辑的东西，总是可以若明若暗地勾勒出一条产生过程的逻辑轨迹。在对发散结果进行筛选、整合的过程中，也必须依靠逻辑思维对其进行价值判断、甄别和选择。

同样，在逻辑思维的理性认识过程中，也有创新思维的积极参与。创新思维与逻辑思维在这种思维空间上的相互渗透，体现了创新活动过程中思维空间上的整体性，是有限与无限的统一。

（四）规范性与非规范性的互动

从思维方式的类型上看，逻辑思维是规范性、定向性思维，以唯一的可行方法追求结论的有效性，故其思维进程从一开始就是在所规定的区域内进行的，有条不紊，循序渐进，步骤严密，具有很强的说服力，其结果可以通过以往思维进程的每一步去验证。因此，表现在思维内容中不确定部分的比例就会比较小。而创新思维属于变异性、多向性思维，它以启发性的眼光寻找尽可能多的思路，促进创新思维的生成。它允许思维自由跳跃，并不要求恪守一种稳定的有序性。

创新思维与逻辑思维虽然类型不同，但在创造性活动中，二者的有机结合却是必不可少的，创新思维可以广开思路，为逻辑思维提供更多的选择对象，为逻辑思维的线性指向提出更多的设想，以提高逻辑思维的效率。逻辑思维则可以发展创新思维的多元性，论证合理性，从而使创新活动的思维成果，能够突破以往知识、经验的束缚，以逻辑思维规范的知性与灵感、直觉的感性互动，进入一种全新的认知境界。

◎ **课后练习题**

1. 什么是逻辑思维？逻辑思维在创造、创新中有哪些作用？

2. 什么是直言命题？它由几个部分组成？

3. 试举两个直言命题三段论的实例。

4. 逻辑推理题：

(1)有两位盲人，他们各自买了两对黑袜和两对白袜，八对袜子的布质、大小完全相同，而每对袜子都有一张商标纸连着。两位盲人不小心将八对袜子混在一起。他们每人怎样才能取回黑袜和白袜各两对呢？（答案不止一种）

(2)一个教授逻辑学的教授有三个学生，三个学生均非常聪明。一天，教授给他们出了一道题，教授在每个人的脑门上都贴了一张纸条，并告诉他们，每个人的纸条上都写了一个正整数，且某两个数的和等于第三个数(每个人可以看见另两个数，但看不见自己的)。

教授问第一个学生：你能猜出自己的数吗？回答：不能。

问第二个，不能。

问第三个，不能。

再问第一个，不能；

再问第二个，不能；

再问第三个：我猜出来了，144！

教授很满意地笑了。请问你能猜出另外两个人的数吗？请说出理由。

(3)A、B、C三人因涉嫌一件谋杀案被传讯。这三个人中，一人是凶手，一人是帮凶，一人是无辜者。

下面三句话摘自他们的口供记录，其中每句话都是三个人中的某个人所说：A不是帮凶；B不是凶手；C不是无辜者。

每句话的所指都不是说话者自身，而是指另外两个人中的某一个。上面三句话中至少有一句话是无辜者说的。只有无辜者才说真话。

请问，A、B、C三人中，谁是凶手？

创新方法篇

第十一章　智力激励法

智力激励法又称头脑风暴法、Brain Storming(BS)法，是由美国创造学家 A. F. 奥斯本于 1939 年首次提出、1953 年正式发表的一种激发创新思维的方法。它是世界上最早被付诸实施的创造技法，也是当今美国最常用的创造技法。在对职工进行教育时，约有 70%的日本公司选择智力激励法。智力激励法在 20 世纪 80 年代进入我国后，已成为企业创新的首选方法。此法经各国创造学研究者的实践和发展，至今已经形成了一个发明技法群，如奥斯本智力激励法、默写式智力激励法、卡片式智力激励法等。本章先介绍智力激励法的原理与原则，然后介绍其实施步骤，最后简单介绍几种改进型的智力激励法。

第一节　智力激励法的原理与原则

一、技法原理

头脑风暴法出自"头脑风暴"（Brain-storming）一词。所谓头脑风暴，最早是精神病理学中的用语，是针对精神病患者的精神错乱状态而言的，现在延伸为无限制的自由联想和讨论，其目的在于产生新观念或激发新设想。

奥斯本借用头脑风暴来形容会议的特点是让与会者敞开心扉，使各种设想在相互碰撞中激起脑海的创造性"风暴"。智力激励法的形式载体是智力激励会议，即大家坐在一起，不受专业知识限制，充分发挥想象力，尽情发表意见，或者在别人提出的设想基础上进行补充和综合，提出新设想。会后通过整理，将一些富有创造性的设想逐步转化成实用的设计方案。智力激励法作为一种非常重要的创新方法，是一种通过会议的形式，让所有参加者在自由愉快、畅所欲言的气氛中自由交换想法或点子，并以此激发与会者的创意及灵感，进行思维激励，从而产生更多创意的方法。智力激励法以"群言堂"为特征，是一种集思广益、相互启发的方法。

德国有一句民谚：即使看起来很荒谬的设想也比没有好。智力激励法之所以会产生出奇的效果，原因就在于它鼓励大家打破常规。这种方法使许多原来受专业知识框架限制的问题，在非本专业人员的快速构思中，从不同的方向和程度上产生了突破，为创造性地解决问题提供了新线索。智力激励法，是一种在较短时间内，在现有条件下，激发和调动创造力、凝聚集体智慧的一种有效手段。该方法最初仅用于广告的创意设计，后来又被广泛应用于技术革新、企业管理以及社会问题的处理、预测和规划等领域。

现在经常用智力激励法解决那些比较简单、严格确定的问题，比如研究产品名称、广告口号、销售方法、产品的多样化等，其一般适用于需要大量构思、创意的行业，如广告业。同时，智力激励法能够在社会、经济、管理、教育、新闻、科技、军事、生活等方面提供有效服务。

先看一个成功适用智力激励法解决实际问题的故事。

有一年，美国北方格外寒冷，大雪纷飞，电线上积满了冰雪，一些电线被积雪压断，严重影响了通信。许多人试图解决这一问题，但都未能如愿以偿。后来，电信公司经理应用奥斯本发明的头脑风暴法，尝试解决这一难题。他召开了一次能让人脑卷起风暴的座谈会，参加会议的是不同专业的技术人员，经理要求他们必须遵守以下四项基本原则。

（一）自由思考

即要求与会者尽可能地解放思想，无拘无束地思考问题并畅所欲言，不必顾虑自己的想法或说法是否"离经叛道"或"荒唐可笑"。

（二）延迟评判

即要求与会者在会上不要对他人的设想评头论足，不要发表"这主意好极了""这种想法太离谱了"之类的"棒杀句"或"扼杀句"。至于对设想的评判，留在会后组织专人考虑。

（三）以量求质

即鼓励与会者尽可能多而广地提出设想，以大量的设想来保证质量较高的设想的存在。

（四）综合改善

即鼓励与会者积极进行智力互补，在自己提出设想的同时，注意思考如何把两个或更多的设想综合成另一个更完善的设想。

按照这种会议规则，大家七嘴八舌地议论开来。有人提出设计一种专用的电线清雪机；有人想到用电热来化解冰雪；也有人建议用振荡技术来清除积雪；还有人提出能否带上几把大扫帚，乘坐直升机去扫电线上的积雪。对于这种"坐飞机扫雪"的设想，大家心里尽管觉得滑稽可笑，但在会上也无人提出批评。相反，有个工程师在百思不得其解时，听到用飞机扫雪的想法后，大脑突然受到冲击，一种简单可行且高效率的清雪方法冒了出来。他想，每当大雪过后，出动直升机沿积雪严重的电线飞行，依靠高速旋转的螺旋桨即可将电线上的积雪迅速扇落。他马上提出"用直升机扇雪"的新设想，顿时又引起其他与会者的联想，有关用飞机除雪的主意一下子就多了七八条。不到一小时，与会的 10 名技术人员共提出 90 多条新设想。

会后，公司组织专家对设想进行分类论证。专家们认为设计专用清雪机，采用电热或电磁振荡等方法清除电线上的积雪，在技术上虽然可行，但研制费用高、周期长，一时难以见效。那种因"坐飞机扫雪"激发出来的设想，倒是一种大胆的新方案，如果可行，将是一种既简单又高效的好办法。经过现场试验，发现用直升飞机扇雪真能奏效，由此，一个久悬未决的难题，终于在头脑风暴会中得到了巧妙的解决。

二、基本原则

在运用直升机扇雪的案例中，已初步介绍了智力激励法的基本原则。现在，我们就从四个方面进一步阐述智力激励法的原则，使与会者熟练掌握并灵活运用，充分发挥创造性思维，以涌现出更多更好的创意。

(一)自由畅想原则

头脑风暴法是一种发散式的思维，它要求先罗列各种看似无关的现象，然后从中归纳分析并找出与解决问题有关的现象，再对这些现象进行深入的分析处理，找出必然的联系。这一原则要求与会者坚持开放性的独立思考精神，畅所欲言，敞开思路，不受任何已知常识和已知真理、规律的束缚，善于从多种角度或反面去思考问题，敢于提出看似荒唐可笑的想法。这是智力激励法最基本的一个原则。在这些看似荒谬的想法中一定有真知灼见，有解决问题的好办法。智力激励法又分为直接智力激励法和质疑智力激励法。前者是在专家群体决策时尽可能激发创造性，产生尽可能多的设想的方法，后者则是对前者提出的设想、方案逐一质疑，分析其现实可行性的方法。

(二)延迟批评原则

这是一条十分重要的原则。在讨论问题的过程中，过早地进行批评、下结论，就等于将许多新观念拒之门外，这是极其有害的。在做出决策之前，对别人提出的任何想法应加以倾听，不得阻拦或妄加评论。即使自己认为是幼稚的、错误的，甚至是荒诞离奇的设想，亦不能予以驳斥；同时也不允许自我批判，因为这亦会影响其他与会成员的情绪和思维。这是因为：首先，开始形成的新观念是不完全的、脆弱的，要留给它足够的时间，使之逐步完善；其次，一种观念还可引出另外的设想来，不让"母亲"存在，其"子孙"也就不复存在了。日本创造学家丰泽雄认为，过早地判断是创造力的克星。美国的心理学家和教育学家梅多和帕内斯在进行实验调查之后认为，推迟判断在集体解决问题时可多产生70%的设想；在个人解决问题时可多产生90%的设想。

延迟批评还包括自歉性的表白、否定性的评论以及肯定性的赞语，诸如以下一些说法均应避免："这根本行不通""这个想法已经过时了""你的高见真绝""我的水平有限，想法很不成熟"，等等。实际上，延迟批评原则还包括延迟肯定的内容，即对与会者的各种意见不能过早地下结论。如果要评价，应该等到大家畅谈结束后，再组织有关人士进行分析。

(三)以量求质原则

它要求与会者尽可能地提出解决问题的新设想、新思路，只有数量多，才能找到高质量的解决方案。奥斯本认为，在设想问题上，越是增加设想的数量，就越有可能获得有价值的方案。一般情况下，最初的设想不大可能是最佳方案。有人曾以实验表明，一批设想的后半部分的价值比前半部分高78%。1952年，华盛顿发生了1000千米电话线因树挂导致通信设备中断的事故。为迅速恢复通信，政府指派空军处理。空军采取以直升机螺旋桨的垂直气流来吹落树挂的方法，问题迎刃而解。可是这一方案是讨论时提出的第36个方案，要是只提出几个或十几个方案就停止，便可能找不到这一锦囊妙计了。在有竞争意识的情况下，人人争先恐后，竞相发言，不断地开动思维机器，力求有独到见解、新奇观念。心理学的原理告诉我们，人类有争强好胜的心理，在有竞争意识的情况下，人的心理活动效率可增加50%或更多。

当人们追求一定数量的新设想、新思路时，就会有意识地减少批判。这样做，思维的界限就会放开，联想也会丰富，有价值的想法就可能接续而生。

因此，奥斯本智力激励法强调与会者要在规定的时间内注重发散思维的流畅性、变通性和独特性，尽可能多而广地提出新设想，以大量的设想来保证质量较高的设想能出现。

(四)综合改善原则

综合就是创造。奥斯本曾经指出：最有意思的组合大概是设想的组合。综合改善原则是鼓励与会者积极参与知识互补、智力互激和信息增值活动。

会议鼓励与会者借题发挥，对别人的设想进行补充，使其完善。联想是产生新观念的基本过程。在集体讨论问题的过程中，每提出一个新的观念，都能引发他人的联想，相继产生一连串的新观念，产生连锁反应，为创造性地解决问题提供更多的可能性。

会后对所有设想还要进行综合改善的工作。几个人在一起协商或综合大家的想法，一般都可以强化自己的思维能力和提高思考的水平。

智力激励法的这四大原则，不仅可用于发明创造、创新活动，也可用于我们工作、生活的多个方面，是非常有用的准则。

这里有一个经典的用智力激励法取得成功的实例。盖莫里公司是法国一家拥有300人的中小型私人企业，这一企业生产的电器有许多竞争者。该企业的销售负责人在参加了一个关于发挥员工创造力的会议后大有启发，开始在自己公司谋划成立了一个创造小组。在冲破了来自公司内部的层层阻挠后，他把整个小组(约10人)安排到了农村小旅馆里。在以后的三天中，每人都采取了一些措施，以避免外部的电话或其他干扰。

第一天全部用来训练，通过各种训练，组内人员开始相互认识，他们相互之间的关系逐渐融洽。开始还有人感到惊讶，但很快他们都进入了角色。第二天，他们开始创造力训练技能，开始涉及智力激励法以及其他方法。他们要解决的问题有两个，在解决了第一个问题，发明一种拥有其他产品没有的新功能电器后，他们开始解决第二个问题，为此新产品命名。在第一、第二个问题的解决过程中，都用到了智力激励法，但在为新产品命名这一问题的解决过程中，经过两个多小时的热烈讨论后，共为它取了300多个名字。主管暂时将这些名字保存起来。第三天一开始，主管便让大家根据记忆，默写出昨天大家提出的名字。在300多个名字中，大家记住了20多个。然后主管又在这20多个名字中筛选出了3个大家认为比较可行的名字，再征求顾客的意见，最终确定了1个名字。

　　结果,新产品一上市,便因为其新颖的功能和朗朗上口、让人回味的名字受到了顾客热烈的欢迎,迅速占领了大部分市场,在竞争中击败了对手。

　　智力激励法在创新活动中有其自身的特点。首先,时间上的限制造成了紧张的气氛,使参加者的头脑处于高度的兴奋状态之中,有利于激励出创造性设想。其次,人少,使得每个参加者都能充分发表自己的创见,提高了大家的创意激情,人们在这里体验了自我价值。再次,不管是口头或书面,大家都充分进行了交流,有助于创意思维在量与质上的提高。因此,可以说,智力激励法是从"独奏"开始,到引起"共振"告一阶段,既达到创新的目标,又促进了人们创意能力的发展。当然,智力激励法的不足之处就是邀请的专家人数受到一定的限制,挑选不恰当的话,容易导致策划的失败。并且,由于专家地位及名誉的影响,有些专家不敢或不愿当众说出与他人相异的观点。

三、头脑风暴法的优势

　　(1)极易操作执行,具有很强的实用价值。

　　(2)体现了集思广益和团队合作的精神。

　　(3)激励每一个人开拓思路、激发灵感。

　　(4)在短时间内有可能获得突破性创意。

　　(5)有效地锻炼一个人及团队的创造力。

　　(6)使参加者更加自信。

　　(7)发现并培养思路开阔、有创造力的人才。

　　(8)提供了一个能激发灵感、开阔思路的平台。

　　(9)有利于增加团队凝聚力,增强团队精神。

　　(10)使参加者更加有责任心。

第二节　实施方法与实例

一、智力激励法的实施要点与具体要求

(一)实施要点

1. 议题的选择

　　(1)议题的选择应从平日悬而未解的问题入手,即议题的选择,必须合乎与会者的知识水平和关心程度,以参与者们一直期待解决的问题为佳。当然,事先公开议题的做法也是可行的,但参加人员是否会围绕议题尽力去思考点子,仍有必要斟酌。因此,将大议题细化,从接近参与者关心程度的议题开始,不失为一种好的办法。

　　(2)议题的内涵应该是明确界定的,而不该模棱两可、似是而非。会议开始后,主持人应仔细阐释议题,以便让与会者进一步理解议题。

2. 会议类型

头脑风暴的会议可以分为非结构化的头脑风暴会议和结构化的头脑风暴会议。

(1)非结构化的头脑风暴会：非结构化的或自由滚动式的头脑风暴为团队成员可以在会议期间随时自由地提出见解和意见。这种方式鼓励成员任意地贡献出尽可能多的主意，直至没有人再有新东西可增加了。

(2)结构化的头脑风暴会：对于团队负责人或会议主持人提出的问题，团队成员一个接一个地提出自己的见解。每人每次只能提一个。当某个成员再也没有新的主意时，可以跳过。所有的主意都应记录在白纸上。

3. 对主持人的要求

主持人对智力激励会的成功有很大作用。主持人应具备以下基本条件：熟悉智力激励法的基本原理与召开智力激励会的程序与方法，有一定的组织能力；对会议所要解决的问题有比较明确的理解，以便在会议中进行引导；能坚持智力激励会规定的原则，从而充分发挥激励的作用机制；掌握主题现状和发展趋势，能灵活地处理会议中出现的各种情况，以确保会议按程序进行到底。

4. 分类整理记录

会议结束后，应该对所作记录进行分类整理，并加以补充，然后提交给具有丰富经验和专业知识的专家组进行筛选。筛选应从可行性、应用效果、经济回报率、紧急性等多个角度进行，以选择最恰当的设想。

此外，由于用智力激励法产生出来的构想大部分只是一种提示，极少是可以用来直接解决问题的，因此，整理和补充、完善构想这一步就显得相当重要。

5. 注意经常使用智力激励法

经常使用本方法，可以提高组织内员工的创新能力，创造工作现场自由轻松、相互激励的氛围，以提高工作效率，取得可喜成绩。

在整理补充记录后，为了使构想更具体化和具有可操作性，仍有必要继续使用该法，从而让构想延伸发展下去。

(二)具体要求

1. 对主持人的要求

(1)对议题有比较深刻的理解，以便在会议中进行启示引导。因此，会前主持人应对议题进行详细的分析研究。

(2)头脑风暴主持者应能激起参加者的思维灵感，启发参加者踊跃发言。

(3)主持人应懂得各种创造思维和方法，向与会者重申会议原则和纪律，及时制止违反会议原则的现象，创造一种自由畅想的局面，充分引导与会者积极思考，提出大胆独特的设想，使场面轻松活跃。

(4)使讨论围绕中心议题，集中发言，不允许私下谈话。

(5)以平等态度参加会议，友好地对待每一个与会者，促使会议形成融洽气氛。

(6)在参加者发言气氛显得相当热烈时，可能会出现许多违背五大原则的现象，如哄笑、公开评论他人意见等情况，此时主持人应当及时予以制止。

（7）为避免与会者太疲倦而产生反感甚至厌恶情绪，主持人应控制好时间。

（8）会议结束后，主持人应表示感谢并鼓励和表扬大家。

2. 对记录员的要求

会议提出的设想应由专人简要记载下来或录音，以便由分析组对会议产生的设想进行系统化分析处理，供下一阶段（质疑）使用。记录员应依照发言顺序标号记录好每条设想。在发言内容含糊不清时，应向发言者提问确认。发言内容过长时，仅记录要点即可。字迹要清晰，确保每位参与者都能看清，版面应简洁整齐。

3. 对参会人员专业结构与水平的要求

参与者要有一定的素质基础，懂得该会议提倡的原则和方法；会前可进行柔化训练，即让缺乏创新锻炼者进行打破常规思考、转变思维角度的训练活动，以减少思维惯性。应保证与会者的多数是对议题熟悉的行家，但不要局限于同一专业，以保证全面多样的知识结构，同时应时有少数外行人士参与，以便突破专业思维定势的约束；与会者在知识水准、资历、级别上能做到大致相近，尽量选择一些对问题有实践经验的人，将他们作为激励会的核心，再视情况配备其他人员，这样效果比较好。

智力激励法专家小组应由下列人员组成：方法论学者——专家会议的主持者；设想产生者——专业领域的专家；分析者——专业领域的高级专家；演绎者——具有较高逻辑思维能力的专家。

所有参加者都应具备较高的联想思维能力。在进行"头脑风暴"（即思维共振）时，应尽可能提供一个有助于将注意力高度集中于所要讨论的问题的环境。有时候某个人提出的设想，可能正是其他准备发言的人已经思考过的设想。其中一些最有价值的设想，往往是在已提出设想的基础之上，经过"思维共振"的"头脑风暴"，迅速发展起来的设想以及对两个或多个设想的综合设想。因此，运用头脑风暴法产生的结果，应当认为是专家成员集体创造的成果，是专家组这个宏观智能结构互相感染的总体效应。

4. 人数要求

参会以 5~10 人为宜，人数太多，会增加对问题理解的分歧，使思维目标分散，降低激励效果，也无法保证与会者有充分的发表设想的机会；而人数太少，则势必造成知识面过于狭窄，难以产生知识互补的效应，同时也会因缺少足够的思考与联想时间而导致冷场，这样便不利于创造性地解决问题。

5. 时间要求

一般 30~60 分钟为宜，时间过长，易疲劳松弛；时间过短，设想未能充分表达，思维未能充分展开。会议主持人在会前不应宣布会议将开多长时间，以免与会人员在会议结束前心神不定。

二、智力激励法的实施步骤

（一）准备阶段

（1）选择会议主持人。

这是会议获得成功的关键之一。主持人应根据会议主题，设立会议目标或会议原则，掌握会议时间和创意进展，避免在创意过程中出现中断或因产生几个瓶颈而放弃。当场面出现沉寂时，还要用一点头脑风暴技巧，激活或者重新启动会议气氛。

（2）确定会议主题。

确定会议主题，弄清通过头脑风暴会议想要达到和解决什么样的问题，才有可能产生创意。

（3）确定参加会议人员，设记录员1名。

参加者最好选择不同学历、不同层次，不同专业的成员。因为人的创意都是建立在自己的经验、对未来的预见以及各自的观点基础之上的。记录员应将创意记录于醒目的地方。

（4）确定会议时间和场所。

在确定会议时间之后，要创造一个良好的会议环境。选择的地点应避免外界干扰。

（5）为与会者创造激发灵感的条件。

为每一个会议的参与者提供合适的记录工具。如笔、纸张等。

（6）布置会议场所。

座位的安排以"凹"字形为佳，确保每个人的发言都得到聆听，并看到记录员的记录。

（二）实施阶段

（1）召开智力激励会议，主持人首先必须向参加者简介会议议题以及头脑风暴会议中应注意的问题。

（2）让与会者畅所欲言。

（3）记录员记录下每一个创意。

（4）结束会议。

（5）创意的分类与整理：一般分为实用型和未来型两类。实用型是指以目前技术工艺水平可以实现的；未来型是指以目前的技术工艺水平还不能完成的。应对实用型创意用头脑风暴法进行深度论证、多层次开发，进一步扩大创意的实现范围。未来型创意的开发，建立在技术工艺水平的开发和升级的同时，将未来型的创意萌芽转化为成熟的实用型。

（6）将会议记录整理分类后展示给与会者。

（7）对所得创意进行评估。正确选择出最合适的评估和分析方法，建立评估具体标准，从效果和可行性进行评估，选出好的创意。

（8）实施创意

在创意实施过程中，还会出现大量新的机遇、新的挑战，这些新的问题仍需采用头脑风暴和创造性思维进行解决。

具体而言，智力激励会议的具体组织方法是：参加会议的人数不超过10个，会议的时间掌握在30~60分钟。每次会议的目标要明确，到会人员围绕议题可以任意发表自己的想法。为了使会议的参加者都充分表达和发挥自己的设想，还必须作如下几项规定：不允许评价别人提出的设想；提倡任意自由思考；提出的设想越多越好；集中注意力，针对目标；参加会议的人员不分上下级，应平等相待；不允许私下交谈，以免干扰别人的思维活动；不允许用集体提出的意见来阻碍个人的创造性思维；各种设想不分好坏，一律记录下来。

头脑风暴法通常是一个团队活动。有时因会议主题内容，需要邀请不同城市或者地区的与会者，可以通过电脑、网络、视频等现代高科技通信技术解决这个问题。这种方法也使头脑风暴法有了更宽更广的活动空间。

三、智力激励法适用范围与实例

(一)适用范围

奥斯本的智力激励法问世后，20 世纪 50 年代便在美国得到推广应用，麻省理工学院为提高工业设计专业学生的创造力，还专门开设了智力激励法课程。随后，欧洲各国及日本等国的学者，相继在本国积极推广普及这一方法，并根据具体情况对此法加以改造，发展形成了多种类型的智力激励法。如默写式智力激励法（635 法）、卡片式智力激励法（CBS 法与 NBS 法）等。

目前在世界范围内，智力激励法是应用最广泛、最普及的创造技法。这一方法能够在社会、经济、管理、教育、新闻、科技、军事、生活等很多方面提供有效服务。另外，经常参加智力激励会议，对自身创造能力的培养也有好处，能使人想象力丰富、思维敏捷，从而善于创新。美国创造工程学家 S. J. 帕内斯曾列举出参加智力激励会议的人所能获得的 50 条益处，其中最重要的在于提高创造力。实践表明，在一小时左右的智力激励会议中，经常可产生 60~150 个设想，比一般会议要多 70%，其中不乏有创意的良策。

应当指出，智力激励法也不是包解一切创新问题的灵丹妙药，要客观分析它的作用并恰当运用。奥斯本也指出，智力激励是对一些方法、思路的补充，特别在以下三个方面作用显著：①对个人提出设想的补充；②对传统讨论会的补充；③作为创造性教育的补充。

实践经验指出，智力激励常常被成功地运用在下列开放性问题的集体创新活动之中，如：

(1)关于产品或市场的新观念：新的消费观念；未来市场畅想。

(2)管理问题：拓宽就业面，提高效率，改善职业结构。

(3)新技术的商品化：如何开发一项可取得专利权的新发现？如何对新技术、新材料进行扩大应用。

(4)规划与故障检修：预测可能的故障及其潜在原因，以及处理方案。

(二)应用实例

美国克利夫兰广告俱乐部有一个小组利用智力激励法探讨了这样一个问题："如何改进每周歌剧的广告形式，以尽可能地提高卖座率？"对这个问题，人们提出了 124 条设想，剧场领导人 R. 萨顿利用了其中 29 条设想，最后终于使剧场满座。

美国丹佛市一家邮局的领导召开了 12 人的智力激励会，研究"如何节省劳动时间"的问题，半小时内提出了 121 条设想。据之后的报道，其中有些设想通过 9 个星期的实验节省了 12666 个工时。

美国宾夕法尼亚的一家化学公司举行了一次 20 分钟的会议，讨论减少捐税的问题。大家提出了 87 个设想，专家们从中挑选了两个设想，使该公司节省了 24000 美元。

日本松下公司运用智力激励法，在 1979 年内获得了 17 万条新设想，平均每个职工提了 3 条新设想，公司利用全体员工的智慧，使生产经营水平不断提高。

在创造发明活动中，应用智力激励法成功的例子是屡见不鲜的。例如，日本三菱树脂公司随着生产的发展，急需研制一种新兴净化池。公司领导召集十余名技术人员，在短短的半天里就提了 70 种方案，并从中选了 10 种最优方案。然后，根据 10 种最优方案设计画出图纸，贴在黑板上，再将各人对新方案提出的改进设想写在纸条上，贴在净化池结构图的相应部位，通过公司内部科技人员的评审，最后得出一种研制新型净化池的最佳方案。

中国有句俗话："三个臭皮匠，胜过诸葛亮。"它的意思是说，将三个人的智慧集中起来，就能超过被世人称为智慧象征的诸葛亮。这也是智力激励法的实质所在。

20 世纪二三十年代，丹麦物理学家玻尔周围云集了许多青年物理学家，比较著名的有海森堡、波利等人，他们组成了名噪一时的"哥本哈根学派"。该学派通过彼此的合作与研讨，不仅在量子力学和基本粒子领域作出了杰出的贡献，而且还通过切磋的方式，造就了许多才华横溢的物理学人才。

上海交通大学附属第一人民医院的眼科医疗水平在国内堪称一流，在国际上也有很高的声誉，眼科主任赵东生曾被誉为"东方第一眼"。当然仅仅靠"一只眼"是不行的，在赵主任领导的眼科研究所里，有一批优秀的医生，他们经常探讨一些疑难病例，彼此进行有效的合作。正是依靠这样一支队伍，该院眼科才始终在国内保持领先地位，在有些项目上甚至超出了国际水平。

实际上，随着学科门类的骤增，各个领域知识的深化以及科学技术的复杂化，"个体户"的研究方式已不能适应时代的发展。一些从事某专业研究的人员，按照一定的兴趣、爱好而聚集在一起，形成了学术的交流和合作的小团体，并取得了不同凡响的成绩。这一事实引起人们的反思。于是大家开始对这种新的学术研究方式产生了兴趣，因为它有利于学术成果的产生，又可以潜在地培养一些专家的研究能力。

事实上，受到人们欢迎的这种集思广益法就是智力激励法。在科研领域中，当一批富有个性的人走到一起的时候，由于各人的起点不同，掌握的材料不同，观察问题的角度不同，进行研究的方式不同，就必然会产生种种不同的甚至是对立的看法。于是，通过各种方式的比较、对照，甚至诘问、责难，人们就会有意无意地学习到别人思考问题的方式，从而使自己的思维能力得到潜移默化的改进。

第三节　其他类型的智力激励法

智力激励法在被广泛使用的过程中也有其局限性，如有的人喜欢深思，但会议却需要张扬的性格、及时表现自己的观点；会上表现力和控制力强的人有时会过分影响他人提出的设想；会议严禁批评，虽然能保证自由思考，但又难以及时对众多的设想进行评价和集中。为了克服这些缺点，许多人针对与会者的不同情况，先后对奥斯本激励方式进行了拓展，形成了基本激励原理不变但操作形式和规则相对更方便更实用的一些方法。

一、默写式智力激励法

奥斯本的智力激励法传入联邦德国后，联邦德国的创造学家荷立根据德意志民族习惯于沉思的性格进行改良，创造出一种默写式智力激励法。默写式智力激励法也叫 635 法，即每次会议安排 6 人参加，每人在卡片上默写 3 个设想，每轮历时 5 分钟。它是在奥斯本智力激励法传入联邦德国后改进而成的，它的代表人物是鲁尔巴赫。

其实施要点如下：

（一）会议准备

选择对 635 法基本原理和做法熟悉的会议主持人，确定会议的议题，并邀请 6 名与会者参加。

（二）会议实施

在会议主持人宣布议题（创造目标）并对与会者提出的疑问进行解释后，便可开始默写式激智。组织者给每人发几张卡片，每张卡片上标有 1、2、3 号，并在每两个设想之间留出一定空隙，以便其他人再填写新的设想。

在第一个 5 分钟内，要求每个人针对议题在卡片上填写 3 个设想，然后将设想传递给右邻的与会者。

在第二个 5 分钟内，要求每个人参考他人的设想后，再在卡片上填写 3 个新的设想。这些设想可以是对自己原设想的修正和补充，也可以是对他人设想的完善，还允许将几种设想进行取长补短式的综合，填写好后再传给右边的人。

这样半小时内可传递交流 6 次，可产生 108 条设想。

（三）会后综合

从收集上来的设想卡片中，将各种设想，尤其是最后一轮填写的设想进行分类整理，然后根据一定的评判准则筛选出有价值的设想。

默写式智力激励法可以避免出现由于数人争着发言而使设想遗漏的情况。

二、卡片式智力激励法

卡片式智力激励法又分为 CBS 法和 NBS 法两种。CBS 法由日本创造开发研究所所长高桥诚根据奥斯本的智力激励法改良而成；NBS 法是日本广播电台开发的一种智力激励法。

CBS 法的具体做法是：会前明确会议主题，每次会议由 3~8 人参加，每人持 50 张名片大小的卡片，桌上另放 200 张卡片备用。会议大约举行 1 个小时。最初 10 分钟为"独奏"阶段，由到会者各自在卡片上填写设想，每张卡片上写一个设想。接下来的 30 分钟，由到会者按座位次序轮流发表自己的设想，每次只能宣读一张卡片，宣读时将卡片放在桌子中间，让到会者都能看清楚。在宣读后，其他人可以提出质询，也可以将启发出来的新设想填入备用的卡片中。余下的 20 分钟，让到会者相互交流和探讨各自提出的设想，从中再引发出新的设想。

NBS 法的具体做法是：会前必须明确主题，每次会议由 5~8 人参加，每人必须提出 5 个以上的设想，每个设想填写在一张卡片上。会议开始后，个人出示自己的卡片，并依次做说明。在别人宣读设想时，如果自己发生了"思维共振"，产生了新的设想，应立即填写在备用卡片上。待到会者发言完毕后，将所有卡片集中起来，按内容进行分类，横排在桌上，在每类卡片上加一个标题，然后再进行讨论，挑选出可供实施的设想。

三、专家函询式激励法

专家函询式激励法的基本原理是借助信函反馈信息，通过反复征求专家意见来获得新设想。其基本实施步骤是：就某一被选定的课题选择若干名专家作为函询调查对象，以调查表形式将问题及要求寄给专家，限期索取书面回答；收到全部复函后，将所得设想或建议加以概括，整理成一份综合表；将此表连同设想函询表回复给各位专家，使其在别人设想的激励启示下提出新的设想或对已有设想予以补充或修改。视情况需要，经过数轮函询，就可得到许多有价值的新设想。这一方法不仅用于新设想的提出，而且被广泛应用于其他领域。

四、三菱式智力激励法

奥斯本智力激励法虽可以产生大量的新设想，但由于它延迟批评，因而在对设想进行有效的判断和集中方面，存在着一定的局限。因此，日本三菱树脂公司对其作了一些改进，创造了一种新的智力激励法——三菱式智力激励法，又称 MBS 法。

MBS 法实施步骤如下：

(1)会议参加人数为 4~8 人，时间约 1 小时，会前准备与奥斯本智力激励法相同。

(2)会议主持人宣布议题，并做出必要解释。

(3)参加会议的人在纸上填写自己的设想，每人限 5 个，时间控制在 10 分钟之内。

(4)按座位次序，每个人发表自己的设想，每人限 5 个，由会议主持人记下每个人提出的设想。与会者在这个阶段，也可以在别人的设想启发下，填写新的设想。

(5)各人将设想写成正式提案，并进行详细的说明。

(6)与会者相互质询，进一步修订提案。

(7)会议主持人将与会者的正式提案用图解的方式写在黑板上，引导大家进一步讨论，从中选出最佳方案。

本方法与奥斯本智力激励法相比，因能在会上相互质询，故有利于方案的综合与完善，有利于在质询中产生新的设想，这也是三菱式激励法的特色。但该方法要求主持人具有较高的专业水平和思维智慧，并善于掌握、引导整个会议并做出明智的判断。

五、一个人的头脑风暴

每个人都有想象力和创造力。利用创造性思维和头脑风暴产生新创意的能力是一种技能，跟绘画、写字、使用电脑的技能是类似的，它是人人都有的。此技能在完全掌握之前需花时间进行培养和发展。一个人的头脑风暴有以下几个特点：

（一）充分开发自己的创造力

当你产生创造性思维时候不必担心别人如何评价你。可以自由自在地运用头脑风暴的技巧产生创意。创造性思维将成为你应用实践的基本技能。

（二）不受他人干扰

全神贯注为自己手头的事找到一个全新的创造性解决方法，无需考虑别人的需求。

（三）不受时间、地点、环境限制

根据自己的需要创造出最理想的环境：上下班的路上，洗澡的时候，甚至骑上自行车来到郊外，清新的空气让自己的头脑清醒，以便多角度地思考问题。

（四）不拘形式，过程简单

只需要明确要解决的问题，可省略会议前的一系列准备工作。

（五）享受不到团队的力量

只能凭一己之力来产生创意，没有别人的创意可以借鉴，只能靠自己创造出灵感，缺少学习他人创造性思维的机会。

例如，如果你要对一部新型汽车做出一定的改进，可以先建立如下的规则：你的点子不一定是实用的；不存在绝对正确的解决方法；不设时间限制；可随意选择创新思维的环境。之后可以按照如下流程进行：首先从不同角度进行思考，抛开在平和、稳定的状态下人们对一部新型汽车的要求。最好是想出超乎寻常甚至略显荒诞的点子。头脑风暴伴随的就是新的创意。下面是一些可能的答案：能将车收入手提箱，带着它上飞机，到达目的地后再使用；水陆两用车，也能在空中飞；有屏幕和声音能告知汽车当前的位置；有自动驾驶功能；有完善的紧急医疗设备；在行驶中爆胎时能自动更换轮胎；可使用不同的燃料行驶。

头脑风暴的实施原则，在初始阶段不允许任何评价，你想出的点子数量比质量更为重要。根据你所设定的目标，设定最后期限。在所有的创意中确定你认为值得追求的几个项目。

◎ 课后练习题

1. 如何理解智力激励法的原理？

2. 如何理解智力激励法"延迟批评的原则"？它有哪些作用？

3. 按照智力激励法的原理、原则和实施步骤，自由组合，自设题目，最终解决所提的问题，并得出结论。

第十二章　设问检查法

能很好地发现问题与提出问题就等于取得了成功的一半。好的设问可以启发想象、开阔思路、引导创新。设问检查法实际上就是提供一张提问的单子，针对所需要解决的问题，逐项对照检查，以期从各个角度较为系统、周密地进行思考，探求较好的创新方案。为了有效地把握创新的目标和方向，促进想象力的形成，哈佛大学教授狄奥提出了检查单法(也有人将它译成"检核表法""对照表法")，也有人称它为"分项检查法"。这种方法也是设问检查法的一种具体体现。

目前，创造学家们已创造出多种各具特色的设问检查法，在此，主要介绍奥斯本检核表法、和田 12 法和 5W2H 法，重点掌握其设问的思路与技巧。

第一节　奥斯本检核表法

奥斯本是美国创造教育基金会的创始人，是"智力激励法"的发明者，奥斯本检核表法也是他的杰作。奥斯本检核表法又称为稽核表法、对照表法、分项检查法等。奥斯本创造的检核表法有 75 个问题，可归纳为九组提问。

一、奥斯本检核表法的内容

(一)能否他用

现有的东西有无新的用途？是否有新的使用方法？可否改变现有的使用方法？

人们从事创造活动时，往往沿着这样两条途径。一种是当某个目标确定后，沿着目标到方法的途径，根据目标找出达到目标的方法；另一种则与此相反，首先发现这一事实，然后想象这一事实能起什么作用，即从方法入手将思维引向目标。后一种方法是人们最常用的，而且随着科学技术的发展，这种方法将越来越广泛地得到应用。

思考某个东西"还能有其他什么用途"，"还能用其他什么方法使用它"，这能使我们的想象力活跃起来。当我们拥有了某种材料，为扩大它的用途，打开它的市场，就必须进行这种思考。德国有人想出了 300 多种利用花生的实用方法，仅仅用于烹调的，就有 100 多种方法。橡胶有什么用处？有家公司提出了成千上万种设想，如用它制成床毯、浴盆、人行道边饰、衣夹、鸟笼、门扶手、棺材、墓碑等。炉渣有什么用处？废料有什么用处？边角料有什么用处？……当人们将自己的想象力投入这条广阔的"高速公路"上，就会以丰富的创造力产生出更多的好设想。

(二)能否借用

有无类似的东西？利用类比能否产生新观念？过去有无类似的问题？可否摹仿？能否超越？

当伦琴发现"X射线"时，并没有预见到这种射线的任何用途。因此，当他发现这项发现具有广泛的用途时，他感到吃惊。通过联想借鉴，现在人们不仅已经用"X射线"来治疗疾病，外科医生还用它来观察人体的内部情况。同样，电灯在开始时只是用来照明，后来，改进了光线的波长，发明了紫外线灯、红外线加热灯、杀灭细菌的灭菌灯等。科学技术的重大进步不仅表现在某些科学技术难题的突破上，也表现在科学技术成果的推广应用上。一种新产品、新工艺、新材料，必将随着它越来越多的新应用而显示生命力。

(三)能否改变

可否改变功能？可否改变颜色？可否改变形状？可否改变运动？可否改变气味？可否改变音响？可否改变外形？是否还有其他改变的可能性？

比如汽车，有时改变一下车身的颜色，就能增加汽车的美感，从而增加销售量。又如面包，给它裹上一层芳香的包装，就能增加嗅觉的诱惑力，从而吸引消费者。据说妇女用的游泳衣是婴儿衣服的模仿品，而滚柱轴承改成滚珠轴承就是改变形状的结果。

(四)能否放大

可否增加些什么？可否附加些什么？可否增加使用时间？可否增加频率？可否增加尺寸？可否增加强度？可否提高性能？可否增加新成分？可否加倍？可否扩大若干倍？可否放大？可否夸大？

奥斯本指出，在自我发问的技巧中，研究"再多些"与"再少些"这类有关联的成分，能给创造力提供大量的构思设想。使用加法和乘法，便可能是人们扩大探索的领域。

"为什么不用更大的包装呢？"橡胶工厂大量使用的黏合剂通常装在一加仑的马口铁桶中出售，使用后便扔掉。有位工人建议黏合剂装在50加仑的容器内，容器可反复使用，节省了大量的马口铁。

"能使之加固吗？"织袜厂通过加固袜头和袜跟，使袜子的销售量大增。

"能增加一些成分吗？"在牙膏中加入含有硝酸钾或氯化锶等脱敏成分，便成了防过敏牙膏。

(五)能否缩小

可否减少些什么？可否压缩？可否浓缩？可否聚合？可否微型化？可否缩短？可否变窄？可否去掉？可否分割？可否减轻？可否变成流线型？

前述是一条沿着"借助于扩大""借助于增加"而通往新设想的渠道，这一条则是沿着"借助于缩小""借助于省略或分解"的途径来寻找新设想。缩小可以节省成本、降低能耗、增加效益。袖珍式录音机、微型计算机、折叠伞等就是缩小的产物。没有内胎的轮胎，尽可能删去细节的漫画，就是省略的结果。

（六）能否代替

可否代替？用什么代替？还有什么别的排列？还有什么别的成分？还有什么别的材料？还有什么别的过程？还有什么别的能源？还有什么别的颜色？还有什么别的音响？还有什么别的照明？

如在气体中用液压传动来替代金属齿轮；又如用冲氩的办法来代替电灯泡中的真空，使钨丝灯泡提高亮度。通过取代、替换的途径也可以为想象提供广阔的探索领域。

（七）能否调整

可否变换？有无可互换的成分？可否变换模式？可否变换布置顺序？可否变换操作工序？可否变换因果关系？可否变换速度或频率？可否变换工作规范？

重新安排通常会带来很多的创造性设想。飞机诞生的初期，螺旋桨安排在头部；后来，将它装在了顶部，成了直升机，说明通过重新安排可以产生种种创造性设想。商店柜台的重新安排，营业时间的合理安排调整，电视节目的顺序安排，机器设备的布局调整……都有可能导致更好的结果。

（八）能否颠倒

可否颠倒？是否颠倒正负？可否颠倒正反？可否头尾颠倒？可否上下颠倒？可否颠倒位置？可否颠倒作用？

这是一种反向思维的方法，它在创造活动中是一种颇为常见和有用的思维方法。第一次世界大战期间，有人就曾运用这种"颠倒"的设想，自上而下地建造舰船，建造速度也有了显著的加快。

（九）能否组合

可否重新组合？可否尝试混合？可否尝试合成？可否尝试配合？可否尝试协调？可否尝试配套？可否把物体组合？可否把目的组合？可否把特性组合？可否把观念组合？

例如，将铅笔和橡皮组合在一起成为带橡皮的铅笔，将几种部件组合在一起变成组合机床，将几种金属组合在一起变成一种性能不同的合金，将几种材料组合在一起制成复合材料，把几个企业组合在一起构成横向联合……

检核表法给予人们一种启示，考虑问题要从多种角度出发，不要受某一固定角度的局限；要从问题的多个方面去考虑，不要把视线固定在个别问题或个别方面上。这种思考问题的方法对于企业、事业单位和国家机关的管理者来说，也是富有启发意义的。

检核表法在我们的企业中是大有用武之地的。我们的企业在提高产品质量、降低生产成本、改善经营管理方面都存在着很大的潜力，如果企业领导能根据本企业情况、特点和存在的问题，制定出相应的检查单，让广大职工都来开动脑筋，提设想、献计策，通过群策群力，是必定可以取得显著成效的。

二、奥斯本检核表法的具体问题设计

检核表法只是一个设问体系，九组问题联系不同的方面，在具体问题中不一定全部使用九组提问，以下提供几个具体实例。

(一)通用法

不少企业已将检核表法应用于管理领域。例如，通用汽车公司的职工就都参加为开发创造性而采用的检核表法训练课，其训练内容是：

(1)为了提高工作效率，能否利用其他适当的机械？

(2)现在使用的设备有无改进的地方？

(3)改变滑板、传送装置等搬运设备的位置或顺序，能否改善操作？

(4)为了同时进行各种操作，能否利用某些特殊的工具或夹具？

(5)改变操作顺序能否提高零部件的质量？

(6)能否用更便宜的材料代替目前的材料？

(7)改变一下材料的切削方法，能否更经济地利用材料？

(8)能否使操作更安全？

(9)能否除掉无用的形式？

(10)现在的操作能否更简化？

(二)奔驰法

一个企业在研制新产品方面的工作做得好坏，往往关系着它的成败兴衰。许多企业很重视这项工作，下面就是德国奔驰公司制定的用于新产品研制的检查单法训练内容：

(1)增加产品。能否生产更多的产品？

(2)增加性能。能否使产品更加经久耐用？

(3)降低成本。能否除去不必要部分？能否换用更便宜的材料？能否使零件更标准化？能否减少手工操作而搞自动化？能否提高生产效率？

(4)提高经销的魅力。能否把包装设计得更引人注目？能否按用户、顾客要求卖得更便宜？

(三)川口寅之助法

日本明治大学教授川口寅之助认为，在德国奔驰公司制定的用于新产品研制的检查单法四项训练内容中，第三项尤为重要，效果也最为显著。因而有必要专门制成降低成本用的检查单，单独印发给职工，便于随身携带。下面就是用川口寅之助开列的用于降低成本的检查单法训练内容：

(1)能否节约原料？最好是既不影响工作，又能节约。

(2)在生产操作中有没有由于它的存在而带来干扰的东西？

（3）能否回收和最有效地利用不合格的原料在操作中产生的废品？能否使之变成其他具有商业价值的产品？

（4）对于生产产品所用的零件，能否购买市场上销售的规格品，并将其编入本公司的生产工序？

（5）将采用自动化而节约的人工费和手工操作进行比较，其利害得失如何？不仅从现在的观点看，而且根据长期的预测，又将如何？

（6）生产产品所用的原料可否用其他适合的材料代替？代替后，商品的价格将如何变化？产品的性能改善情况怎样？性能与价格有何关系？能否把金属改换成塑料？

（7）产品设计能否简化？从性能上看，有无加工过分之处？有无产品外表看不到而实际上做了不必要加工的地方？这时，首先要从性能着眼，考虑必要而充分的性能条件；再次，再考虑商品价格、式样等。

（8）工厂的生产流程中有无浪费的地方？材料的处理对生产率的影响很大，对这方面进行改进还可节省工厂的空间。

（9）零件是从外部订购合适，还是公司自制合适？要充分考虑工厂的环境再做出有数量根据的判断，从而能在大家都认为理所当然的事情中发现意外错误，只凭常识是不可靠的。

（10）查看一下商品组成部分的强度，然后考虑能否再节约材料。

三、奥斯本检核表法应用案例

奥斯本检核表法应用案例如表 12-1 所示。

表 12-1　　　　　　　　　　　　　　**玻璃杯的改进**

序号	检核项目	发散性设想	初选方案
1	能否他用	做灯罩、可食用、当量具、做装饰、当火罐、做乐器、做模具、当圆规……	装饰品
2	能否借用	自热杯、磁疗杯、保温杯、电热杯、防爆杯、音乐杯……	自热磁疗杯
3	能否变化	塔形杯、动物杯、防溢杯、自洁杯、香味杯、密码杯、幻影杯……	香味幻影杯
4	能否扩大	不倒杯、防碎杯、消防杯、报警杯、过滤杯、多层杯……	多层杯
5	能否缩小	微型杯、超薄型杯、可伸缩杯、扁平杯、轻型杯、勺型杯……	伸缩杯
6	能否代用	纸杯、一次性杯、竹木制杯、塑料杯、不锈钢杯、可食纸杯……	可食纸杯

序号	检核项目	发散性设想	初选方案
7	能否调整	系列装饰杯、系列高脚杯、系列牙杯、口杯、酒杯、咖啡杯……	系列高脚杯
8	能否颠倒	透明/不透明、彩色/非彩色、雕花/非雕花、有嘴/无嘴……	彩雕杯
9	能否组合	与温度计组合、与香料组合、与中草药组合、与加热器组合……	与加热器组合

第二节　和田 12 法

和田 12 法是我国创造学者根据上海和田路小学开展的创造发明活动中所采用的技法总结改编而成。此法从 12 个方面给人以创造发明的启示，深入浅出、通俗易懂，被人们称为创造发明的"一点通"。

一、和田 12 法的原理

(一)加一加

可在这件东西上添加些什么吗？需要加上更多的时间或次数吗？把它们加高一些、加厚一些，行不行？将这件东西跟其他东西组合在一起会有什么结果？

在某些物品中，加进一些东西、条件等，就可以扩大其使用范围，或者延长其使用寿命，或者增加其功能。比如，在玻璃中加进些材料，就制成了一种可以防震、防碎、防弹的新型玻璃。体积变化是产生新设想的最简单的办法。例如最初的轮胎比现在的轮胎要小许多。因为狭窄的车轮缓冲力很小，所以带有一定的危险性。对此，一位轮胎制造商想："为什么不将轮胎造得更大一些呢？"这个想法导致了宽轮胎的产生，宽轮胎一投入市场便引起了轰动并迅速得到普及。

有趣的是，原华东工程学院附中的丛小郁同学，运用这种思维技法，发明了带水杯的调色盘。平时上图画课，同学们又要带装水的杯子，又要带调色盘，很不方便。于是丛小郁同学便想到可以在调色盘上加上水杯，不用时把水倒掉，使杯子收缩。同时，她还把调色盘中心的圆边和杯底部制成螺纹形的，可随时安装或拆卸。这样一来，使用和携带都很方便的调色盘便制成了。①

---

① 许国辉. 创造技法的研究与应用[D]. 兰州：兰州大学，2009.

（二）减一减

可在这件东西上减去些什么吗？可以减少些时间或次数吗？把它降低一些，减轻一些，行不行？可省略、取消什么吗？

最初制成的电子计算机，有半间屋子那样大，而且计算效率也较低。人们不断地应用"减一减"的办法，使其体积越减越小，结构越减越简单，但功效却提升了上万倍。收音机、电视机、各种仪表仪器等也是如此。尽管其体积减小，结构变简单了，但功能却在提升，既减少了生产费用，又方便了人们。再如，自行车的内胎经常漏气或突然爆裂，给人们带来不少的麻烦，于是有人考虑设计一种不需要内胎的自行车。

我国台湾少年于宾明发明了"拧一条螺丝"的门锁安装法。过去安装门锁，都是在门两旁的锁扣片上各拧上三条螺丝。按照他的发明，将锁扣片的两条边向下弯成卷角，只要在锁扣片中间拧紧一条螺丝，锁扣片的卷角也会跟着"吃"到木头里。这样既减去了四条螺丝，又减少了操作次数，真是两全其美、简单易行。

（三）扩一扩

使这件东西放大、扩展会怎样呢？

有时候，通过对某些物品的扩大能取得更好的效果。比如，日本《平凡》影剧杂志社社长岩就运用"扩一扩"的技法，将杂志的版面扩大，从而登载更多、更丰富多彩的插图、文字等，这样就获得了广大青年男女的青睐。该杂志一度由 5000 册发行到 100 万册，打开了销路，赢得了读者。同样获得成功的还有美国匹兹堡的平板玻璃公司。原来该公司只生产装饰用的小镜子，销路不广。后来他们利用"扩一扩"的技法，扩大其镜面，并由此制造出全身镜、玻璃门、玻璃墙等。公司很快便获得专利权，产品也占领了玻璃市场。这是成功地运用这一思维技巧的典型事例。

上海一家轮胎厂原来使用的包布结构较小，使用时要把 3 只包布卷连接起来，这不仅增加了人工，还浪费了多余的边角料；这家厂的工程师通过通用创新学校培训后，运用检核表法扩大了包布结构。仅此一项，一年就节约包布费用 19 万元，这就是"扩一扩"的妙用。

（四）缩一缩

使一件东西压缩、缩小会怎么样呢？

上海市某小学的方黎同学利用"缩一缩"技法，发明了"多用升降篮球架"。我们知道，在学校篮球课上，常因为学生个子小或者篮球架太高大，不能很好地适应低年级学生上篮球课的需要。方黎同学从落地电风扇可以自由调节高度受到启发，将"缩一缩"思维技巧运用于此，制成了升降式篮球架。此发明得到了国家体委的高度赞扬和肯定，并获得了"第一届全国青少年科学创造发明比赛"大奖。

（五）变一变

改变一下形状、颜色、音响、味道、气味，会怎么样？改变一下次序会怎么样？

1898 年，亨利·丁根运用"变一变"技法，将滚柱轴承中的滚柱变为圆球，发明了滚珠轴承。西方钟表公司最初把闹钟改为声音一强一弱的双鸣威斯敏特闹钟，后来又装了一个悄悄唤醒的闪光装置。如果这种温柔的光线没有唤醒睡眠者，闹钟再发出强弱间隔的铃声。这种经过改装的闹钟，具有多种功能，深受顾客欢迎。

（六）改一改

这件东西存在什么缺点？还有什么不足之处需要加以改进？它在使用时，是不是给人们带来不方便和麻烦？有解决这些问题的办法吗？

我国过去用的鞋号是从国外来的，不适合中国人的脚型。后来，某个厂家根据中国人的脚型重新创制鞋号，并加以改进，制出的鞋子就适合中国人的脚型了。

美国的朗缪尔博士起初想弄清楚爱迪生公司发明的灯泡内部为什么会变黑。从理论上看，灯泡里除了灯丝再没有任何东西，甚至连空气也不存在。于是他试验了多种气体，并确定使灯泡充满氩气非常适合代替真空。用这种气体和更完善的螺旋灯丝制造技术相结合，朗缪尔最终获得了一种比真空钨丝灯泡性能高两倍的充氩灯泡。

（七）联一联

某个事物（某件东西或事情）的结果，与它的起因有什么联系？能从中找到解决问题的办法吗？将某些东西或事情联系起来能帮助我们达到什么目的吗？

铅笔和橡皮原来是分开的两件东西。美国人威廉在朋友家里看到有人用一端绑着一块橡皮的铅笔在画画。于是，他运用"联一联"技法，将铅笔和橡皮组合在一起，发明了一种带橡皮的铅笔。仅此一项发明，就使他每年获得 50 万美元的专利费。

日本一家公司，则将卷笔刀与塑料瓶组合在一起，发明了一种能使铅笔屑不掉在地下的新卷笔刀。

（八）学一学

有什么事物可以模仿、学习一下吗？模仿它的形状、结构，会有什么结果？学习它的原理、技术，又会有什么结果？

四川省汶川县白岩村的农村青年姚岩松，劳动之后坐在地上休息。他意外地发现脚下有一只蜣螂推着比自己重几十倍的泥土团前进。这一现象引起了他的兴趣，进一步观察后得出结论——推力比拉力省劲。于是，他有了这样一个想法：能不能学一学蜣螂推土，将拖拉机的犁放在耕作机机身的前面。最后，姚岩松突破耕作机的传统结构，研制出了"蜣螂耕作机"。

（九）代一代

有什么东西能代替另一样东西？如果用别的材料、零件、方法等，代替另一种材料、零件、方法等，行不行？

爱迪生教他的助手阿普顿如何测算电灯泡的容积，也是运用了"代一代"的方法。阿普顿原是美国一所大学数学系的毕业生。爱迪生有一次让他测算电灯泡的容积，他量了又算，算了又量，一个多小时过去了，算得他满头大汗，仍"只算好了一半"。爱迪生教他说："你往灯泡里灌满水，然后把水倒进量杯，不就可以测出灯泡的容积了吗？"

（十）搬一搬

把这件东西搬到别的地方，还能有别的用处吗？这个想法、道理、技术搬到别的地方，也能用得上吗？

"搬一搬"往往是某项发明创造推广应用的基本方法，如激光技术"搬"到了各个领域，便有了激光切削、激光磁盘、激光唱片、激光测量、激光照排印刷、激光手术……又如，原本用来照明的电灯，经"搬一搬"后，便有了紫外线灭菌灯、红外线加热灯、装饰彩灯、信号灯……

（十一）反一反

如果将一件东西、一个事物的正反、上下、左右、前后、横竖、里外颠倒一下，会有什么结果？

一些野生动物园就是采用了"反一反"的方法，将原来把猛兽关在笼子里供游人观赏的形式，改为将游人关在笼式汽车里游览观赏行动自由的猛兽的形式，受到了游人的欢迎。

（十二）定一定

为了解决某一个问题或改进某一件东西，为了提高学习、工作效率和防止可能发生的事故或疏漏，需要规定些什么吗？

有一位小学生把商品标签做成定时褪色标签。消费者在购买带有这种标签的商品时，如果标签褪色，则说明该商品已经过了保质期。

如果按这12个方面的顺序进行核对和思考，就能从中得到启发，引发人们的创造性设想。所以，和田12法、奥斯本检核表法都是一种打开人们创造思路，从而获得创造性设想的"思路提示法"。

和田12法是在奥斯本检核表的基础上，借用其基本原理加以创造而提出的一种思维技法。它既是对奥斯本检核表法的一种继承，又是一种大胆的创新，比如，其中的"联一联""定一定"，等等，就是一种新发展。同时，这些技法更通俗易懂、简便易行，便于推广。

上述技巧在世界各国得到了普遍传播，我国近年来也在各个领域大力推广使用这种思维技法，获得了广泛而良好的效益。

二、和田 12 法应用案例

和田 12 法应用案例如表 12-2 所示。

表 12-2 改进电风扇的新设想

序号	和田 12 法	新设想名称	新设想的简要说明
1	加一加	带电脑的电扇	加微电脑，新电扇能根据环境温度变化自动调节风量和控制时间
2	减一减	吸顶电风扇	减去吊扇杆，改为吸顶式，使客厅装饰美观
3	扩一扩	全方位电风扇	扩大送风面：从左右摇头，到上下摇头，扩大送风范围。
4	缩一缩	蚊帐内电风扇	将电风扇小型化、微型化，以适应更小范围或特殊环境的送风要求
5	变一变	球式电风扇	把电扇的结构和形态从扁圆形改为球形，使电风扇功能变化，不仅能上下左右送风，而且能前后送风
6	改一改	遥控电风扇	将遥控新技术用于电扇开关，改变原有开关方式
7	联一联	驱蚊电风扇	将电风扇的改进与家庭驱蚊联系起来构思，在风扇中央安装引诱蚊虫的灯火，蚊虫进入罩内就会被击毙
8	学一学	保健电风扇	普通的电扇风量过大，易使人感冒，设法仿照自然风的装置，达到保健、令人舒畅的目的
9	代一代	木叶片电风扇	用高级木材代替钢或塑料，制成木叶片电风扇
10	搬一搬	电视机保护罩内电风扇	在电视机保护罩内安装微型电风扇，防止电视过热
11	反一反	热风电风扇	一般电风扇送凉风，相反热风扇送热风
12	定一定	低噪音电风扇	规定电风扇的噪音标准，降低电风扇的噪音

第三节　5W2H 法

5W2H 是英文中的七种提问方式，5W2H 法是运用这七种提问方式提问分析，进而进行改进的创新方法。五个 W 分别是 Why(为什么)、Who(何人)、What(做什么)、Where(何地)、When(何时)；两个 H 是 How to(怎样)和 How much(多少)。我们学英语的时候老师给我们教过 5W2H，我们现在看到的 5W2H 也正是英语里面的那几个词，但是我们在这里把它作为一种寻找创新思路突破口的工具。这里的 5W2H 会让我们耳目一新，把问题看得更为透彻。

一、5W2H 法的原理

5W2H 法是从 7 个方面的设问中获得创新方案的一种创新技法。它由美国陆军最早提出和使用，因为这 7 个提问的英文字头是 5 个"W"和 2 个"H"，故得名为 5W2H 法。使用步骤如下：

首先，要对一种现行的方法或现有的产品，从 7 个角度提出问题并检查合理性：Why（为什么），Who（何人），What（做什么），How to（怎样），Where（何地），How much（多少），When（何时）。

其次，对 7 个方面逐个提问审核，将发现的难点、疑问列出来，为下一阶段的工作做准备。

最后，分析研究，寻找改进措施。经七方面审核后无懈可击，说明这一方法或产品可取。如果有不令人满意的方面，表明还应加以改进。如果哪方面的答复有其独到之处，则可扩大其效用。

5W2H 法的 7 个设问要抓住事物的主要特征，视问题的不同，确定不同的具体内容。例如：

"为什么"（原因）可以问：为什么要创新？原事物为什么用这个原理？为什么必须有这些功能？为什么要这样的造型、结构？为什么该物品要这样制造？为什么非做不可，不做为什么不行？

"做什么"（目标）可以问：创新的目标是什么？创新的重点是什么？创新的条件是什么？创新欲达到的功能、造型、结构、技术水平是什么？与什么有关系？功能和规范是什么？

"何地"（环境）可以问：原事物的什么部位要创新？原物品什么部位可以创新？何地做最经济、最有效？安装在什么地方最适宜？

"何时"（时间）可以问：该项创新何时进行最合适？何时可以或应该完成？何时启动？需要几天才算合理？

"何人"（任务）可以问：谁来创新？谁能胜任该项创新？该创新要与谁打交道？谁被忽略了？谁是决策人？

"怎样"（方法）可以问：怎样进行该项创新？怎样做方可减少失败？怎样做才少费料、少费工、少费时、少费钱？怎样使产品更美观大方，使用起来更方便实用？

"多少"（数量）可以问：该项创新要多少人、财、物的投入？第一批创新产量多少？该创新成本、利润多少？能维持多少时间？

二、5W2H 法应用案例

某商店因生意冷淡而需要改进，店家想出了 5W2H 法，如表 12-3 所示。

表 12-3　　　　　　　　　　　　　某商店因生意清淡需改进

序号	提问项目	提问内容	情况原因	改进措施
1	为什么（Why）	为什么要开设这家店	有需求	应保留并加以改进
2	做什么（What）	搞批发还是零售？百货还是专营？维修、服务搞不搞	本地适合零售	零售为主，增加服务项目
3	何地（Where）	店设在何处？此地离长途车站较近，附近有居民小区	旅客大多不经此地	增加旅客上车前后需求的商品和服务
4	何时（When）	何时购物？旅客在行李寄放后及有所需求时才会来此购物	无行李寄存处；办理托运较晚	开办行李寄存服务
5	何人（Who）	谁是顾客？居民还是旅客	未把旅客当主要顾客	附近车站的客运量在增长，主要顾客应是旅客
6	怎样（How to）	怎样才能招来更多的旅客作本店顾客	此店不醒目，未能引起顾客注意	增设此店购物的指示牌；装饰醒目门面以引起旅客注意
7	多少（How much）	改进措施能有多少花费和收益	目前尚有一定资金投入能力	装修及扩大服务需投入 1.5 万元；预计改进后营业额将增长 20% 以上

改进后，这个商店的生意兴隆起来了。

◎ 课后练习题

1. 运用奥斯本检核表法对吊扇进行改进。
2. 运用和田 12 法对自行车进行改进。
3. 运用 5W2H 法制订一个旅游计划。

第十三章　列　举　法

　　列举法是一种借助对某一具体事物的特定对象(如特点、优缺点等)从逻辑上进行分析，并将其本质内容全面地、一一罗列出来的手段，用以启发创造设想，找到发明创造主体的创造技法。列举法的主要作用是帮助人们克服感知不足和因思想被束缚而引起的障碍，迫使人们带着一种新奇感将事物的细节统统列举出来，迫使人们去想某一熟悉事物的各种缺陷，迫使人们尽量去想所要达到的具体目的和指标。这样做，比较容易捕捉到需要改进的方向，从而进行发明创造。

　　列举法不在于一般性的列举，而在于从所列举出来的项目中挖掘发明创造的主题和启发创造性的设想。比如缺点列举法，不是如人们一般想象得那样：就是把缺点列举出来，加以改进，其实有时"发扬缺点"反倒会产生奇迹般的创造。列举法可分为特性列举法、缺点列举法、希望点列举法等。

第一节　特性列举法

一、原理

　　特性列举法也叫属性列举法，是美国布拉斯加大学教授 R.P. 克劳福特总结出来的一种创新技法。特性列举法的适用范围：具体事物的革新或发明，特别适用于对轻工业产品的改进。此法也适用于行政措施、机构体制及工作方法的改进。

　　特性列举法的应用操作：既可由个人独立操作，亦可由集体进行创新。克劳福特认为，每个事物都是从另外的事物中产生、发展而来的。平常的创新都是对旧物改造的结果，所改造的主要方面是事物的特性。特性列举法就是首先对需革新、改进的对象作深入细致的观察、分析，尽最大可能地列举该事物的各种不同的特征或属性，然后确定应该改善的方向及实施方法。实践证明，需要解决的问题越小、越简单直观，运用特性列举法就越容易获得成功。

二、特性列举法的操作程序

　　(1)确定研究对象。

　　(2)分析、讨论研究对象的特征，并将其特征按以下分类法列出：

　　名词性特征：包括结构、材料、整体及部分组成、制造工艺等。

动词性特征：包括产品的主要功能及辅助性功能、附属性功能等。

形容词性特征：包括人对产品的各种感觉，例如，视觉包括大小、颜色、形状、图案、明亮程度等；触觉包括冷热、软硬、虚实等。

(3)从需要出发，分析产品的各种特征，对比其他产品，寻求功能与特征的替代、更新与完善，在分析时尤其应抓住动词性特征。

(4)将新增特征与原特征进行综合，提出产品设想。

三、关于雨伞的特性列举法案例分析

(1)确定研究对象：尼龙绸折叠花伞。

(2)特征举例：

名词性特征：伞把、伞架、伞尖、伞面、弹簧、开关、伞套、尼龙、绸面、铝杆、铁架。

动词性特征：折叠、手举、打开、闭合、握、提、挂、放、按、晒、遮雨。

形容词性特征：圆柱形的(伞把)、曲形的(伞把)、直的(伞架)、硬的(伞架)、尖的(伞尖)、花形的(伞面)、圆的(伞面)、不发光等。

(3)进行特征变换：

①将直的、硬的、铁的伞架变换为软的充气管式伞架以便于携带。

②将同种材料、不透明的伞面变换为应用两种不同材料的、带透明伞边的伞面，以扩大视线。

③将用手举的伞变换为用肩固定的伞、用头固定的伞，以方便骑车者、提物者、抱婴儿者。

④将无声响的伞变换为带音乐的、带收音的、带电筒的伞，以方便人们使用。

⑤还可增加一些新特征，如带香味、能发光、能代替太阳灶、透风不透雨等。

(4)提出新产品设想，用变换后的新特征与其他特征组合，可得到以下新产品：

①硬塑伞把、铝杆、充气式伞架组成的花面折伞。

②普通型带透明伞边的伞，以及充气型带透明伞边的伞。

③戴在头上的无杆支架小伞面伞；带在头上的充气型小伞面伞；能背在肩上的伞。

④伞把与伞中内藏收音机、电筒的花面金属架伞。

⑤旅游用太阳能多用伞。

四、特性列举法在使用时应注意的问题

(1)研究对象的确定应十分具体，若研究的是产品，应是具体的某一型号的产品；若研究的是问题，应是具体的某一个问题，抽象地研究得不到应有的效果。

(2)列举属性时越细越好。

(3)进行思维变换时应注意打破思维定势。

(4)所研究的题目宜小不宜大，对于较为庞大、复杂的物体，应先将它拆为若干小的部分，分别应用属性列举法进行研究，然后再进行综合考虑。

五、其他形式的特性列举法

实际操作中也可以按照以下特性对研究对象进行分析：

物理特性：如软、硬、导电性、轻、重等。

化学特性：如怕光、易氧化生锈、耐酸碱等。

结构特性：如固定结构、可变可拆结构、混合结构等。

功能特性：如能吃、可玩，还可当礼品等。

形态特性：固体、液体、气体、等离子体。

自身特性：事物本身的结构、形状、感观方面的特性。

用途特性：事物可以用于哪些方面。

使用者特性：适合哪些人使用，有何特征。

经济性特性：其生产成本、销售价格、使用成本等。

山东省烟台市第二中学高二学生刘国仁发明多用圆规，就是特性列举法的成功案例。

刘国仁运用特性列举法对圆规进行分析，列出其性质：全体——圆规；部分——圆规脚、铅笔头、垫片、扭头、螺丝；功能——画画、作图。然后逐项分析其缺点与不足，如"夹铅笔不方便，应予改进"，"功能太少，最好一物多用"，"结构太笨，要小巧一些"，"改用别的材料行否"等。随后，针对其缺点采取具体措施，吸取其他圆规的优点，本着价廉、物美、多用途的原则，逐项进行改革，将刻度尺、三角板、量角器组合到圆规中去，最后发明成功。多用圆规式样美观，可以画圆、角和直线，还可作角与线段的量度，一物多用，非常方便。刘国仁发明的多用圆规在山东省举办的"青少年科学小发明创造"竞赛中获创造发明奖。

第二节　缺点列举法

一、缺点列举法原理

"金无足赤、人无完人"说明世界上任何事物都不可能十全十美，总存在这样或那样的缺点。如果有意识地列举分析现有事物的缺点，并提出改进方案，显得简便易行。此法主要是围绕原事物的缺陷加以改进，一般不改变原事物的本质与主体，是一种被动型的创新方法。它一方面可用于对老产品的改进上，也可用在对不成熟的新设想、新产品的完善工作上，另一方面还可用于企业的经营管理方面等。

日本口香糖市场年销售额约为 740 亿日元，其中大部分为劳特公司所垄断。其他企业再想挤进口香糖市场可以说难于上青天。但江崎糖业公司对此却并不畏惧。公司成立了市场开发班子，专门研究霸主劳特的不足：第一，以成年人为对象的口香糖市场正在扩大，而劳特却仍旧把重点放在儿童口香糖市场上；第二，劳特的产品主要是果味型口香糖，而现在消费者的需求正在多样化；第三，劳特多年来一直生产条板状口香糖，式样十分单调；第四，劳特产品价格是 110 日元，顾客购买时需多掏 10 日元的硬币，往往会感到不便。通过分析，江崎糖业公司决定以成人口香糖市场为目标市场，并制订了相应的市场营销策略，不久便推出四大功能性口香糖产品：①司机用口香糖，使用浓香薄荷和天然牛黄，以强烈的刺激消除司机的困倦；②交际用口香糖，可清洁口腔、祛除口臭；③体育用口香糖，内含多种维生素，有益于消除疲劳；④轻松性口香糖，通过添加叶绿素，可以改变人的不良情绪。江崎公司还为产品设计了精致的包装和新颖的造型，价格定为 50 日元和 100 日元两种，避免了找零钱的麻烦。功能性口香糖问世后，像飓风一样席卷全日本。江崎公司不仅挤进了由劳特公司独霸的口香糖市场，而且市场份额从 0 猛增到 25%，当年销售额达 175 亿日元。

二、操作方法与规程

（一）操作方法

运用缺点列举法作发明创造时，可独立思考，也可群策群力。

1. 会议法

每次召开由 5~9 人参加的缺点列举会，会前由主管部门针对选定事物，确认一个需要改进的主题，要求与会者围绕此主题穷尽各种缺点，越多越好。记录员将提出的缺点记录在卡片上进行编号，从中挑选出主要缺点，并针对这些缺点制定出切实可行的革新方案。为提高会议效率，每次会议的时间控制在 60~120 分钟，其中需要特别注意的是会议的主题宜小不宜大。

2. 用户调查法（用户至上原则）

企业改进产品时，使用缺点列举法可以与征求用户意见结合起来，通过销售、售后服务、意见卡等渠道广泛征集。用户提出的意见有时是生产设计人员所不易想到的。

可进行一些社会调查，将产品投放市场，让用户对新产品提出最有参考价值的意见。例如，将单缸洗衣机投入市场，搜集用户意见，列举这种洗衣机的缺点。如，功能单一，缺乏甩干功能；使用不便，须人工换水；洗净度低，尤其是衣领、袖口不易洗净；不同颜色衣物造成互染；排水速度太慢，肥皂泡沫更难速排；衣物打结，不易快速漂洗；天冷时不易充分发挥洗涤剂的作用。

同时，还应事先设计好用户调查表，以利引导和分类统计。

3. 对照比较法

俗话说，"不怕不识货，就怕货比货"，"尺有所短、寸有所长"。将需改进的产品与同类产品集中在一起，从比较中找不足，甚至可以对名牌产品吹毛求疵，从而找到能改进的点。利用此方法开发新产品的起点高，跨度大，且容易成功。

首先确定有可比性的参照物，如同类的多种电冰箱。对一般产品，主要比较功能、性能、质量、价格等技术、经济要求。对设计产品，应与国内外先进技术标准相比较，发现设计中的缺点，及早改进设计，确保产品的技术先进性，前提是搜集、掌握有关技术情报资料。

(二)操作规程

利用缺点列举法,无十分严格的步骤,一般可按以下程序进行:

(1)确定某一创新对象,即对什么东西进行改进。

(2)穷尽该事物的缺点,必要时可事先进行广泛的调查研究,征集意见。

(3)将缺点归类、整理。

(4)针对所列举的缺点逐条分析,制定其改进方案,时常可采取缺点逆用、化弊为利的策略。

(三)缺点逆用

缺点逆用是指针对对象中已经列举出的缺点,不采取改进措施,而是从反面考虑如何利用这些缺点,从而做到"变害为利"的一种创新技法。

北京有一雨伞出口基地,负责人经过市场调查后,对于传统的雨伞进行了改进:雨伞的伞骨上再也找不到一个金属零件,全部都使用了塑料部件。这种雨伞开合几次就会散了架,所以,它的质量无论如何也比不上传统的雨伞,但却远销欧美,而且有些商家一订就是十几万把。为什么呢?原来,在一些发达国家,人们从来不带雨伞,如果遇到下雨就会临时去买一把,用过一次就扔了。因为他们普遍觉得保管雨伞非常麻烦,干脆把雨伞丢进垃圾箱更省事。还有一些大的商场、宾馆,为了招揽顾客,遇到了下雨就会开展"温馨服务",免费向顾客们赠送雨伞。北京这家基地的雨伞出口业务,正是看中了外商们的这些需要,采用了典型的替代方法将产品成本降下来,从而使企业获得了竞争优势,并引领了国际市场。

三、案例分析——新型电话机的开发

自贝尔1875年发明第一部磁石电话机,100多年来,随着社会的进步和科学技术的发展,世界各国竞相研制出各种新型电话机。从创新的观点看,这些新型电话机的开发,与人们对已有电话机的"吹毛求疵"有关:在不断列举已有电话机的缺点的过程中,激发科技人员的创意。也就是说,新型电话机的开发是以现有电话机的缺点作为创造背景的。

如移动电话机,克服了固定电话机不能移动的缺点;可视电话机,克服了一般电话无法看见通话者形象和活动的缺点;防窃听电话机,克服一般电话能被第三者窃听谈话内容的缺点;声控电话机,用声音识别代替号码盘,克服一般电话机需要拨号的缺点;录音电话机,克服普通电话机不能将对方的讲话内容记录下来,也不能帮助主人简单应答的缺点;灭菌电话机,克服一般公用电话机的话筒缺乏防止病毒传染的缺点……

将自己当作有待改进的目标,也是青少年利用缺点列举法的好方式。比方说,即使是优秀学生也常能列举出自己不少的需改善之处,如身体不够强健,兴趣不够广泛,与人交流不够主动,待人接物不够热情等。列出来好好想想也就不难找到"更上一层楼"的方向了。如果遇到了学习中的问题,比如说外语水平提高得太慢这个问题,也可以用缺点列举法来清算自己的不足:没有天天练习听力和口语,没有坚持记单词,没有读文章,语法知识需要补充……有了这个清单，就可以按照轻重缓急来解决这些问题了。如果你每天都能列举出对自己成长的要求，并且在每一天都能列举出自己的得与失，那么可以断言：即使你是只毛毛虫，在十年之后，也能蜕变成一只美丽的蝴蝶。

只要有兴趣，人人都能用缺点列举法在身边发现不完美的事物并加以改进。你可以根据自己的知识面，有选择地列举各种事物的缺点，调查研究后再提出改进方案。如果能练出善于发现问题的慧眼和勇气，那就意味着你的创造力提高了。

第三节　希望点列举法

一、原理

希望，就是人们心理期盼达到的某种目的或出现的某种情况，是人类需要心理的反映。纵观古今，人类许多大的发现、发明创造都是根据人们的希望被创造出来的。如人们希望离开地面，就发明了气球、飞艇、飞机等；人们希望拥有四季如春的生活环境，就发明了空调设备等。

创造者从社会需要或个人愿望出发，通过列举希望而形成创新目标或课题的创新技法就叫作希望点列举法。简单地讲，就是通过提出来的种种希望，经过归纳，确定发明目标的创造技法。

基本内容：明确创新目标并提出实现目标的途径。同时也是该方法具有创造功能的基本原理。

希望点列举法不同于缺点列举法。后者是围绕事物的缺陷，提出改进设想。这种设想一般不会离开事物的原型，故为被动型创造技法。希望点列举法则是从社会需要、发明创造者的意愿出发而提出的各种新设想，它可以不受原有事物的束缚，所以是一种主动型的创新技法。

从思维角度来看，列举希望点是收敛思维和发散思维交替作用的过程。从某一模糊需要出发，创造者发散思维，列举出多种能满足需要的希望点；然后进行收敛思维，即选择可实施创新的希望点。

创造发明的本质是奇异性、突破性，它往往是"不合常规"的。因此，人们不必拘泥于方法和形式。任何人都没有权力去嘲笑创造者想法的低水平和荒诞性。因为创造发明不可能一开始就获得成功，它需要逐步成熟。例如，日本有个人在挖藕时放了个响屁而受到嘲笑："嗨！这样的响屁若对着池底多来几个，莲藕不都会翻出来吗？"旁听者受到启发：如果用唧筒把压缩空气吹入池底，可能会把藕翻上来。于是该人大胆试验，结果由于压力不够，只有几个气泡冒上来。后来他用唧筒将水加压后喷入池底，藕终于被完整而清洁地冲刷上来了。这一后来被普遍应用的挖藕新技术由此闻名于世。

希望列举法可以用于提高自身素质，找到新的发展方向。这时候，你可以先大胆列举出自己的所有希望，即使异想天开、不知天高地厚也没关系。然后剔除掉不可行的和不应该的，留下切实可行的，再据此制定实现希望的配套措施，你的人生很可能会因此而有所不同。

例如，有一家制笔公司运用希望点列举法，提出了一些改革钢笔的希望：希望钢笔出水顺利；希望绝对不漏水；希望一支笔可以写出两种以上的颜色；希望不沾污纸面；希望书写流利；希望能粗能细；希望小型化；希望笔尖不开裂；希望不用灌墨水；希望省去笔套；希望落地时不损坏笔尖，等等。这家制笔公司从中选出"希望省去笔套"这一条，研制出一种像圆珠笔一样可以伸缩的钢笔，从而省去了笔套，推出市场后，大受欢迎。

二、操作方法与规程

（一）操作方法

虽与缺点列举法类似，但希望点列举法的实施有更多的灵活性，常用的有：

1. 书面搜集法

依据创新目标，设计一种卡片，发动客户、本单位员工及特邀人员，请他们提供各种希望和需要。

2. 会议法

召开 5~9 人的小型会议（会议时间 60~120 分钟），由主管就革新项目或产品开发征集意见，激励与会者开动脑筋，互相启发，畅所欲言。

希望点列举会议应在轻松自如的气氛下，自由自在、无拘无束地展开议论，由一人主持，并把那些"不经意"的想法随时记录下来。同时团队协作中可以踊跃发言，借用他人发言，改变或者发展他人创意或者将自己的创意稍微改动，并与他人创意相结合。总之，可尽量地想，想出更多的变化。收集"假如这样就更好""希望是那个样子""如此可真的方便了"等美好的愿望，而后探究可实现的方法。会议一般举行 1~2 小时，产生 50~100 个希望点，即可结束。会后再将提出的各种希望进行整理，从中选出目前可能实现的若干项进行研究，制定出具体的革新方案。

3. 访问谈话法

派人直接走访客户或商店等，倾听各类希望性的建议与设想。

（二）操作规程

对用上述方法收集到的各类建议和希望，进行分析研究，制定可行方案。具体程序为：

（1）对现有的某个事物提出希望。希望一般来自于两个方面：事物本身美中不足，希望改进；人们的需求提升，有新的要求。

（2）评价新希望，筛查出可行的设想。

（3）对具有可行性的希望作具体研究，并制定方案、进行创造。

◎ 课后练习题

1. 请运用特性列举法的原理和方法，提出对电话机进行改进的意见。

2. 请运用缺点列举法的原理和方法，对手机进行改进。

3. 请运用希望点列举法的原理和方法，对耳机进行改进。

第十四章　组　合　法

美国发明家肖克莱认为，所谓创造，就是把以前独立的发明组合起来。日本科学家菊池诚也认为，发明有两条路：第一条是全新的发明，第二条是将已知的原理或事实进行组合。

有人做过统计分析：20 世纪重大的发明创造成果有 500 多项，前 50 年非组合成果尚占有一定比例，后 50 年比例明显降低，而组合成果占 80% 以上。有些组合很简单，但效果往往是惊人的；有些组合功能很直观，却又显得很奇特。可见，组合可以形成新理论、新学科、新技术、新材料、新设备、新方法等，可以产生更多新功能。

如今，可以肯定地说："组合就是创造！组合就是创新！"由组合去创新，以组合促创新，用组合求创新，已是当今世界科技进步、社会发展的基本形式和必然趋势。宇宙、自然界、人类社会就是组合的产物。

在自然界和人类社会中，有自然组合和人为组合，本章主要介绍人为组合。

第一节　组合法的原理与特点

一、组合法的原理

组合法，是按照一定的技术原理或功能目的，将现有的科学技术原理或方法，人为地做适当的组合和重新安排，从而获得具有统一整体功能的新技术、新产品、新形象的创新技法。爱因斯坦对组合原理说得更为深刻：组合作用似乎是创造性思维的本质特性。组合创新不仅仅是量的增加，更是质的提高。此种组合既不是随意地罗列，更不是机械地叠加，必须是在分析、判断的前提下，有目的、有选择地组合。例如，感应开关就是在原有开关的基础上，加上声控和光控设备，安装在走廊或厕所中，一到晚上有响声灯就会亮，白天就会熄灭，这样就可以避免能源浪费。

开发一种新中药，过去多是将多种单味药简单地混合，现在多是按需要根据其性质及有效成分，再针对其医治之病，经过分析、实验，选择具有主要功效的药物，按一定的数量和比例及严格的工艺进行研制和生产，共同起作用，达到治疗的目的。

塑料制品问世以来，深得人们的青睐，成为人们生活中不可缺少的必需品。然而随着人们生活水平的提高和审美观点的改变，有些人对塑料渐渐感到厌烦起来。他们留恋过去那些光彩夺目的金属、图案天成的皮革及纹路自然的木材。在这种情形下，塑料制品行业运用创新理念，研制出塑料镀饰新工艺，使塑料制品重新焕发出青春。曾经在国内市场流行的蛇皮、鳄皮或鲨鱼皮所制手袋、皮包等新产品，其实多数是塑料仿制品，由于它们酷肖天然、美观典雅并且价格低廉，深受消费者欢迎。

二、组合法的特点

(一)创造性

组合是创造的方法之一，创造往往要用到组合。组合法是按照既定的目标，经过分析，选取相关的组合物，经过巧妙的人为组合，获取一个新颖的事物，使其具有多种新功能。

例如，20世纪70年代以前，空间技术的发展总是以一次性的火箭发射为基础，代价昂贵。人们迫切需要研究并开发一种能反复使用的运载工具。1972年美国政府决定研制集火箭技术、宇航技术和飞机技术于一体的新型空间运载工具——航天飞机。经过科学家和工程人员的奋斗，再经过多种技术、多种方法、多种材料、多种条件的反复组合，1976年9月美国研制出"企业号"航天飞机。

再如，要把卫星、宇宙飞船送入太空，运行速度必须大于第二宇宙速度——11.2千米/秒，才能脱离地球引力，到达预定轨道。为此，要携带足够的燃料，并配有携带这些燃料的装置，结果加大了重量，影响了发射，科学家为此大伤脑筋，迟迟找不到解决的方法。苏联一位年轻工程师提出来用组合的方式，把推进火箭燃料装置做成多级串联装置，第一级燃料用完，第二级自动点燃，第一级装置脱离；第二级燃料用完点燃第三级，第二级脱离……如此完成火箭不间断地推进，最终实现了人类遨游太空的梦想。

(二)奇特性

组合不仅仅是创新，还会产生很多奇妙的结果，获得重大的突破，取得显著效益。

20世纪生物学中最伟大的发现莫过于美国科学家瓦特奇和英国科学家克里克，完成了X射线对核酸的分析，提出了遗传基因DNA(脱氧核糖核酸)分子双螺旋模型，揭开了自然界千差万别的各种生命个体特征的密码，其实质就取决于四种化学分子(碱基)ATGC两两配对的排列方式，不同的排列方式就表示不同的遗传密码。复制生物的基因的排列，就是克隆，如克隆羊。生物基因的某个排列受到干扰，就是生物变异。将代表某种特性的基因嫁接给另一生物，就是转基因。当今超市上出售的植物油里，有相当一部分就来自转基因油料，如转基因大豆油。

同样的素材，不同的排列，就形成大相径庭的事物。同为碳构成的石墨和金刚石，其性能却有天壤之别，如图14-1所示。

石墨不仅软而且导电，金刚石是世界上最坚硬的物质却绝缘，究其原因，是由于它们的组合排列即组织结构不同。石墨是非密排六方晶体，属层状结构，如图14-2所示。每一层的碳原子与相邻的碳原子以共价键连接，原子间的距离为1.42埃，结合力较强，层与层之间以分子的方式结合，原子间的最短距离为2.46埃，结合力弱，较易破裂。

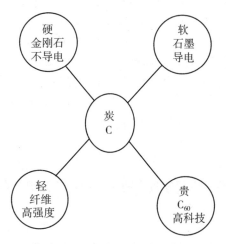

图 14-1 炭同素异构与性能图

金刚石则不同，它为正方晶体，每个碳原子为四个碳原子所包围，如图 14-3 所示，整个金刚石可以看成一个大分子，结合力较强，硬度自然就高。

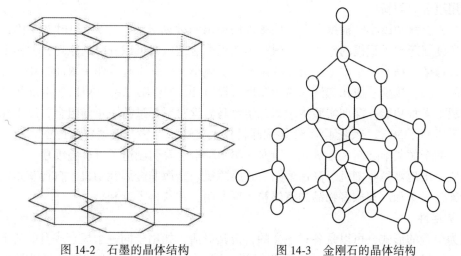

图 14-2 石墨的晶体结构   图 14-3 金刚石的晶体结构

新开发出的 C_{60} 如足球形，每一个碳原子周围有 6 个碳原子，硬度极高，据说一般用在高耐磨的高新技术中，其价值比黄金贵 100 倍。用碳纤维制作的产品强度高而质地轻，广泛用于制作体育器材。据报道，国外已开发出可织碳纤维，用这种碳纤维做成的衣服，柔软耐磨，脏了不用洗，只要一抖，不论灰尘还是油渍全部脱落，衣服会和新的一样。

当今世界已进入数字化时代。数字化的实质就是用最简单的"0""1"两个数字来表示信息、文字、声音、图像、控制等。而大型软件实际是各个功能软件块的组合。

26 个英文字母、10 个阿拉伯数字和 14 个常用的标点符号(空白、句号、逗号、冒号、分号、问号、惊叹号、破折号、连字符、引号、省略号、小括号、中括号、大括号）一共50个字符。任何英语作品，无论出自何人之手，也不管是鸿篇巨著还是童稚遐思，谁也逃不出这50个字符，都是由它们不同的排列组合而成。由此，可设计一台万能印刷机。它由65个轮盘组成，以对应通常每一印刷行平均有的65个字符，而每一轮盘嵌着50个字符。每任意转动一下轮盘便可印出一行字符来。显然，只要有足够的时间，将65个轮盘所有可能的转动进行全排列，总会印出莎士比亚的《哈姆莱特》或美国总统的就职演说，甚至某个神经病人的胡言……这是何等的奇特！

(三)普遍性

所谓人为组合的普遍性，主要体现在两个方面：一是组合范围的广泛性，二是组合形式的灵活性。

1. 广泛性

根据组合原理，组合法的应用非常广泛，亦极易普及。真可谓"人人皆有，时时皆有，处处皆有"。著名教育家陶行知认为，处处是创造之地，天天是创造之时，人人是创造之人。几千年来的世界文明发展史，归根到底也是人类不断创造、创新的历史。而今，各行各业总要持续不断地去发展和完善，这就需要不断地去创造、去创新。从简单的日常用品到高科技产品；从小改小革到新理论、新学科的产生；从体制管理到文学艺术创作，都可以用组合去创新。

例如，上海和田小学根据奥斯本检核表法提出一种创造法，称为"和田12法"，为推动和推广创新起到了积极的作用。杭州一小学根据落地风扇可以升降的原理，发明出可以升降的篮球架，满足了小学生玩篮球的需要。抚顺小学生李洪亮发明了双面纽扣，洗时取下，穿时一扣，减少了纽扣与洗衣筒的摩擦与噪声。① 烟台第二中学初二学生重新组合圆规，形成了多种功能。深圳实验中学高二学生马启程对鼠标进行了重新组合，改手控为脚控，效率提高了30%，荣获了第52届国际科技大奖赛二等奖，美国费城德雷克斯大学奖励了5年的全额奖学金7.3万美元。西安思源学院学生发明创造了可折叠饭盒、气球悬索运输系统、山地水稻收割机、高速公路钉式路障机、金属非金属裁切机、自行车止回式半自动货架、火车和汽车旅客物品的密码箱7项发明，并获得了专利。

2. 灵活性

人为组合的形式，可以是各式各样的，极其灵活。如用于同一个场合或目的的不同物品的组合：橡皮头与铅笔组合成橡皮头铅笔；裤子与袜子组合成连裤袜。可以是远缘杂交，空气与煤炭组合产生了尼龙。还可以跨越时空的联姻，如中西合璧、古为今用等。现在有不少疗效奇特的电子装置，其实就是传统的中医与现代技术相结合的产物。也可以是技术上的结合，如衍射原理与电子显微镜组合在一起，就诞生了晶体电子显微镜。还可以是艺术上的组合，鲁迅先生说他小说中创作的人物是：嘴在浙江，脸在北京，衣服在山西，由此拼凑而成的角色。

---

① ［EB/OL］.［2021-05-06］. http：//v. youku. com/v_show/id_XM2l3NjE4M2Y＝html.

由此可见，只要有意识、肯思考，就能创新。

（四）组合创新的"三要素"

如此说来，是否所有的组合都可以戴上创造、创新的桂冠呢？当然不是。仅仅把若干事物集合到一块，充其量仅能称为集聚，而只有那些具有新意的集合才能称得上是创造与创新。因此，能称之为"创造与创新"的组合应该满足三个条件，也即组合创新的"三要素"：有多个要素参与；为同一目标服务；功能上要实现 1+1>2 的效果，结构上要实现 1+1<2 的结果。

第二节　　组合法的基本类型

由于组合法的诸多特点，注定其类型甚多。在不同的教材和专著里，有各自不同的分类方法。如同类、异类、共享、补代、主体添加、换元、移植、重组、概念、综合组合，等等。为了便于认识、理解、掌握和应用，组合法的类型划分不宜过多、过细。根据参与组合的各组元因子的性质和主次，以及组合的方式、组合的类别，大体可分为三种类型：重组组合、移植组合、综合组合。

一、重组组合

这是指改变原有事物结构的组合形式，而使原有元素在不增减数量的情况下，改变原有事物的性质的组合。重组组合是在事物的不同层次分解原来的组合形式，重新排列，改变相互位置、相互关系，然后再以新的构思重新组合起来，促进事物功能和性质的改变，实现既定目标。

我国古时有个"田忌赛马"的故事。相传，齐国每年都要举行几次大型赛马会，齐威王和大臣们喜欢在赛马场上争个高低。可是大将田忌的马不佳，每次与齐威王较量，都输掉不少金子。孙膑得知此事后，观察了一下，见田忌的马与齐威王的马相差不多。他就给田忌说："我有办法使你取胜。"田忌疑惑不解，孙膑说：齐国的良马都在君王的马厩里，您用您的良马与他的良马比，用您的劣马与他的劣马比，这是您每次都输的原因。孙膑又说：马有上中下之分，将您的马按照优、中、劣分成三队，用您的劣等马和君王的优等马相比，用您的中等马与君王的劣等马相比，用您的优等马与君王的中等马相比，您一定会取得好成绩。再次赛马时，田忌按照孙膑的主意办了，果然取得了一负两胜的成绩。齐威王很纳闷，田忌告诉君王，不是他的马精良，而是孙膑的计谋高明。所谓高明，就在于孙膑通过观察、分析和判断，对田忌的马进行了重组。这表明自古人就深知重组的奇妙之处。

宁波标准件二厂工人魏山发明了变形金刚式的自行车，仅凭一把扳手，不增加任何附件，就可以变换出 108 种不相同的类型。

在现今的市场经济大潮中，为了发展和生存，出现了多种多样的重组，如机构重组、人员重组、资产重组、企业重组，等等，起到了起死回生、效益大增的作用。家电生产企业的售后服务通常由其他商家代理，厂家向商家支付一定费用。海尔集团却将售后服务的实施改由厂家服务队直接实施，不但厂家费用没有增加，而且售后服务更加深入客户，显示出生产厂家对用户高度负责的精神，使海尔集团的企业形象在市场更有诱惑力。美国通用公司原有 30 个管理层，后重新合并为 5 层，大大提高了办事效率。由此可知，重组不仅仅在内部可以组合，还可以扩大到相近相似的范畴。

二、移植组合

移植本身源于植物，为了需要把一些植物移到其他区域进行种植，如花生就是明朝时从中东引进来的。西红柿、马铃薯、辣椒、大蒜、烟草、君子兰等，都是从国外移植到我国的。

创造学中的移植组合指的是：将一个已知对象中的概念、原理、方法、内容或部件等，运用或移植到另一个待研究的对象之中，使被研究的对象产生新的突破，进而取得创新成果和创新原理。"他山之石，可以攻玉"就是对该原理能动性的真实写照。移植原理的实质，简言之，就是用已有的创新成果进行目标的再创造。

移植在过去的发明创造中起着重要作用，在现代的发明创造以及科学研究中仍然扮演着重要角色。在今后的发明创造过程中组合创新依然是不可或缺的方法之一。

"牛黄"是牛胆中自然生成的结石，是非常贵重的中药材。人们将人造珍珠之法移植到牛胆中，获得了"人造牛黄"。由此也派生出连锁反应，如将人造皮革移植到皮革业中，将人造器官移植到人体中，均取得了巨大的成功。将发酵发泡技术移植到其他技术、材料中，开发出了酸奶、海绵、发泡水泥等。这些材料具有很多新功能，如发泡水泥具有隔热、隔音功能。1958 年，美国科学家利用增幅器的原理发明了激光。今天激光技术已经移植到麻醉手术、加工、印刷、音响、通信、基准、测量、武器等多个领域。美国发明尼龙后，开始用在缆绳和降落伞绳上。由于结实耐磨，美国杜邦化学公司将尼龙制成袜子，美观耐用，备受消费者欢迎，每年销售达 6000 多万双，收入 10 亿多美元。凡高于绝对零度的物体都会辐射红外线，专家将这一原理移植到诊断、测绘、探测、夜视、监测等领域，取得了很好的效果。

移植的目的就是为了拓展新理论、新技术、新方法、新产品、新材料。移植组合成功的关键在于移植双方的属性，属性越相近，成功的可能性就越大。因此，应认真进行分析、比较、判断、推理等，除找出双方属性的共性外，尤其要注意特殊性。只有如此，双方才能渗透；只有如此，移植后的效果才愈加明显、奇特。这一点，在移植组合时应多加注意。

三、综合组合

综合，从词义上讲就是把各方面不同类型的物质或事物组合在一起。对创新学而言，综合组合则是更广泛的组合，除重组组合、移植组合外，其他类型的组合均可划归此类。可以是自然科学、社会科学和管理科学的综合，可以是原理和知识的综合，也可以是高科技和传统技术的综合，还可以是各学科间的现象与概念的综合，甚至是各种艺术的综合。创新综合与一般意义上的综合不同，它不是简单的任意的综合，而应是对各物质或事物的诸要素进行分析、判断并取舍后的综合。这种综合如果正确、恰当，就是创造创新，就能获得完全意想不到的效果。

（一）同类综合

所谓同类综合，就是两种或两种以上相同或相似的事物的组合，有时就是同物组合，参与组合的事物的基本性质没有明显变化。可以这样说，同类综合是各参与组合的事物，在基本保持原有性质、意义、结构的前提下，通过数量的变化，改变或弥补功能的不足，或增加新的功能、引起新的变化。日常见到的如饭店里的鸳鸯火锅，马路上偶尔见到的二人或三人自行车等，都属于同类综合。

1965 年英国人列文·虎克无意中将两个放大镜放在一起，放大镜效果增加了几十倍。惊喜之余，他没有放弃，随后进行了精心研究，生产出一种产品起名叫"魔镜"。他在家设置观看室，发布广告，每看一次 5 英镑，人们争先恐后地观看，连英国女皇也屈尊前往，引发轰动。

小产品创新的例子很多，如双头螺栓，两面能用的黑板擦，两头能开合的双向拉链，可以像眼镜那样戴着的双眼放大镜，可以同时订出两个订书钉的双排订书机，能够一次缝出两条线的双针双线缝纫机，需要两把钥匙同时到位才能打开的保险锁等。

武汉市五年级 10 岁的小朋友王帆发明双尖绣花针的故事很有意思。王帆有个姑姑是湘绣工人，一天王帆见姑姑在一个很大的绣花绷前，双手一上一下地忙个不停。每绣一针，一只手持绣针在正面刺一下，另一只手在反面接过针，拉直线后再翻手将针尖调向往上刺，然后接针、拉线、调向、刺针……如此反复地翻手将针尖调向。于是王帆琢磨着要发明一种新的绣花针。在渔民织网的梭子的启发下，他把两只绣花针的针眼重叠组合成一体，变成中间是针眼、两端是针尖的"双尖绣花针"。从新石器时代的骨针到现代的钢针，一直是一个针尖、一个针眼。双尖绣花针不仅突破了几千年来针的传统模样，这一创新还大大简化了刺绣的手部动作，提高了刺绣的速度和质量。王帆的发明获得中国发明协会颁发的金牌奖。

大产品的创新也不少，如现代交通工具中的双层汽车、双层火车、双体飞机、双体船舶等。双体船有着兴波阻力小、航速快、特别平稳、抗风浪性好的独特优点，因此被广泛地应用于海洋调查、科学研究、勘探、客运、军事等方面。两级火箭、多头导弹、双筒枪等，走的也是同类综合之路。

科技创新方面的同类综合也不乏其例。可靠性设计用到的冗余技术，实质上就是同类综合。上海交通大学的赵国光教授，在做自动控制设计时，重复使用了三片 CPU(计算机中央处理单元)，以 3∶2 的表决方式进行控制。这样做的结果，使系统的可靠性提高了10 倍。

（二）异类综合

异类综合实际是异中求同、异中求新。参与组合的事物来自不同领域，它们相互渗透、相互促进，使组合后的整体发生新变化、获得新功能、产生新意义。在科技创新过程中，异类综合得到广泛应用，可以说充斥于世界各个行业、各个部门、各个领域，有相互联系的，有相互渗透的，也有互不相干的，甚至是风马牛不相及的事物。将这些事物中不同的原理、技术、方法、材料、功能、产品、元件、现象、概念等进行科学、合理、有效的综合，寻求新颖的创意，往往会取得了巨大成功。

1. 科学原理综合

综合已有的科学原理，甚至引发新的技术革命。爱因斯坦综合了万有引力理论与狭义相对论，创立了广义相对论。麦克斯韦综合了电磁感应理论和拉格朗日、哈密顿的数学方法，开创了更加完善的电磁理论，引发了以发电机、电动机为标志的技术革命。狄拉克综合了爱因斯坦的相对论和薛定谔的方程，引发了以原子技术和计算机为标志的新的技术革命。

2. 科学方法综合

综合已有的不同的科学方法，不但可以创造出新方法，而且还可以创造出新学科。笛卡尔引进了坐标系，综合几何学方法和代数方法，创造了新的解析几何的新方法。对各学科进行综合，又涌现出了不少新学科，如信息科学、环境科学、生态科学、能源材料科学、海洋科学、空间科学、边缘科学、交叉科学、城市科学、决策科学等，这些学科都是综合的产物。

3. 知识成果综合

综合已有的知识成果，可以发现新规律，可以产生新构想。门捷列夫从原子属性与原子量、原子阶的关系入手，系统综合了从拉瓦锡到纽兰兹近百年中发现的元素周期变化的事实和论点，终于发现了元素周期律。牛顿综合了开普勒的天体运行规律和伽利略物理垂直和水平运动规律，开创了经典力学体系，引发了以蒸汽机为标志的技术革命。澳大利亚利用太阳能的温室原理、烟囱理论和风车技术，计划制造直径为 1 公里的烟囱，以利用太阳能实现气流发电，实现人类大规模开发利用大自然的宏伟构想。

4. 不同技术综合

综合已有的各种技术，能够创造出新技术，产生新发明。日本在冶金方面先后引进了转炉氧气顶吹技术、法国的高炉重油技术、美国和苏联高炉高温高压技术、民主德国的熔钢脱氧技术、瑞士的连铸技术和美国的带钢轧制技术，创造了钢铁工业先进而完备的技术体系。纳米技术的问世，大大提高了材料的性能，与其他技术相配合，更加扩大了使用范围。四川成都一位地质工人发明了"纳米稀磁片"牙刷。在刷毛中间镶嵌一块稀磁芯片，它是一种超强磁铁，具有很强的渗透力。刷牙时能够拉大分子中质子和中子间的距离，起到分解牙垢、牙石，消除口腔异味，促进牙周边血液循环，疏通牙齿经络的作用。发明人分别获得国家级和国际级两项专利。这是世界上用组合方式获得绝对新颖的发明创造之一。后来香港的一家公司以 1500 万元的天价买断了该发明。

5. 现象概念综合

所谓现象，是事物发展变化的外部形态和联系。将不同的现象加以综合，让组合物各自发挥作用，就能衍变出新的成果。"霍尔效应"和"磁场效应"两种物理现象综合起来便产生了磁半导体。概念是思维的基本形式之一，是反映事物一般、本质的特性。人们在认识过程中，把所感受到的事物特点抽出来加以概括，就形成了概念。概念综合得恰当、合理、巧妙，不但能产生新的概念，而且能收到奇特的效果。如足球餐厅、绿色餐厅、信息餐厅、音乐餐厅、艺术餐厅、健美餐厅、离婚餐厅、老三届大厦、订单农业(农民+土地+管理+技术+市场)、农家乐、药膳(药物+食品)等，收到很好的效益。

社会发展到今天，组合不仅仅是一种方式、方法，组合更是一种完成、实现创造创新的手段。要创造创新，就要学习组合的原理、特征、类型，并掌握方法。

第三节　主体附加法

主体附加法，也称主体添加法，即指以某一特定的对象为主体，通过置换或插入其他技术或增加新的附件，进而导致发明或创新的方法。这样做的结果，是使主体的功能臻于完美。

一、实施步骤

(1)有针对性地选定一个主体。

(2)对主体进行全面分析，找出存在的缺点和不足。

(3)对主体提出种种希望，预计可能达到的目标。

(4)在不变或少变主体的前提下，考虑能否通过增加附属物，来克服主体的某些缺陷。

(5)利用或借助主体的某种功能，考虑能否附加别的东西，使之发挥更大作用。

(6)获得创新成果。

二、注意事项

(1)运用主体附加法，可使主体获得多种功能。

(2)作为创新多功能产品应当全面考虑，不要顾此失彼，在置换或增加主体功能时，要权衡利弊。

三、创新示例

仅以笔记本为例，它是极平常的文化用品，通常情况下无人格外关注，销路一般。但是，如果以此为主体进行创新，附加上若干其他功能之后，那么情况就会发生意想不到的变化。

日本人就在这方面作了文章，他们以笔记本为基础，开发出"万用手册"，销路异常火爆，上班族、企业干部、文职秘书、学校教师及科技人员，几乎人手一册，彻底打破了普通笔记本"销路一般"的局面。这是为什么呢？原来"万用手册"在笔记本这个主体的基础上进行了创新，在组合时里边附加了各类人员常用的多种功能：个人记事、工作情报信息、备忘录、企划表、皮夹与钥匙袋等。而且每个单元里又附加多种实用内容，如个人记事单元里含有个人资料表、年历、每日每周每月至每年的计划表、家属的生日表、亲友通讯录等；相关情报信息单元里含有世界各国地图、常用的电话号码及长途电话区号、世界时刻对照表、度量衡换算表、日息与年息换算表、商业通讯资料、航空公司订位电话等；皮夹则可放入名片、钞票、计算器、信用卡；而钥匙袋里可存放钥匙和零用硬币等。总之，工作生活中常用的功能几乎无所不包，真可谓"万用"也，这样岂能不畅销，岂能不火爆？

第四节 二元坐标法

一、释义

二元坐标法是借助平面直角坐标系进行组合，横轴和纵轴的交点便是两事物的组合点。只要分析左下角三角形内的所有交叉点，就可以得到已列事物所有的两两组合。然后对每一组合点进行充分想象、分析、判断，从中找到有创意的新组合。这是最直观、最便捷、最有效的创新方法。

选择元素时可随心所欲，可以是人造产品，如衣服、灯具、汽车等；也可以是自然的，如风、云、大象等；还可以是概念语，如锥形、变色、闪光等。

二、实施步骤

(1)绘制二元坐标图。

(2)列出联想的元素，在纵轴上从上到下排列，在横轴上从左到右排列。

(3)在二元坐标的左下角三角形内对纵、横坐标上的元素逐一作相关联系，形成两两组合的交叉点。

(4)对每一交叉点的两元素进行想象，判断其组合的可能性，并按不同情况做出区别标记。

(5)选出最佳方案。

三、注意事项

(1)要选好课题。在实际科研和发明创造中，选题是第一位的，选出了好的课题，就意味着成功了一半。

（2）对有新创意的课题，要进行可行性分析，看准了就立项实施。

（3）如集体选题时，要有主持人。参与者要各自编制联想图，经分析、判断，摘取有创新意义的联想点，相互评议，最后确定课题。

（4）这种方法简便易行又不单调，运用时不受任何限制，一人行，多人亦可。

四、创新示例

（1）首先绘制二元坐标图，如图 14-4 所示。

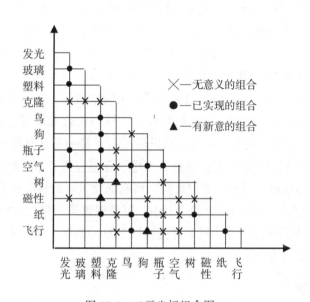

图 14-4　二元坐标组合图

（2）确定联想元素为发光、玻璃、塑料、克隆、鸟、狗、瓶子、空气、树、磁性、纸、飞行，将以上元素按从上到下和从左到右的顺序分别分布在两个坐标轴上。

（3）在二元坐标的左下角三角形内，对纵、横坐标上所列的所有元素进行相交，形成两两组合的交叉点。

（4）对每一交叉点的组合情况逐一作出联想，分析、判断其各种可能性，并用不同的符号标记在相应的交叉点上。有新意的用"▲"标记，已有的用"●"标记，无意义的用"×"标记。

（5）选取图中用"▲"标记的组合，作为新产品开发的选题。

对本联想图中的各交叉点应全面做出分析，如对元素"狗"与其他元素组合的分析：狗+瓶子可以是形状如狗的瓶子，也可以是瓶子里装了只小狗，再就是狗叼了个瓶子，暂不作确定；狗+空气可以是充气的玩具狗，这是已有的玩具；狗+磁性难以组合；狗+克隆可以以狗为素材做一个玩具或纪念品，这是目前可以开发的新构想。照此对所有交叉点加以联想与判断，对描出有意义的点，再进一步论证开发其可能性及前景，做出具体计划。

第五节　形态分析法

一、释义

形态分析法是美国加州理工学院 F. 兹维基教授创立的，是一种利用系统观念来网罗组合设想和发明创造的方法。此方法具有三个突出特点：一是先有课题，然后通过形态分析选出最佳方案；二是所得的总构想方案具有全解系的性质，即组合后的方案是包罗万象的；三是具有形式化性质，即与方案有关的各独立要素，直观地排于分析表中。

第二次世界大战期间，美国得知德国在研究火箭情报后，也不甘落后，奋起直追，立即开展研究。1943 年，F. 兹维基教授根据数学中排列组合的原理，利用自己创立的"形态学方阵"，竟在一周之内交出 576 种火箭设计方案，其中不乏有创新的设想。这就是形态分析法的渊源。特别有意思的是，这些方案中，竟还包括了当时德国正在研制并严加保密的带脉冲的 F-1 型巡航导弹和 F-2 型火箭。可叹如此重要的核心机密，无需假手于神通广大的间谍，而仅仅通过兹维基的"纸上谈兵"便显现出来。第二次世界大战后，苏联有人对兹维基的设计方案作过研究，只要补充些被忽略的因素，便可获得 1 万~2 万种火箭结构方案。可见该方法是何等之妙！

二、实施步骤

(1)确定创新课题后，将其分解为相对独立的基本要素。

(2)用系统观念来网罗各部分的要素(组合物)并对它们进行排列组合。

(3)对组合后的各要素进行分析、判断、评价、筛选。

(4)选出最佳创新方案。

三、创新示例

(1)明确课题，为公园设计新颖别致的小游船。

(2)确定独立元素的组成部分(因素)，对游船而言，可分解为三个独立要素：游船的外形、推进的动力、所用的材料。

(3)找出各独立要素解决的途径(或形态)。外形：鹅、鸳鸯、鱼、画舫、飞蝶、龙。动力：划桨、脚踏螺旋桨、电动螺旋桨、明轮、喷水。材料：玻璃钢、塑料、木、钢、水泥、橡皮、铝合金。

(4)列出形态分析表，如表 14-1 所示。

表 14-1　　　　　　　　　　　　　　　公园游船形态分析表

	独立要素	外形	动力	材料
形态	1	鹅	划桨	玻璃钢
	2	鸳鸯	脚踏螺旋桨	塑料
	3	鱼	电动螺旋桨	木
	4	画舫	明轮	钢
	5	飞蝶	喷水	水泥
	6	龙	—	橡皮
	7	—	—	铝合金

按其行列进行组合，共可获得 6×5×7＝210 种方案。

因为组合的方案甚多，所以可根据创新课题的目标，仔细、严密地进行分析，从已选出的较好方案中，按照可行性、实用性、经济性、先进性、新颖性，反复对比，优中选优，最后确定最佳方案。

为了更直观，也可绘制出立体形态图，如图 14-5 所示，但只适用于独立要素为 2 个或 3 个的情况。

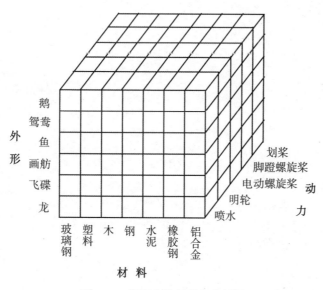

图 14-5　新颖小游船形态分析图

四、实施要点

(1)形态分析法的最大特点是先有课题，然后通过形态分析选出最佳方案。

（2）当课题比较复杂，要素及形态较多时，组合的数目便会激增。在这种情况下，应先分析课题的各组成部分，挑出最具特定用途或功能的部分，不能全部列出，也就是说，在众多元素中要抓主要矛盾，不能"眉毛胡子一把抓"，否则会给评选确定方案带来极大麻烦。如在开发公园新颖别致的小游船中，除外形、动力、材料外，还有船的色彩、材料的质地等，不能都列出来，否则会造成要素过多、方案过多、分析过多，以致工作量过大。

（3）形态分析法广泛适用于新产品、新技术、新方法、新功能的开发或技术预测，方案决策等，应用范围广泛，自然科学、社会科学、管理科学及其他领域均可运用。

（4）基于组合的方案较多，筛选确定方案时一定要有敏锐准确的分析、评价、判断能力，围绕着既定的目标，掌握好基本要素。经验证明，形态分析法的运用，需要专业知识和丰富的经验。

（5）此种方法，个人或集体均可实施。

◎ 课后练习题

1. 试用主体附加法，开发一盏新台灯。

2. 在自行车、车票、剪刀、文具盒、皮夹、手提包、钢笔、普通手表这些物品中，运用二元坐标法可以组成哪些新物品？

3. 用形态分析法选择夏季凉帽设计的最佳方案。

第十五章　萃智(TRIZ)法

当人们进行发明创造、解决技术难题或进行技术创新时,是否有可遵循的科学方法和法则,从而能迅速地实现发明创造或解决技术难题呢? 答案是肯定的! 这就是萃智(TRIZ)创新法。

TRIZ 是"解决发明问题的理论"的简称,俄文全称为"теория решения изобретательских задач",拉丁文为"Teoriya Resheniya Izobreatatelskikh Zadatch",其英文缩写为 TIPS(即"Theory of Inventive Problem Solving"),中文常译为"萃智"。

Altshuller 研究了 20 万个专利后得出结论,有 1500 种技术矛盾可以通过运用基本原理而相对容易地解决。TRIZ 不仅给出了技术难题的解决方法,并且提供给发明者一个清晰的发明创新路线图。

第一节　TRIZ 简介

一、TRIZ 的产生

TRIZ 理论是由苏联发明家根里奇·阿奇舒勒(Genrich S. Altshuller)在 1946 年创立的。阿奇舒勒 1926 年 10 月 15 日出生于苏联的塔什干,在 14 岁的时候,他获得了第一个专利证书,专利产品是一种水下呼吸器。在 15 岁的时候,他做了一条船,船上安装了使用碳化物作为燃料的喷气发动机。1946 年,他完成了他的第一项成熟的发明,这项发明能使人在没有潜水服的情况下,从被困的潜水艇中逃生,这项发明随即被定为军事机密,阿奇舒勒也因此被安排到里海海军专利局工作。从 1946 年开始,阿奇舒勒分析处理了世界各国大量著名的发明专利后,发现了发明背后存在的模式,任何领域的产品改进、技术的变革以及创新都和生物系统一样,是由产生、生长、成熟、衰老、灭亡等阶段组成,是有规律可循的,人们如果掌握了这些规律,就能能动地进行产品设计,并能预测产品的未来趋势,从而形成了 TRIZ 理论的原始基础。1950 年以后的几年中,尽管环境发生了很大的变化,阿奇舒勒独自坚持致力于 TRIZ 的研究和完善。

1956 年,阿奇舒勒和 Shapiro 合写的第一篇文章《发明创造心理学》在《心理学问题》杂志上发表了。对那些研究创造过程的科学家来说,就像引爆了一枚炸弹。直到那时,苏联和其他国家的心理学家都认为,发明是偶然顿悟的结果——来源于突然迸发的思想火花。

在阿奇舒勒的坚持与努力下，直到 1968 年 12 月在格鲁吉亚的津塔里举行了一个关于发明方法的研讨会，这是 TRIZ 的第一个研讨会，也引起了一批年轻工程师们的兴趣。

1969 年，阿奇舒勒出版了他的新书《发明算法》。在这本书中，他向读者介绍了 40 个发明原理，以及世界上第一套解决复杂发明问题的算法。

此后，在他的领导下，TRIZ 的研究者们分析了世界近 250 万份高水平的发明专利，通过研究、整理、归纳、提炼和重组等，总结出了各种技术发展进化遵循的规律，以及解决各种技术矛盾和物理矛盾的创新原理和法则，建立了一个由解决技术矛盾，实现创新开发的各种方法、算法组成的综合理论体系，并综合多学科领域的原理和法则，建立了 TRIZ 理论体系。

20 世纪 80 年代中期以前，该理论属于苏联的国家秘密，在军事、航空航天、工业等领域发挥了巨大的作用，成为创新的"点金术"，让西方发达国家一直望尘莫及。80 年代中期，随着一批苏联科学家移居美国等西方国家，该理论逐渐被介绍到世界产品开发领域，并产生了重要的影响。现在 TRIZ 理论在西方工业国家受到极大重视，TRIZ 的研究与实践得以迅速普及和发展，应用领域也从工程技术领域扩展到管理、社会等方面。如今它已为众多知名企业取得了巨大的效益。

二、TRIZ 的主要内容

TRIZ 是从全世界 250 多万件高水平的发明专利中总结、归纳、提炼，并精心创造(设计)出的一整套创造性地发现问题和解决问题的系统理论和方法工具。TRIZ 完全改变了过去研发工作中靠千百次的反复试验，或靠专家的灵感突发而解决问题的方式。以其良好的可操作性、系统性和实用性在全球的创新和创造学研究领域占据着独特的地位。TRIZ 不仅给出了解决创新问题的通用方法与途径，而且为发明者提供了一个清晰的发明创新路线图。经过半个多世纪的发展，TRIZ 已经成为一套包含创新思维、创新方法、创新规律、和创新算法等系列工具的解决创新问题的理论体系。

TRIZ 理论体系主要包括以下几个方面的内容：

(一)创新思维方法与问题分析方法

TRIZ 理论提供了一套系统地分析问题的创新思维方法，如多屏幕法、小人法、金鱼法、最终理想解法、STC(尺寸-时间-成本)算子等。对于复杂问题的分析，它还包含了科学的问题分析建模方法(物-场分析法)，它可以帮助人们快速确认核心问题，发现根本矛盾所在，从而运用标准解法快速地解决实际问题。

(二)技术系统进化法则

在大量专利分析的基础上，TRIZ 理论总结提炼出了技术系统进化演变的八个基本进化法则。利用这些进化法则，可以分析确认当前产品的技术状态，并预测未来发展趋势，启发人们开发富有竞争力的新产品。

(三)40个发明原理

阿奇舒勒在对大量发明专利进行研究后发现，只有20%左右的专利才称得上是真正的创新，其他80%的专利往往早已在其他产业中出现并被应用。也就是说，不同领域发明和创新中所用到的原理和方法往往是相同的；不同领域、不同时代的发明创造往往遵循共同规律。TRIZ理论将这些共同的规律归纳成40个发明原理与11个分离原理。发明原理奠定了TRIZ理论的基础，针对具体的矛盾，可以基于这些发明原理寻求具体解决方案。

(四)发明问题标准解法

标准解法是阿奇舒勒于1985年创立的，分成5类，共有76个标准解。对于标准问题，采用标准解法可以在一两步内快速进行解决，标准解法是阿奇舒勒后期进行TRIZ理论研究的最重要的课题，同时也是TRIZ高级理论的精华。对于非标准问题，主要应用ARIZ(俄语中发明问题解决算法的缩写，英文为Algorithm for Inventive-Problem Solving，缩写为AIPS)来进行解决，而ARIZ的主要思路是将非标准问题通过各种方法进行变化，转化为标准问题，然后应用标准解法来获得解决方案。因此，标准解法也是解决非标准问题的基础。

(五)发明问题解决算法 ARIZ

ARIZ是TRIZ的主要工具之一，主要针对复杂情况下，矛盾及其相关部件不明确的技术系统(即非标准问题)。它是一个对初始问题进行一系列变形及再定义等非计算性的逻辑过程，实现对问题的逐步深入分析，问题转化，直到问题解决的分析方法。

(六)基于物理、化学、几何学等工程学原理而构建的知识库

知识是创造发明的基础。基于物理、化学、几何学等工程学原理而构建的知识库是创新中经常出现的科学原理、定律、法则等的汇总及提炼。

三、发明等级及创新方法和工具

发明创造无处不在，发明创造千差万别，为了更好地组织和实施创新活动，TRIZ理论将发明按照新颖程度分为五个等级，并开发出了面向不同等级的科学创新方法和工具。

(一)五个发明等级

按照创新程度从低到高，TRIZ理论定义的五个发明等级依次如下。

第一级，简单发明。即指技术系统的简单改进，这些变更不会影响产品系统的整体结构。该类发明由特定专业领域的专家依靠个人专业知识及经验就能实现。例如增加隔离厚度、减少热损失等。据统计，大约有32%的发明专利属于第一级发明。

第二级，小型发明。通过解决一个技术冲突，对技术系统中的某个组件进行少量改进。创新过程中利用本企业的知识，通过与同类系统的对比，即可找到创新方案，如将灭火器附加到焊接装置；中空的斧头柄可以储藏钉子等。约45%的发明专利属于此等级。

第三级，中型发明。对技术系统中的几个组件进行全面变化，根本性地改善系统。它需利用行业的知识，但不需要借鉴其他学科的知识。此类发明如登山自行车、计算机鼠标等。约有19%的发明专利属于第三等级。

第四级，大型发明。用全新的概念、突破性的创造方法创造新的事物。它一般需引用新的科学知识而不是利用科技信息，该类发明需要综合其他学科领域知识的启发才能找到解决方案。大约有3.7%的发明专利属于第四级发明，如内燃机、集成电路、个人电脑等。

第五级，特大型发明，是发明的最高级。罕见的科学原理能引来一个新系统的发明。一般是先有新的发现，建立新的知识，然后才有广泛的运用。大约有0.3%的发明专利属于第五级发明。如蒸汽发动机、飞机、激光、晶体管、青霉素、聚合物等。

(二)适合不同等级的TRIZ工具

针对以上五个发明等级，TRIZ理论提供了相应的创新方法和工具支持。但是，由于特大型发明通常需要新理论、新知识的支持，单靠TRIZ理论可能难以解决；最低等级的发明，由于解决起来相对简单，依靠技术人员的知识与经验就可以解决。因此，TRIZ理论主要适合解决第二、三、四级的发明问题。

解决第一和第二等级的简单发明问题，可采用解决技术矛盾的创新原理和解决发明问题的标准解法。解决第三和第四等级的发明问题，就要用解决发明问题的标准解法和发明问题解决算法。如果是解决非常复杂的第五级的发明问题，则可采用发明问题解决算法，它提供了特定的算法步骤，能够帮助人们将复杂模糊的问题转化为明确的发明问题，再利用有关理论进行解决。

高等级发明对于推动技术进步和人类文明具有重大意义，但这一级的发明数量相当稀少。平时我们遇到的绝大多数发明属于中、低等级，也正是这些较低等级的发明使得技术系统不断完善，其作用不可小觑。只要我们充分发挥自己的创新潜能，掌握科学的创新原理和方法(TRIZ理论)，那么每个人都可以拥有自己的发明创造。

第二节　TRIZ创新法及其应用

一、TRIZ的技术系统进化法则

系统是由相互联系的多个子系统组成的具有一定功能的有机整体，子系统可以是部件或零件(构成元素)。系统又是超系统的子系统，超系统是系统所在的环境。一个产品或物体都可以看成是一个技术系统。技术系统的进化是指系统功能的进化或实现系统功能的技术从低级向高级变化的过程。

在大量专利分析的基础上，TRIZ认为，技术系统的进化和发展并不是随机的，而是与生物系统和社会系统一样，遵循着一定的客观规律，即技术系统八大进化法则。掌握和正确使用技术系统的进化法则，可以分析确认当前产品的技术状态，并预测未来发展趋势，从而开发出引导产业方向和富有竞争力的新产品。此外，对系统的部件或元件进行持续改进，以提高整个系统的性能，也属于技术系统的进化过程。

(一)技术系统的S曲线进化法则

TRIZ中的产品进化理论将产品进化过程分为四个阶段(幼年期、快速发展期、成熟期和衰退期)，整个进化规律形似一条S形曲线，故称S曲线进化法则，如图15-1所示。

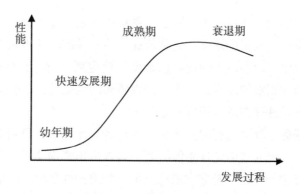

图15-1　S曲线进化法则

幼年期：效率低，可靠性差，未来发展具有一定的风险性，缺乏人力、物力的投入，系统发展缓慢。

快速发展期：价值和潜力显现，大量人力、物力和财力的投入，效率和性能得到提高，吸引更多的投资，系统高速发展。

成熟期：系统日趋完善，性能水平达到最佳，此时利润最大并有下降趋势，研究成果水平较低。

衰退期：技术达到极限，很难有新突破，将被新的技术系统所替代，新的S曲线开始。

S曲线的意义在于它描述了技术系统的一般发展规律，确定了系统的发展阶段，为研发决策提供参考作用。

处于前两个阶段的产品，企业应加大投入，尽快使其进入成熟期，以便获得最大效益；处于成熟期的产品，应对其替代技术进行研究，使产品取得新的替代技术，以应对未来的市场竞争；处于衰退期的产品，利润急剧下降，应尽快淘汰或更新。

(二)提高理想度法则

理想化是自然科学研究的基本方法之一。理想化是对客观世界中所存在的事物的一种抽象，这种抽象世界不可能通过实验验证，但理想化在科学研究中有着不可替代的作用。在 TRIZ 中，理想化同样是一种强有力的工具，在创新过程中起着重要作用。

理想化的技术系统就是它不消耗任何资源，但却能够实现所有必要的功能，并且功能俱强，即只有功能，没有结构。它是人们期望的理想状态，作为物理实体，它并不存在。

提高理想度法则是所有进化法则的基础，技术系统都是沿着提高其理想度，向最理想的系统方向进化的。理想化系统为发明或创新指明了方向。在 TRIZ 中，除了理想化的技术系统外，还有理想方法，就是不消耗能量及时间，但通过自身调节，就能够获得所需的效应；理想过程就是只有过程的结果，而无过程本身，瞬间就获得了结果；理想物质就是没有物质，却能使功能得以实现，等等。

提高系统理想度的四个特点：①消除了原系统的不足；②保持原系统的优点；③没有使系统更复杂；④没有引入新的缺陷。通常依此来检查系统向理想化进化的情况。

在实施创新过程中，回答以下问题可以帮助你确定理想解：设计的最终目的是什么？理想解是什么？达到理想解的障碍是什么？出现障碍的结果是什么？不出现这种障碍的条件是什么？创造这些条件存在的可用资源是什么？

假如设计者的任务是改进已有的割草机，设计者可能会很快想到要减少噪声、增加安全性、降低燃料消耗。但通过确定理想解，就会勾画出未来割草机及草坪维护工业的更佳蓝图。用户需要的究竟是什么？是非常漂亮且不需要维护的草坪。割草机本身不是用户需要的一部分。从割草机与草坪构成的系统看，其理想解为草坪上的草长到一定的高度就停止生长。至少国际上有两家制造割草机的公司正在试验种植这种理想草坪的草种。该草种被称为"聪明草种"(Smart Grass Seed)。

(三)子系统的不均衡进化法则

任何技术系统都是由实现各自功能的多个子系统有机结合而成，每个子系统都是沿着自己的 S 曲线向前发展的，但各个子系统及其进化通常是不同步、不均衡的。不均衡的进化经常会导致子系统之间出现矛盾，整个技术系统的进化速度取决于系统中发展最慢的子系统的进化速度，即"木桶效应"。改善"木桶效应"中的短板，是提高系统整体性能的有效方法。

(四)动态性和可控性进化法则

技术系统的进化应沿着增加结构柔性、可移动性、可控性的方向发展，以适应环境状况或执行方式的变化。动态性和可控性进化法则是指：

（1）增强系统的动态性，以更大的柔性和可控性来获得系统功能的实现。

（2）增强系统的动态性要求增加可控性。

增强系统的动态性和可控性通常从以下几个方向考虑：

①增强系统的可移动性。

②增加系统的自由度。

③增强系统的可控性。

④改善系统的稳定度。

（五）增加集成度再进行简化法则

技术系统趋向于首先向集成度增加的方向发展，即沿着"单系统→双系统→多系统"的方向发展，进化到极限时，实现某项功能的子系统会从系统中剥离，转移至超系统，作为超系统的一部分。在该子系统的功能得到增强改进的同时，也简化了原有的技术系统。

（六）子系统协调性进化法则

子系统协调性进化法则包含两方面的含义：一是在技术系统的进化中，部件的匹配与不匹配交替出现，使系统的性能不断改进；二是在好的技术系统中，子系统应该是协调的，各个部件在保持匹配的前提下，充分发挥各自的功能。也就是说，技术系统的进化是沿着各个子系统之间更协调的方向发展的。

（七）向微观级和场的应用进化法则

技术系统趋向于从宏观系统向微观系统转化，在转化中，其能量传递形式也向着减少损失和易于控制的反方向发展。

（八）减少人工介入的进化法则

增加系统的自动化程度，减少人工介入，既提高了工作效率，又可将人从枯燥的操作中解放出来，从事更具智力性的工作。

二、40个发明原理

阿奇舒勒对大量专利进行了研究、分析，得出了一个惊人的结论，即人们解决技术问题的方法很多是重复的。他总结提炼出了40种常用的、具有普遍用途的方法，归纳出40个发明原理。这些发明原理奠定了TRIZ理论的基础。针对具体的问题，可以基于这些发明原理寻求具体解决方案，从而使创新问题成为人人都能从事的职业，使得原来认为难以解决的问题可以迅速地获得突破性的解决。

这些发明原理共分为6大类，分别是：①空间的转换（6个）；②时间的转换（7个）；③主体的转换（12个）；④作用力的转换（5个）；⑤材料或形态的转换（8个）；⑥环境的转换(2个)。

(一)40个发明原理

表 15-1 **40个发明原理**

序号	原理	序号	原理	序号	原理	序号	原理
1	分割	11	预补偿	21	紧急行为	31	多孔材料
2	抽出	12	等势性	22	变害为利	32	变色
3	局部品质	13	反向	23	反馈	33	同质
4	非对称	14	圆球化	24	中介物	34	抛弃与修复
5	合并	15	动态化	25	自服务	35	参数改变
6	多用性	16	近似化	26	复制	36	状态转换
7	嵌套	17	维数变化	27	物体替换	37	热膨胀
8	质量补偿	18	振动	28	机械系统替换	38	运用强氧化剂
9	预先反作用	19	周期性作用	29	气动或液压结构	39	惰性环境
10	预先作用	20	持续性	30	灵活的隔膜或薄片	40	复合材料

(二)部分发明原理详解及其应用

上述发明原理是 TRIZ 的基础,理解和掌握每条发明原理的意义是运用 TRIZ 进行创新的前提。在此只对部分发明原理做引导性的解释,详细内容可查阅有关 TRIZ 的专门书籍。

1. 分割原理

分割原理包含三方面内容:

(1)将一物体分割成许多独立的部件和零件。

将一个大面积或大体积的产品或功能较强的产品设计分割成许多小单位的集合。例如,模块化的电脑组件(功能分割)。

(2)可以将产品设计成可折叠式,或者分解组合式。

将物体设计成组合式的,以利于组装与拆解。例如,组合式家具(结构分割)。

(3)增加物体分割的程度。

如果产品本身已经利用分割的原则来设计,那么就把它再分割成更细或更小的单位。例如,板式家具。

2. 抽出原理

(1)将具有"负面"作用的零件或者属性从物体中抽离出来。如果产品有电线或者其他妨碍产品操作、影响外观的物体,就想办法将这些物体或者属性抽离出产品本身,改用别的方法来执行产品最重要的功能。例如，分体式空调。

(2)仅将必要部分或者性质从物体中抽离出来。只将产品本身最必要的部分、零件或者属性抽离出来，让最主要的物体独立出来。例如，空调器的压缩机或者风扇等；用狗叫声作为报警器的声音，而不用养一条真正的狗。

3. 改善局部品质

(1)将物体本身或者其外在环境从均匀的结构改成不均匀的结构。所谓的均匀，可以说是颗粒、密度或者材料相同。

(2)让物体不同的部位执行不同的功能。

例如，净水器，用不同材质做成不同密度的过滤层，分层过滤掉水中不同大小的杂质。

(3)使物体的每一部分都处于最有利于其运行的条件下。在设计产品时，应该利用材料的特性或者形状的特性，将各零件或组件设计在最合适的部位。

4. 不对称原理

(1)用不对称(不均匀)的形状来取代对称的形状。在解决重量或者形状的问题时，可以考虑将产品原本对称的形状改变成不对称的，或者将原本对称的位置改变成不对称的。

(2)如果物体本身已经是不对称(不均匀)的形状，就增加它不对称的程度。

5. 嵌套原理

嵌套原理包含两方面的含义：

(1)通过嵌套，将一个物体嵌入另一个物体内，依次类推，实现空间的节省或带来某些方便。

例如，超市手推车，采用巧妙的嵌套，使用时功能完善，嵌套放置节省空间，借助电梯上下批量移动，省时省力。此外像俄罗斯套娃、纸杯、凳子、拉杆天线等都是结构嵌套的很好的例子。

(2)通过结构嵌套，实现功能嵌套。

例如，特洛伊木马，将士兵与兵器嵌套(隐藏)于木马之中，通过结构嵌套，实现功能的嵌套；变形金刚也是如此。

6. 复制原理

复制原理包含3个方面的含义：

(1)使用更简单、更便宜的复制品代替难以获得的、昂贵的、复杂的、易碎的物体。

例如，大型设备或建筑的模型实验，具有省时、省力、便宜等诸多优点，更能在实物出现前掌握事物的某些特性。

(2)用光学复制品或图形来替代实物，可以按比例放大或缩小图形。

例如，飞行模拟器，电子游戏机等。

(3)如果可视的光学复制品已经被采用或不能满足要求时，进一步扩展到红外线或紫外线复制品。

三、39 个工程参数及阿奇舒勒矛盾矩阵

TRIZ 理论认为，发明问题的核心是解决矛盾。不断地发现和解决矛盾的过程，就是

推动产品向理想化进化的过程。阿奇舒勒矛盾矩阵为创新者提供了一个可以根据系统中产生矛盾的两个工程参数，直接查找化解该矛盾的发明原理的工具。

（一）39个工程参数及阿奇舒勒矛盾矩阵

现实中的冲突是千差万别的，如果不加以归纳，则无法建立稳定的解决途径。在对不同领域专利的研究中，阿奇舒勒发现，在这些专利中，通常仅有39项工程参数在彼此相对改善和恶化，形成了产品进化过程中的一个个矛盾和冲突。

39个工程参数又可分为技术参数和物理参数，技术参数是系统的目标参数，而物理参数（或结构参数）是指系统为了达到目标而必须具有的工程参数或对技术参数产生直接影响的工程参数，比如，对于汽车来说，速度、机动性和稳定性是技术参数，而重量就是物理参数。在一个系统中，同一工程参数，既可能是技术参数，也可能又是物理参数，如汽车的速度。

技术矛盾是指为了改善系统的某一技术参数，通过对系统的物理参数进行变化，使该技术参数得到改善的同时，系统的另一技术参数却被恶化；也可指有用作用的引入或有害效应的消除，导致一个或几个系统或子系统变坏。技术矛盾常表现为一个系统中两个子系统之间的冲突。这些矛盾不断地出现，又不断地被不同的专利所解决。由此他总结出了解决冲突和矛盾的方法，即40个创新原理。之后，根据矛盾和解决原理之间的关系，创建了由39项工程参数和40个创新原理构成的阿奇舒勒矛盾矩阵。矩阵的横轴和纵轴同为39个工程参数，但是横轴表示希望得到改善的39个工程参数，而纵轴表示由某技术特性改善引起恶化的39个工程参数，横轴与纵轴各参数交叉处的数字表示用来解决系统矛盾时所使用的创新原理的编号（矩阵对角线上的数字表示用来解决物理矛盾时所使用的创新原理的编号）。这就是著名的阿奇舒勒矛盾矩阵。

表 15-2   **39个工程参数**

1. 活动物体的重量	14. 强度	27. 可靠度
2. 静止物体的重量	15. 活动物体作用时间	28. 测量准确性
3. 活动物体的长度	16. 静止物体作用时间	29. 制造准确性
4. 静止物体的长度	17. 温度	30. 有害因子
5. 活动物体的面积	18. 光照度	31. 物体产生的有害因素
6. 静止物体的面积	19. 活动物体的能量	32. 可制造性
7. 活动物体的体积	20. 静止物体的能量	33. 可操作性
8. 静止物体的体积	21. 功率	34. 可修复性
9. 速度	22. 能量损耗	35. 适应性及多用性
10. 力	23. 物质损耗	36. 装置复杂性
11. 压强或应力	24. 信息损耗	37. 监控与测试的困难程度
12. 形状	25. 时间损失	38. 自动化程度
13. 结构的稳定性	26. 物质数量	39. 生产率

随着TRIZ理论的不断完善,目前最新的理论已经将工程参数扩充到48个。新增的工程参数为:信息的数量、运行效率、噪音、外来有害因素、兼容性或连通性、安全性、易受伤性、美观和测量难度等。

(二)运用矛盾矩阵解决问题的步骤

第一步:搞清系统及其存在的问题。

(1)确定技术系统的名称。

(2)确定技术系统的主要功能。

(3)对技术系统进行详细的分解。

(4)对技术系统、关键子系统、零部件之间的相互依赖关系和作用进行描述。

(5)定位问题所在的系统和子系统,对问题进行准确的描述。

表 15-3　　　　　　　　　　　　阿奇舒勒矛盾矩阵

改进特性 ＼ 恶化特性		1 活动物体的重量	2 静止物体的重量	3 活动物体的长度	4 静止物体的长度	……	39	……	48 测量准确度
1	活动物体的重量		35, 28, 31, 8, 2, 3, 10	3, 19, 35, 40, 1, 26, 2	……				
2	静止物体的重量	35, 3, 40, 2, 31, 1, 26	……						
3	活动物体的长度	……							
4	静止物体的长度								
……									
48	测量准确度								

第二步:转化为标准问题。

(1)确定技术系统应改善的特性。

(2)确定并筛选系统被恶化的特性。

(3)将以上2个步骤确定的参数,对应48个通用工程参数进行重新描述。

(4)对工程参数的矛盾进行描述。

(5)对矛盾进行反向描述。

第三步:查找发明原理。

查找阿奇舒勒矛盾矩阵，得到所推荐的发明原理的编号。

第四步：分析创新原则。

(1)按照发明原理编号查找发明原理表，得到发明原理名称。

(2)将所推荐的发明原理逐个应用到具体问题上，探讨每个原理在具体问题上如何应用和实现。

(3)筛选出理想的解决方案，进入产品的方案设计阶段。

(4)如果所查找的发明原理都不适用于具体的问题，需要重新定义工程参数和矛盾，再次应用和查找矛盾矩阵，直到满意。

例如，对洗衣机进行创新设计，如图 15-2 所示。

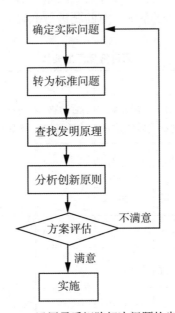

图 15-2　运用矛盾矩阵解决问题的步骤

第一步：确定实际问题。

设计项目："绿色"洗衣机。

用户需求：省水、省电、省洗衣剂。

第二步：转化为标准问题。

技术矛盾：减少物质的浪费是否能达到原来的效果，即"物质的浪费"与"功率"之间的矛盾。

第三步：查找发明原理。

查找矛盾矩阵纵向改善参数 25(物质的浪费)与横向恶化参数 18(功率)交叉处，得到创新原则编号 28、18、38、25、13 和 3。

第四步：分析发明原理。

表 15-4　　　　　　　　　　**发明原理及其说明**

发明原理	有用的提示	方　　案
28. 替换机械系统	以光学、声学、热能以及嗅觉的系统取代机械的系统	用其他系统替代现有机械系统
18. 机械振动	假如振动的方式已经存在，提高振动的频率至超声波	超声波振动水流将衣物纤维间脏污从缝隙中弹出来
38. 强氧化作用	转换并提高氧化的程度	将自来水电解产生活性氧与次氯酸，以溶解衣物上的有机汗污
25. 自助	利用废弃的材料及能源	能重复利用洗衣水
13. 反向操作	使物体或者外在环境可以移动的部分变成固定的，而固定的部分则变成可移动的	让原来转动的水流变为不动的
3. 局部特性	水的特性	充分利用水的特性

方案合成：利用水电解与超声波振荡相结合的方式，取代原有电机拖动波轮或滚筒的系统。

方案分析：该方案既可以避免衣物缠绕，也可降低甚至免用洗衣剂，而且洗衣水可以重复利用，达到环保与节能的功效。从大电流的电机驱动到电解与振荡装置的发展，符合技术系统的进化趋势。虽然距离理想化最终方案还很远，但实现了省水、省电和省洗衣剂的要求。

四、物理矛盾和四大分离原理

当一个技术系统的两个技术参数对系统中的同一物理参数具有相反的需求时，就出现了物理矛盾。比如说，增加汽车的稳定性(技术参数之一)要求汽车的底盘要重一些(工程参数)，而汽车的加速性(另一技术参数)却要求底盘要轻一些，这就出现了物理矛盾——对汽车底盘重量的相反需求。相对于技术矛盾，物理矛盾是创新中需要加以解决的一种更尖锐的矛盾。物理矛盾所存在的子系统就是系统的关键子系统。

分离原理是阿奇舒勒针对物理矛盾的解决而提出的，分离方法共有 11 种，归纳概括为四大分离原理，分别是空间分离、时间分离、基于条件的分离和系统级别分离等。

(1)空间分离。矛盾体在系统的不同空间内发挥着作用。通过对物理矛盾所在的矛盾体空间的分离，解决矛盾或降低矛盾解决难度的一种分离方法。

适合空间分离原理的物理矛盾，通常情况下，可以应用分割、抽取、局部质量、非对称、嵌套、逆向思维、一维变多维、中介物、复制和柔性外壳或薄膜等发明原理进行解决。

(2)时间分离。矛盾体在不同时间段内发挥着作用。通过将物理矛盾所在的矛盾体分离在不同的时间段上，解决矛盾或降低矛盾解决难度的一种分离方法。

适合时间分离原理的物理矛盾，通常情况下，可以应用预先反作用、预先作用、预先应急措施、动态化、不足或超额行动、机械振动、周期性动作、持续性、紧急行动、气动与液压结构、抛弃与再生、热膨胀等发明原理进行解决。

（3）基于条件的分离。矛盾的发生与外界的条件具有密切关系。依据物理矛盾所在的矛盾体所处的条件对矛盾体进行分离，来解决矛盾或降低矛盾解决难度的一种分离方法。

适合基于条件分离原理的物理矛盾，通常情况下可以应用分割、合并、普遍性、嵌套、配重、逆向思维、曲面化、变害为利、反馈、自服务、一次性用品、同质性、物理/化学状态变化等发明原理进行解决。

（4）系统级别分离。将物理矛盾所在的矛盾体在不同系统级别上分离开来，以解决矛盾或降低矛盾解决难度的一种分离方法。

适合系统级别分离原理的物理矛盾，通常情况下可以应用等势原则、机械系统的替代、多孔材料、改变颜色、物理/化学状态变化、相变、加速氧化、惰性环境、复合材料等发明原理进行解决。

例如，解决十字路口交通系统的物理矛盾。速度与安全性是交通系统追求的两个重要的技术参数，人们需要的是一个快捷而又安全的交通系统。速度同时又是交通系统中的一个重要的物理参数，提高自身安全性往往要通过降低或限制速度（尤其是其他方向的车辆速度）来实现，这就形成了以速度为物理参数的一个物理矛盾。

解决方法一：空间分离。由于交通路口车辆的速度主要受其他方向车辆的影响，于是可以采用空间分离的方法，将不同走向的车辆引入不同的车道，从而解决行使方向不交叉车辆的问题；对于交叉问题，可进一步采用一维变多维和中间介质等空间分离方法，用立交桥来解决。

解决方法二：时间分离。采用红绿灯控制车辆交替循环通行，较少了相互阻塞，从而提高了通行效率。该方法通常与空间分离配合使用，如分道行驶、缓冲区等效果更佳。

解决方法三：用对速度的相反需求作为物理矛盾，查矛盾矩阵，可得到发明原理编号为28、35、13、3、10、2、19和24号，其对应的发明原理分别是机械系统替换、参数改变、反向、局部品质、预先作用、抽出、周期性、中介物。其中局部品质、抽出、中介物是与空间分离发明原理；而周期性和预先作用是与时间分离相关的发明原理。进一步分析后，其结果与前两种方法基本一致。

五、物-场模型与76个标准解

技术系统是由多个功能不同的子系统所组成的具有一定功能的有机整体，而每个子系统又可以再进一步的细分，直到分子、原子、质子与电子等微观层次。无论系统、子系统、还是微观层次，都具有一定的功能。阿奇舒勒认为，所有的功能都可分解为两种物质和一种场（即二元素组成）。在物-场模型的定义中，物质是指某种物体或过程，可以是整个系统，也可以是系统内的子系统或单个的物体，甚至可以是环境，取决于实际情况。场是指完成某种功能所需的手法或手段，通常是一些能量形式，如：磁场、重力场、电能、热能、化学能、机械能、声能、光能，等等。物-场分析是 TRIZ 理论中的一种重要的分析工具。

典型的物-场模型如图 15-3 所示，由物质 S_1、S_2 和场 F 组成。一般情况下，S_1 表示工件，S_2 表示工具，F 表示场(如榔头钉钉子的系统中，S_1 表示钉子，S_2 表示榔头，F 表示机械场)。物质与物质和物质与场之间的连线表示效用或作用，常用的效用符号有：

(1)——▶ 表示正常效用。

(2)— ▶ 表示不充分的效用。

(3)〰▶ 表示有害的效用。

(4)+++▶ 表示过度的效用。

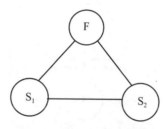

图 15-3　典型的物-场模型

任何一个实际的系统或子系统，都可以用一种物-场模型来表示。在分析一个具体问题时，先建立该问题的原始物-场模型，然后通过补缺、替换、增强、增加物质或场，或者简化系统等方法完善或改进物-场模型，对于不同的改进，TRIZ 理论给山了 76 种标准解，并根据模型的不同将标准解分为 5 大类，从而可以很快找到相应的标准解。

76 种标准解可分为如下 5 类：

(一)物-场模型的建立或毁坏

适用于创建需要的效用或消除不希望出现的效用的系统，该类包含 13 种标准解。

(二)强化物-场模型

适用于效用不足的系统的改善，以及提升系统性能，但却不增加系统复杂性的情况，该类包含 23 种标准解。

(三)向超系统或微系统跃迁

适用于系统进化中的跃升阶段，该类包含 6 种标准解。

(四)检查与测量

该类主要是关于检测和测量的标准解法，共有 17 种标准解。

（五）简化与改善策略

该类主要是关于系统简化和改善的策略，共有 17 种标准解。

例如，外科医生做手术时如何减少细菌传播的问题。在该问题中，现有的模型完整，如图 15-4 所示，S_2 为做手术的手，S_1 为病人，有害作用和有用作用同时存在，并且物质间不要求相互紧密接触。于是可以采用在物质之间引入第三种廉价物质 S_3（医用手套），以消除有害作用的方法来解决。

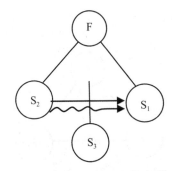

图 15-4　消除有害作用的物-场模型

六、发明问题解决算法（ARIZ）

在 TRIZ 理论中，对于相对简单的发明问题，一般运用发明原理或者发明问题标准解法就可以解决，这就是所谓的标准问题。而对于较为复杂的非标准发明问题，则需要应用发明问题解决算法 ARIZ 做系统的分析和求解。

TRIZ 认为，一个创新问题解决的困难程度取决于对该问题的描述和问题的标准化程度，描述得越清楚，问题的标准化程度越高，问题就越容易解决。ARIZ 是通过对初始问题进行一系列变形及再定义等非计算性的逻辑过程，实现对问题的逐步深入分析，对问题的转化，直到问题解决的一种分析工具。

ARIZ 最初由阿奇舒勒于 1977 年提出，随后经过多次完善才形成了理论体系，目前 ARIZ 已成为 TRIZ 的重要支撑和高级工具。ARIZ 算法具有优秀的易操作性、系统性、实用性以及易流程化等特性，尤其对于那些问题情境复杂、矛盾不明显的非标准发明问题，它显得更加有效和可行。应用 ARIZ 解决问题的步骤如图 15-5 所示。

首先是将系统中存在的问题最小化，原则是在系统能够实现其必要机能的前提下，尽可能不改变或少改变系统；其次是定义系统的技术矛盾，并为矛盾建立"问题模型"。其次，分析该问题模型，定义问题所包含的时间和空间，利用物-场分析法这一分析系统中所包含的资源。再次，定义系统的最终理想解。通常为了获取系统的理想解，需要从宏观和微观级上分别定义系统中所包含的物理矛盾，即系统本身可能产生对立的两个物理特性，例如：冷—热、导电—绝缘、透明—不透明等。因此，下一步需要定义系统内的物理矛盾并消除矛盾。矛盾的消除需要最大限度地利用系统内的资源并借助物理学、化学、几何学等工程学原理。作为一种规则，经过分析、原理的应用后，如问题仍无解，则认为初始问题定义有误，需调整初始问题模型，或者对问题进行重新定义。

应用 ARIZ 取得成功的关键在于在理解问题的本质前，要不断地对问题进行细化，直至确定问题所包含的物理矛盾。

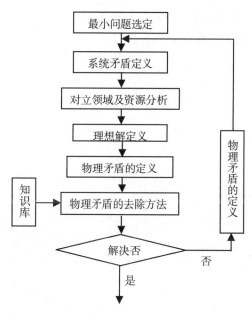

图 15-5　ARIZ 算法解决创新问题的流程

下面是用 ARIZ 法解决一个有关摩擦焊接问题的实例。

例如，摩擦焊接是连接两块金属最简单的方法。将一块金属固定并将另一块对着它旋转。只要两块金属之间还有空隙就什么也不会发生。但当两块金属接触时接触部分就会产生很高的热量，金属开始熔化，再加以一定的压力，两块金属就能够焊在一起。一家工厂要用每节 10 米的铸铁管建成一条通道，这些铸铁管要通过摩擦焊接的方法连接起来。但要想使这么大的铁管旋转起来，需要建造非常大的机器以及几个车间。

解决该问题的过程如下：

(1)最小问题：对已有设备不做大的改变，但实现铸铁管的摩擦焊接。

(2)系统矛盾：管子要旋转以便焊接，管子又不应该旋转以避免使用大型设备。

(3)问题模型：改变现有系统中的某个构成要素，在保证不旋转待焊接管子的前提下实现摩擦焊接。

(4)对立领域和资源分析：对立领域为管子的旋转，而容易改变的要素是两根管子的接触部分。

(5)理想解：只旋转管子的接触部分。

(6)物理矛盾：管子的整体性限制了只旋转管子的接触部分。

(7)物理矛盾的去除及问题的解决对策：用一个短的管子插在两个长管之间，旋转短的管子，同时将管子压在一起直到焊好为止。问题得到圆满解决。

◎ 课后练习题

1. TRIZ 法与传统创新方法相比有何突出优点？

2. 哪一类发明方案更适宜采用 TRIZ 法去解决？

3. 试用 TRIZ 法去解决一个发明实例。

创新实践篇

第十六章　高校创新教育实践

自 20 世纪 50 年代起，美国纽约州立大学、加利福尼亚大学等 60 余所大学开设了创造工程课。从 1980 年起，我国逐步在上海交通大学、广西大学、清华大学、同济大学、东南大学、西南交通大学等 48 所大学先后开设了创造工程课。1987 年，7 所大学成立了创造教育研究所。近几年国内将创造学和创造工程学课程叫作创新教育的日益增多，创新教育正走向繁荣。

第一节　国内外高校创新教育实践

一、国外高校创新教育状况

(一)美国的创新教育

美国的创新和发明数量在全球领先，无论是政府部门还是其他行政部门，以及民间组织、企业、大专院校等，都大力提倡并积极创造条件鼓励创新，全美上下形成了良好的创新环境和氛围。

1. 相关政策制度对创新的保障和倡导

美国政府没有制定专门的创新教育政策，但在相关教育政策以及教育主管部门颁发的文件中，则可以发现创新的概念或做法已完全融入其中。在美国大多数的评检中，创新是必然的指标。1970 年前美国教育办公室在界定资优才能时，就已经特别将创新能力列为 6 种资优才能之一。美国政府及民间已经普遍形成创新的观念，虽然相关领导人谈话中不会直接以创新作为主题，但创新的精神已经成为不可或缺的内涵，在提及教育、文化或科技相关议题时更是如此。美国对创新的提倡早已融入一般教育理念中，尤以文化艺术单位最为突出，强调以艺术和人文领域的文化保存与再创新来强化美国公民的社会力量，并落实于一般教育环境中，促进社会文化的整体发展。

2. 民间组织的推动作用

美国创新教育的开展，得益于民间自发力量的推动。民间组织对相关课程的研究与政策相辅相成，使创新遍及个人、社区、教育场所及一般企业的实践中。美国众多的民间部门大多认同创新与团队合作的理念，结合学生的创新活动，产生了一些以鼓励发展学生团队创意为宗旨的组织。美国各种博物馆、美术馆以轻松娱乐的方式为学生提供另一种接近艺术文化创意产物的学习空间，让学生在快乐而自然的情境下亲近创意。民间有许多针对教学创新的教材及创意教学训练课程，举办教育工作者及家长的创意思考课程的研究中心，如美国创新教育协会、创新学习中心、国家教学中心、国家思维教学中心和思维中心；还有直接以创新命名、提供企业界创意领导、创意思考研习相关课程，并有相关出版物的研究中心，如创新领导中心、创新学会、国家创新中心、设计管理协会等。与创新相关的学会，也是推动民间创新文化的生力军，如，美国创新学会为全美创新研究的专业组织，结合工商、传播、艺术、教育以及科技界的跨领域学者，定期举办学术研讨会，进行不同领域的创新经验交流。其他如"创新教学学会""全国大学发明家及创新者联盟"等，旨在培养高等教育学生与教师的创意态度与创新行为，研发创新的教学与教材，并成立学生电子发明小组。在基金会中最著名的是"创新教育基金会"，该基金会以协助个人与组织发展创意潜能为宗旨，致力于创新、创意发明与领导的培训工作。此外，还有私人基金会，如麦克阿瑟基金会，为了鼓励个人独立研究及创新发明而设置奖励资助计划。

3. 企业对高等教育中创新精神的支持和鼓励

以创意为企业精神的公司，其创意产品已成为美国人民生活的重要部分，创意的要领无形中被传播到不同角落。一些创意公司，如创意连线公司，以提供组织创意教育训练及普通人自我突破的创意思考课程为宗旨，创办工作坊及创意思考、企划课程等。民间企业不仅本身能进行创意产品设计研发，亦能关注社会及教育，将创意的精神融入其中，如创意公司除了本身进行创新研发外，亦设有"斯坦福大学(学习)实验室"，用以鼓励与教育创新相关的研究。迪士尼公司成立迪士尼学习伙伴，每年颁发"美国教师奖"，鼓励教师进行教学；另外，还提供"创新性学习社区资助项目"，为公立学校教师、个人或团队设计的创意教学计划提供奖项，支持增进学生学习表现的创意教学策略研究与实施。而梦工厂更是提倡梦想工程师的要领于商学领域中，值得参考。微软委员会设有"捐献项目"支持高等及中等教育、人文与科技、艺术环境的发展，并长期赞助华盛顿大学、密歇根大学、麻省理工学院等5所大学的创新研究。对学校教师来说，这是一项不可或缺的课程创意资源。

4. 大专院校开展多种形式的创新教育

美国大专院校将创新视为学生发展的重要能力之一，结合创新的相关课程、计划及研究中心不胜枚举，在塑造美国创意文化的过程中扮演了重要角色。

(1)美国许多大学设立以创新为主题的研究中心或组织，例如，佐治亚大学的"陶润斯创新研究中心"、哈佛大学的"零项目"、布法罗州立大学的"创新研究中心"及"创新问题解决组"等，这些组织多设在教育学院里，从事创新教学、研究，并协助一般民间组织及学校开展创新工作，创新课程、工作坊及研讨会是常见的形式。

佐治亚大学的陶润斯创新研究中心隶属于教育学院的教育心理系，以研究、发展与评检、创意思考及潜能、资助国内外支持创意发展的组织为宗旨。相关研究或培育计划包括"挑战项目""未来问题解决项目""陶润斯讲学项目"等。布法罗州立大学的创新研究中心，也给大学部及研究所学生提供相关创新课程，且进行创新研究。课程包括创新的基本学说、创意思考方法、团队创意活动、发展创意领导能力等内容，强调学生所学的创意课程可运用于表演艺术、教育、商业、政治、管理等各种领域。教育学院的哈佛"零项目"则针对艺术、科学及教育等领域的创意思考与学习，累积了 34 年的研究成果，如多元智慧教学理论项目，结合博物馆于学校教学实践中，强调高层次思考以及智慧创新项目等。麻省理工学院也设有发挥创意的实验室——林肯实验室，并建立了 MIT 电子论坛，分享校内教育及其他发展研究的创新成果及评检。此外，威斯康星大学、印第安纳大学、耶鲁大学、芝加哥大学等都有著名的创新研究团队，值得国内大专院校借鉴。

（2）大专院校授予学位或证书的创新教育。目前加利福尼亚大学圣巴巴拉分校设有"创新研究学院"，授予文学学士和理学学士两种学位，提供美术、文学、音乐、生物、化学、数学、物理、资讯科学共八个领域的创新教育。

（3）大专院校开设创新课程。大专院校直接以创新相关主题开设课程，如在布法罗州立大学的创新研究中心，设有以下大学及研究所课程：第一批创新研究的理学硕士学位、创新研究方面的毕业证书、创新研究辅修课程项目等，并提供远程教学的创新课程。此外，还有佐治亚大学的陶润斯创新研究中心所设立的未来问题解决项目、马萨诸塞大学教育学院开设的研究生批语与创新思维项目、杜克大学福库商学院的创新领导项目等。

（4）大专院校开设将创新融入各科教学的课程。一般大专院校，尤其在商学、工程技术及艺术类科目中均强调学生创新或发明能力，并有其他展现创意活动的设计以及鼓励创意表现的奖学金。

（二）俄罗斯的创新教育

苏联在 20 世纪 70 年代进行的高等教育改革中，提出要培养具有科学的世界观、综合化的知识、多方面的技能和专门化技能相结合的学识面宽广的专家。为了适应这一要求，苏联建立了一系列奖励制度，使在校大学生参加科研活动的人数一直居高不下。而且，苏联还在全国建立了 100 多所创造发明学院，组织大学生和青年技术工作者学习发明创造的基本原理和方法，并进行技术革新实验。俄罗斯教育界认为，制定科学的教学大纲是搞好创新教育的前提，注重培养学生的思维能力是搞好创新教育的关键。但仅有这两点还是不够的，只有同时注意发展学生的创造能力才是抓住了创新教育的根本。俄罗斯教育专家A. N. 萨维科夫的经验为我们提供了有益的借鉴。

（1）在教学中注意培养和发展学生的智力活动的主动性是十分重要的。智力活动的主动性是学生在解决各种教学和研究任务时独立性的表现，是探索原本必择其一的解决途径和深入研究或按另外的方式解决问题的动力。

（2）在教学中鼓励学生亲自参加研究的实践比复制性掌握知识更重要。在教学中，不好的教师只是告诉学生事实真相，而好的教师只是教会学生如何去寻找事实真相。俄罗斯教育专家强调指出：完形心理学家和近年来的一系列研究已经证明，知识本身（包括知识的数量和知识的多样化）并不是有效思维发展的决定性因素，而掌握知识的方法才是决定性因素。

（3）在教学中不能接受保守主义。这个要求是由创造性个性的基本特点决定的。保守主义同创造性是不能并存的。因此，在研究和确定教学活动的内容、组织形式和方法时，必须排除所有保守主义的因素。

（4）将个体的教学和研究活动同集体的教学和研究活动结合起来。必须教会学生进行个体的创造活动，以及集体的创造活动，以利于顺利解决个性发展的大部分问题。

（5）实物的和空间的环境变化条件的积极化。为了使实物环境和空间环境促进学生创造积极性的发展，实物环境和空间环境应当有最大限度的多种变化，有时甚至是出乎意外的变化。俄罗斯教育专家指出，这一点在俄罗斯国内只有学前教育机构能够认识并做得比较好，在幼儿园的角色游戏中，鼓励利用不同的实物而不是按实物的直接用途来发展儿童的创造能力。

（6）在利用时间、设备、材料方面的灵活性。实行这个原则的必要性也是由培养创造能力决定的。当学生对长时间、深入地研究某个问题感兴趣时，正是发展他们创造能力的好时机，千万不要限制他们。这就需要利用时间、设备及材料方面的灵活性。

（7）最大限度地深入研究所要学习的题目。要实现这个原则，必须以学生高度集中的注意力为前提，必须有坚强的毅力和能力从事长时间不间断的学习。应当把这一原则作为重要的教学思想贯穿教学过程的始终。

（8）学习活动的高度独立性。独立性和创造性是不可分割的。发展学生独立寻找知识的能力、独立研究问题的能力、创造多样化研究对象的能力，这是发展个性创造能力的重要保证。

（9）培养竞争意识。竞争意识、相互关系的竞争形式是创新人才的优秀特点之一。在各种竞争中获得胜利和失败的经验，对于学生的未来生活尤为重要。缺乏这些经验就不可能指望培养出创造性的人才。在学生们竞争的过程中，形成个人关于自己的可能性的概念，自信心更坚定，学会冒险和获胜。特别重要的是，从失败中获得"有理智的冒险主义的经验"。

（10）"领袖"可能性的实现。对领袖地位的向往是同竞争意识紧密相连的。身心发展比较好的学生在这方面应当特别关注为"大公无私的领袖地位"创造条件，必须鼓励建立在积极的正面动机基础上的（能增加知识的、对社会有价值的）领袖表现。反对以个人动机为基础的（自我肯定、自作主张）对领袖地位的向往。

（三）其他国家的创新教育

不仅美国和俄罗斯十分重视创新教育，西方发达国家大多在创新教育方面采取了有效的措施。英国采用"合作教育"的方式，帮助学生从课堂走向社会，从事科研和发明活动。欧洲共同体曾创办过一所"欧洲高等学校研究生院"，接纳欧洲共同体各国富有创造力的大学生到校深造，从事科学研究和科学发现工作。日本教育家提出要培养综合化人才，他们认为没有综合化就不会产生伟大的文化。因此，在课程设置上，日本大学更重视基础教育和课程内容的综合化。为了适应学生个性发展的需要和培养学生主动学习的积极性，日本的"第三次教育改革"始终突出"重视个性"的原则，将教学过程延伸到科学研究和社会实践中去，让学生在科学实践和社会生产中去学习科学技术知识。在德国，政府颁布了"大学生科研津贴制度"，鼓励和支持大学生参加科研活动。

二、国内大学生创新教育状况

我国大学生的创新教育始于创造学在高校的传播和发展。改革开放以来,创造学进一步引起中国学者的重视并被引入大学教学体系。1979 年,上海交通大学最先开展创造学研究。不久,该校和同济大学相继开设了创造学的选修课,东北大学(原东北工学院)、原上海机械学院、原中国纺织大学以及复旦大学、原华东化工学院等院校,也开始举办创造学培训班。在此前后,创造学论著和译著在我国不断出现,在心理学界、教育学界和工程技术界等产生了较强反响。1983 年,由上海交通大学、中国科技大学、广西大学联合发起,在南宁召开了我国首届创造学研讨会。同年,设在徐州的中国矿业大学则在教学中将创造学原理和地质专业相融合;1988 年,该校在全校系统地开设了创造学课程;1990 年,该校诞生了创造学和地质学的交叉学科——地质创造学,并被列为地质专业必修课;1993 年,该校招收了我国第一个地质创造学研究方向的硕士研究生,后来又陆续招收了机械创造工程、矿物加工创造工程及创造型人才培养等方向的硕士或博士生;1995 年后,他们又两次招收了工业自动化创造工程试点班,目标是培养发明工程师;1996 年后,这个大学又将创造学列为公共基础必修课。20 世纪 80 年代,以航空、航天、航海工程教学和科研开发为特点的西北工业大学也在教学中开设了创造学选修课,并在西北和西南地区国防企事业单位开办了"创造心理与技法"等讲座;90 年代初,该校还成立了"西工大创造发明学校"。大连理工大学创新教育实践中心始建于 1997 年,其前身是 1984 年该校成立的大学生创造发明协会,其主要职能就是落实学校提出的"加强创新教育,实施创新人才培养工程"计划,该校的创新教育已取得丰硕的成果。进入 21 世纪,更多的院校更加重视创新教育,如西安思源学院就将创新课列为公共必修课,出版了专门的教材,形成了独特的创新教育体制。世纪之交,北京大学傅世侠教授所著《科学创造方法论》出版,中国人民大学也出版了《创造发明学导引》教材。至于中国矿业大学推出的庄寿强的《创造学基础》,则早已广为流传,一版再版。由此可以看出,创造学在我国高校的教学和研究中已有良好的基础。

第二节　纪律对创新能力的影响

对于创新人才的培养,目前公认的是培养创新思维,诸如突破思维定势,开展逆向思维、联想思维、发散思维及灵感思维等,然后授之以创新技法,诸如列举法、组合法、设问法、转换法等。很少有创新培训中对纪律约束加强或废除的做法。这源于大家对纪律与创新的关系缺乏明晰的认识,宽松的环境对创新能力的培养有利,还是严明的纪律对创新能力的提高有益?纪律对创新能力有无负面影响,或者两者不相关?回答这些问题,对于高校是否加强纪律非常重要。

一、加强纪律对创新能力无负面影响

王捷频等研究了纪律对创新能力的影响，取得了令人信服的成果。《辞海》中纪律是"指要求人们遵守业已确立了的秩序、执行命令和厉行自己职责的一种行为规则"。军队、公安、消防、铁路、航空等特殊行业的特殊使命，决定了它们必须有严明的纪律方能顺利完成肩负的职责。没有严明的纪律，就没有坚强的战斗力。古有"撼山易，撼岳家军难"、军纪如山的岳家军；如今的人民军队同样视纪律为生命，"加强纪律性，革命无不胜""三大纪律，八项注意"则为每一代革命军人传唱。"军人以服从为天职""令行禁止""召之即来，来之能战，战之能胜"是每个军人必备的素质。下级服从上级，按照上级的部署准时到达目的地，早不行，晚也不行，准时才行，"不可越雷池半步"，否则便可能在战役中付出血的代价，甚至招致整个战役的失败。古今中外正反两方面的战例举不胜举。和平时期军队是国家机器的重要组成部分。任何统治者要巩固自己的政权，必须牢牢掌握军队，无产阶级政党也不例外，"党指挥枪"是最真实的写照。对军人而言，首要的是听党指挥，是忠诚于党，是绝对服从。生活在这样一个统一意志、统一步调的团体里，人的创新思维是否受到束缚？创新能力是否被扼杀？

他们在军队和地方两所高校相同专业的学生中开展研究。A 高校随机选取 P 专业 120 名学生，男生 56 名，女生 64 名；C 专业 260 名学生，男生 126 名，女生 134 名。B 高校则在相应的专业中抽取同样数量的学生，P 专业 120 名学生，男生 45 名，女生 75 名；C 专业 260 名学生，男生 190 名，女生 70 名。A、B 两所高校的社会知名度、影响力，学生入学成绩、师资教学力度、实验设备条件等属于同一档次。唯一的区别就是 A 是地方院校，B 是军队院校，后者的学生就是军人，享受军队的一切待遇，过着标准的军人生活。在他们四年级的时候进行测试，应该能看出纪律对创新能力的影响。

首先是测量表的选定。创新能力测量表很多，其中改良的美国尤金测量表较为简单易行，符合国情，在此基础上适当加入著名心理学家托拉斯的研究成果，增加 10 道选择题，使得量表更全面地覆盖了被测对象的创新思维个体品质与特征，联想思维与逆向思维，发散思维与综合思维，直觉思维与灵感思维等诸多方面的思维能力，为其研究结果的科学性奠定了基础。

采用 SPSS 统计分析软件进行数据统计分析。先将监测的 380 名学生的数据进行按 P、C 两个专业的配对比较。P 专业 $n=120$，$t=0.89$，$p>0.05$，两校学生的创新思维能力差别无统计学意义；C 专业 $n=260$，$t=0.96$，$p>0.05$，两校学生的创新思维能力差别也无统计学意义。然后对两校两个专业的四组学生进行团体比较，尽管从数据上看，其创新能力有一些差别，但统计学处理结果，显示没有统计学的意义，$F=0.92$，$P>0.05$。就是说，经过近四年的严格的军队生活熏陶，创新能力并没有多大改变，严格的纪律既没有显著提高创新思维的能力，也没有明显抑制创新思维的能力。

二、国际知名企业对纪律与创新能力的辩证观

美国明尼苏达矿业制造公司（简称 3M 公司）成立于 1902 年。在发展中，它摆脱了初

期采矿的命运，从美国西部不起眼的小公司发展成为世界 500 强的"百年老店"。它拥有的 67000 多种发明产品，与我们每一个人的生活息息相关。每天清晨睁开眼就能看到 3M 的产品：牙膏、电线……想不看到都不行。

商业竞争变幻莫测，质量控制、资产重组、减员增效……就像市场上的保险品一样不断地进行花样翻新，永远不变的是技术创新。3M 公司视创新为生命，其董事长兼总裁威廉·L. 麦克奈特认为，管理在很大程度上意味着对人的管理，纪律在某种程度上会压抑人们的创新精神。3M 公司有一条重要的成功经验就是，"知道什么时候对员工放松管制，放任具有创新的反叛精神"。该公司的"15% 原则"颇有新意，即允许每个技术人员在工作时间内用 15% 的时间"干私活"，即可以把每天 8 小时工作中的 72 分钟用来干工作以外的事，甚至当有了好的主意和计划，可以不执行顶头上司指派的任务，而去潜心进行新的研发工作。

3M 公司位于美国明尼苏达州首府圣保罗市。公司风景秀丽，三面环湖，绿树成荫，公司办公室的落地窗临湖而立。这里有一幅 3M 公司研发部最为常见的室内风景图画：和煦的阳光照到办公区环形走廊上，座椅上的员工谈笑风生，阳光下，员工们喝着咖啡，吃着茶点，微笑着，讨论着。他们"被赋予人类最伟大的权利——自由和分享"。

3M 公司成长壮大的历史生动地说明了宽松的环境对创新能力有益，平均每年 600 多件专利产品及其带来的效益胜过任何雄辩。

"创新不是想要就有、想用就拿的东西。"海氏集团（Hay Group）副总裁梅尔·斯塔克说。调查显示，创新需要的是远景、基调、训练有素的经理、才华横溢的员工以及适宜的环境。即便这些条件都具备了，也还不够。正像保时捷轿车的发动机必须配套高质的悬架那样，公司若想富于创新，也需要恰当的组织结构、流程和制度。

在创新评比中，宝洁公司与联邦快递公司并列冠军。宝洁平均每年推出一种新产品，它为改进产品而不断创新。公司创新的成果包括拉拉裤、肉桂香型牙膏、含抗氧化剂狗粮等。

在创新上受到赞赏的这些公司在研发上可能更舍得投入。创新并不仅仅是这些公司研发部门要做的事情，而是遍布整个公司的一种思维方式。成功的创新不仅需要出色的科学家，还需要领导、创业精神、好的点子、好的管理以及合适的公司结构，同时也都强调纪律是创新的保证。

富士康 CEO 台湾首富郭台铭认为，走出实验室，没有高科技，只有执行的纪律。除了那些基础实验室的研发人员，其他如做主板和笔记本电脑的研发人员也要靠严格的纪律来管理。

创新性的特征是不确定、多样性，很难培训产生。从无到有是发明；将几个发明组合移植，将几个芯片搭成一个电路，用一种算法与一种运用软件，做成一个新产品，其产品化的过程是技术革新，不是创造发明。技术性的内容、技能可以培训，如怎样读原理图，怎样布 PCB 板，怎样画结构零件图。经过培训就可以做产品的研发，这是技术革新。一味地要求弹性工作时间，自己确定日程表，别人加以管理就抱怨影响了他的"创造发明"。这是"睡不着觉怪床歪"。

目前中国各大企业需要严谨的逻辑思维去学习、掌握技术，并且依靠科学的流程规则等技术管理方法，做出成功的产品，其中，纪律很重要。

1997年史蒂夫·乔布斯重新回到苹果公司担任行政总裁，当时苹果公司亏损10亿美元，濒临崩溃。一年后公司竟奇迹般地起死回生，扭亏为盈，盈利3.09亿美元，业界为之瞠目。乔布斯的秘诀不是靠推出新产品，因为著名的iPad的推出是在2002年，iPad2的上市则在2010年，是5年甚至10多年后的事。在当时乔布斯靠的是纪律，首先是严格的纪律，其次是创新产品的上市，重振了苹果的辉煌。乔布斯本人则被评为"最成功的管理者"。

世界500强的企业，都是靠创新来维持生存谋求发展的，大多强调了纪律的重要性，"纪律是创新的保证"也就成了多数企业家的共识。

由此可以看出，纪律没有抑制创新能力，纪律只是行为举止上的约束，只是作息时间的统一，它并没有捆绑人们思维的翅膀与想象的空间。国际知名公司的纪律和宽松环境有利于创新能力的培养的成功经验可以看出，对于大多数技术性单位、技术人员来讲是需要纪律的，对执行特殊使命的行业团体更是如此。可能只有少数基础实验室的研究人员，不需要纪律来规范统一的行动，纪律也不大可能促进他们创新能力的发挥。高校也是需要加强纪律的。

第三节　西安思源学院的创新教育实践

一、思源学院的创新教育概况

创新是西安思源学院超常规发展的根本，学校始终坚持将创新能力的培养作为素质教育的核心。通过创新教育培养学生的创新精神、提高学生的创新能力，培养出新时期的创新人才是西安思源学院的追求。西安思源学院是全国高校中较早开展创新能力系统培训的高校之一。经过十几年的努力，学校的创新教育已自成体系、独具特色。学校成立了"创新教育领导小组"，研究、规范、指导全校的创新教育工作；成立创新教育研究指导中心，贯彻落实学校创新教育活动的各项具体工作；学校将创新教育课列为全校学生的基础公共必修课，并公开出版了《创新思维与能力》《大学生创新教育》《开发创新思维》《高校创新教育》《创新思维方法与实践》等教材，以满足教学的需要。目前，已有10多万名思源学子参加了创新课的学习；发明创造实验室和创业基地已成为师生创新活动的重要场所，有30多个学生社团以创新、创业作为其主要活动内容；学校的青年教师创新研究会活动频繁。思源学院上下呈现重视创新、学习创新、践行创新、研究创新的创新氛围。

创新文化节已成为思源学院展示创新成果的品牌活动。在已经完成的18届创新文化节上，共展示了5000多项学生创造发明作品，学生的发明创造提案多达10000多件，已有300多项师生发明的作品申请国家专利。西安思源学院数学建模小组在全国大学生数学建模比赛中屡获一等奖、二等奖，成为陕西省同类院校参赛队伍中的佼佼者。2003年，学校的两件创新作品"新型纱线卷绕防叠试验机"和"机器人'源源'"在全国大学生创新设计大赛上荣获西北赛区一等奖。2004年9月，在全国大学生创新设计大赛决赛中又获得两项二等奖，成为全国唯一一所进入决赛并获奖的民办高校。2006年5月，西安思源学院在全国"发明杯"高职高专大学生创新大赛中，获两金、两银和最佳组织管理奖。2010年5月底，全国大学生机械创新大赛中，西安思源学院8件参赛作品夺得西北赛区两个一等奖、四个二等奖和两个三等奖。2016年全国青年科普创新大赛上，思源学院的"蛋蛋"创新团队，一举夺得全国总冠军。良好的创新能力、优异的学习成绩，使思源学院的毕业生深受用人单位的欢迎，毕业生一次性就业率和优质就业率始终保持在较高水平。

思源学院凭借创新的发展理念，不仅创造性地实现了学校跨越式发展的目标，而且以创新教育为突破口，全面推进素质教育，创造了自己的特色品牌。2002年12月，西安思源学院在全国高校中被国家劳动和社会保障部确定为首家"创新能力培训试验单位"。2003年12月，西安思源学院被中国创造学会确定为全国第一家高校实验基地。2006年西安思源学院发起成立了陕西省创造学会，并成为陕西省创造学会理事长单位。2007年12月，西安思源学院校长周延波主编的《大学生创新教育实践研究》获得陕西省政府教学成果一等奖。到目前为止，它仍然是陕西省民办高校获得过的最高奖项。2014年创新教育研究指导中心和创业就业指导与服务中心建设大学生创新创业训练展示中心，集创新创业教学、实践和服务为一体，将创新教育推向了新的高度。2015年持续了10多届的创新文化节获得陕西省高教工委优秀校园文化建设成果二等奖。2016年中国民办教育协会授予西安思源学院创新创业文化建设奖。2017年西安思源学院荣膺创新中国杰出贡献单位。2019年学校承办了中国创造学会"创造创新与未来发展"论坛，在全国创新教育领域美名远扬。

思源学院的创新教育，旨在为具有创新精神的学生提供自我发展、自我展示的平台，为学生营造一个有利于提高其创新能力的教育环境，为创新人才的脱颖而出创造更多更好的机会。

二、"四位一体"抓创新

面对21世纪知识经济的到来和新技术革命的挑战，我们国家在国际竞争和世界格局中的地位，归根结底将取决于我们能否大力实施创新教育，培养出高素质的创新型专业人才。思源学院以培养新世纪创新型技术人才为己任，几年来对创新教育事业勤耕不辍，不断地实践和总结，逐渐形成了创新教育的"四位一体"模式：领导是关键，制度是保证，教师是根本，学生是核心。通过抓创新教育推动教学改革。

(一)创新教育，领导是关键

只有校领导自身重视创新教育并身体力行，这样才会对创新教育有比较深刻的理解和感悟，才能起到带头作用。思源学院的创立与发展就是一个成功的创新个案。西安思源学院从创办之初仅有50万元启动资金，到在创新中实现历史性的跨越，再到现在拥有固定资产8亿多元；从创办之初的租赁校舍，到在白鹿原一片荒芜的砖厂废墟上选定校址，再到如今拥有占地 1200 多亩、建筑面积达 30 多万平方米的气势恢宏壮观的校园；从创办之初的 400 余名学生，到现在的全日制在校生 19000 多名，一跃成为全国著名民办高校之一，2002 年西安思源学院在此基础上又成立了"西安思源职业学院"，开始招收高职高专学生。2008 年思源学院设立第一批四个本科专业，晋升普通本科高校。2014 年顺利通过教育部普通本科高校评估。2018 年思源学院设立了和长安大学联合培养硕士的工作站。思源学院发展的每一步发展都留下了创新的印记，学校领导体会到必须借鉴发达国家创办世界知名私立大学的先进办学理念，用创新思维的模式盘活我国民办教育蕴藏的巨大潜力资源，才能以超前 20 年的眼光来规划学校的整体发展，争做陕西民办高校排头兵。

另外，创新教育作为一个新生事物，要想在高校里得以全面地开展，离不开领导的重视和支持。刚开始实施创新教育时学院就专门成立了创新教育领导小组，董事长亲自担任组长，亲自听讲创新课，亲自主编创新教材，并要求其他校领导为创新教育的开展创造有利条件。指定副校长专门负责全校的创新工作，从组织上保证将董事长的理念贯彻落实、不打折扣；每年拨款 100 多万元用于创新师资培训、创新教材编写、创新科研活动等。周延波校长担任中国创造学会第四第五届理事会副理事长，创新教育专业委员会副主任委员，陕西省创造学会第一、第二届理事会理事长，获得中国创造学会"创造成果奖"。

(二)创新教育，制度是保证

思源学院实实在在地将创新教育从制度上落到了实处。为了给创新教育创造一个良好的制度环境，思源学院专门下发了《专利项目管理办法》《学术论文、专著奖励办法》《创新成果奖励办法》等一系列文件，对教师、学生的创新都做出了具体规定。考虑到学生申报专利费用高、程序繁琐等实际困难，明确表示学生申报专利费用及手续费完全由学校负责承担；为了激励年轻教师多创新、多钻研、多总结，学校下发文件明文规定，对于做出创新成果的教师，在物质上设立了四个奖励等级，同时在晋升职称、晋升工资及其他待遇方面都给予优待。对于青年教师发表论文、出版论文专著，学校也有相应的奖励政策，根据论文、专著的质量分别给予奖励。这一系列激励制度的出台，极大地调动了广大师生进行创新的积极性。

(三)创新教育，教师是根本

思源学院领导认识到具有创新精神的教师对创新教育的重要性，始终把选聘和培养既有专业理论知识又有丰富实践经验、既能教授创新课程又能指导学生创新实训的教师当作创新教育的根本任务来抓。为了尽快组建一支创新教师队伍，学校先后出资让多名教师脱产参加各种省创新师资培训班。经过刻苦学习，他们全部通过考核，获得了全国创新教师资格证书 CETTIC。培训回来后，学校组织他们办短训班，锻炼讲课能力，组织他们联合备课、交流教案，同时为他们准备了充足的经费以购买各种创新教学参考书，丰富他们的教学案例。在教学创新的同时，还注意教学手段、教学方法的创新，通过制作多媒体课件，坚持理论教学与实训教学的有机结合，显著提高了教学效果。

学校在 2003 年就成立了全国高校第一个"创新教育教研室"，并列入正式编制，设主任一名，专职教师 5 名，专门负责学院的创新教学、科研和指导学生课外创新小组活动。2014 年学校在创新教育教研室的基础上成立了创新教育研究指导中心，形成了独具特色的创新氛围，如今"创新""发散思维""逆向思维"已经成为思源学院最流行的名词。

（四）创新教育，学生是核心

学校决心将创新教育列为思源学生的必修课，这一举措在国内高校中为数不多。推行此工作的难度和风险不言而喻，阻力来自各个方面：教师、学生、家长、辅导员等。有的教师担心创新课虽然好，但毕竟不是一门专业，今后如果长期搞创新，把自己的专业丢了，哪天取消这门课时岂不是饭碗也砸了；有的学生担心，本来学习任务很重，又加了一门课，而且是必修课，如果考不及格就拿不到毕业证书；辅导员担心这会增加自己的管理工作量和工作难度。针对这些问题，学校逐一采取措施加以解决。为此，学校组织专家、教授参考国内外有关的创新教育资料，编写了适合大学生创新教育使用的《创新思维与能力教程》《创新思维与能力》《大学生创新教育》《开发创新思维》《高校创新教育》和《创新思维方法与实践》等教材。通过创新课的教学，老师们都感到学生的综合素质有明显的提高，原先的各种顾虑打消了，老师们开始安下心，进而热爱创新教育，学生们纷纷表示创新课是自己喜欢的课。

三、教学改革见成效

西安思源学院抓创新教育，一方面是为了提高学生的综合素质，另一方面致力于把它渗透到教学和教学改革当中。

学校 2005 年成立了青年教师创新研究会，举办了教研室主任、专职教师研讨班，专题讨论如何用创新的精神进行教学改革。不仅要求创新教师树立创新的理念，而且要求所有的专职教师都要学习、树立创新的思维方法，并渗透到自己所讲授的课程中去。学校教师中的一部分来自公办院校或毕业于公办院校，他们当时对高职教育缺乏深刻的认识，实际上，要搞好高职教育，必须转变头脑里根深蒂固的传统本科教育理念。在研讨班上，董事长讲第一课"思源的今天与明天"，说思源的发展史就是一部不断创新的历史。"九个第一"展示了思源的创新成果，思源的今天是昨天创新取得的成果，思源的明天取决于今天创新的努力，思源的灵魂是创新，思源的发展靠创新。其他领导先后走上台讲创新。研讨班收到了十分满意的效果，结束后收获了较高水平的高职教改论文 20 余篇。大家对思源学院的培养目标、专业设置、考核方法、师资队伍等有了较为深刻的认识，对用创新精神搞好教学改革充满信心。广大教师深刻认识到我们用创新精神搞教学改革，就是要打造只有创新特色的思源学生品牌。"质量是公办院校的声誉，是民办院校的生命。"只有提高学生的创新能力，才能从根本上提高学生素质。

全校上下对学院的办学指导思想认识更加明晰，定位更加准确。为了加强实训基地和实验室建设，学校一次性投入 232 万元建设工业工程、机电一体化专业实验室。2003 年 7 月，学校机电一体化和工业工程两个专业被省教育厅批准为高职高专试点专业。为了加强师资队伍建设，学校每年选派大量青年教师到西安交通大学等高校攻读硕士研究生，并于交大建立对口帮扶上，每个专业聘任有较高知名度的教授担任学科带头人。

创新教育深化教学改革，促进了学校教学质量的提高。定量分析研究结果表明，思源学院学生的公共课教学成绩提高比较明显。如高等数学、英语考试的成绩优秀率不断上升，不及格率持续下降。2014年后思源创新教育开始大胆尝试双语教学、大班理论小班研讨等创新的教学方式。事实充分证明，创新教育对思源学院的教学和教学改革有积极的推动作用。

四、思源学院的创新教育体系

经过20多年的发展，思源学院的创新教育工作形成了较为完善的体系，为创新教育的稳步、持久发展奠定了坚实的基础。青年教师创新研究会、专业创新学生社团、二级学院专业创新实验室和创新文化节组委会是思源学院创新教育工作的支柱；中国创造学会高校实验基地、陕西省创造学会、创新创业训练展示中心、创新成果展廊是展示学院创新成果的窗口，如图16-1所示。

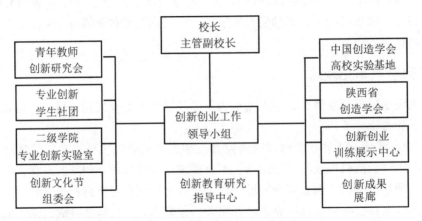

图16-1　西安思源学院创新体系图

在"大众创业、万众创新"的机遇中，西安思源学院的创新教育特色会更加鲜明，成果会更加丰硕。

◎ **课后练习题**

1. 简述国外创新教育的发展状况。
2. 简述国内创新教育的发展状况。
3. 试指出我国高校创新教育改革的意义。

第十七章　创新人才培养

美国哈佛大学前校长普西认为：一个人是否具有创造力，是一流人才和三流人才的分水岭。世界 21 世纪教育委员会提出了创新人才的七条标准：第一，有积极进取的开拓精神；第二，有崇高的道德品质和对人类的责任感；第三，在急剧变化的竞争中，有较强的适应能力和创造能力；第四，有宽厚扎实的基础知识；第五，有丰富多彩的个性；第六，具有与他人协调及进行人际交往的能力；第七，具有坚韧的毅力与献身精神。创新人才已越来越受到世界各国及各界人士的共同关注和重视。高校教育的本质是人才培养活动。大学不仅是提供具有高等教育学历的劳动力输出基地，更应成为培养创新型人才的基地。

第一节　创新人才的素质

创造性是人的本质属性的最高表现，没有创造就没有人类的发展。创新精神和创新能力是人才综合素质的集中体现，创新人才的基本特征是创新精神、创新能力和创新成果三者的统一。在实现创新型国家建设的过程中，创新人才发挥着举足轻重的作用。创新人才必须具有较高的创新素质，从知识、能力和素质三者的关系来看，素质是先天遗传和后天教育影响而形成的相对稳定的个性心理品质，知识和能力的内化形成素质，内隐的素质外显就表现为能力，而创新能力则是创新素质的综合体现。

一、创新人才的创新人格

美国心理学家戴维斯于 1980 年在第 22 届国际心理学大会上将创新人才的非智力人格特征概括为以下 10 个方面：独立性强；自信心强；敢于冒风险；具有好奇心；有理想抱负；不轻信他人意见；易于被复杂奇怪的事物所吸引；具有艺术上的审美观；富有幽默感；兴趣爱好既广泛又专一。

我们认为创新人才的创新人格至少包括以下几方面的内容。

（一）强烈的创新动机

动机是激励人、驱动人去行动的一种力量。人的动机是在需要的基础上产生的，一旦有了需要，有机体就会想方设法去满足。动机既是创新强有力的推动器，也是催化剂。动机的远大与否，会影响一个人对事业的坚持以及面对这份坚持的勇气。创新动机是发明创造活动的内在动力，它首先来源于崇高的理想，只有这样才能具有无畏的勇气和为创新献身的精神。

其次，创新动机来源于对创新的浓厚兴趣。兴趣是人类求知识、探究某种事物或从事某种活动的心理倾向，浓厚的兴趣会使个体产生积极的学习态度，自觉克服困难，排除各种干扰，从而有所成就。创新者只要对某项创新活动产生了兴趣，就会钻进去，不知疲倦地工作，不畏艰险地去闯。兴趣是发明创新活动的动力，强烈的求知欲和求知兴趣，能使人们获得广泛的知识。对学习和工作的兴趣，使人观察敏锐、精力集中、思维深刻、想象丰富，有助于学习和工作效率的提高。兴趣是创新的起点，也是成才的起点，将兴趣、理想和事业融汇在一起，就可以取得辉煌的成就。

(二)必胜的自信心

自信心是人们相信自己并认为自己能够成功的一种心理状态。必胜的自信心是事业成功的基础，是创新行为的内驱动力，也是创新思维不竭的源泉。成功的创新者大多对自己的才能充满自信，但有时也会显得自负和傲慢自大。可以说，创新人才的成长过程便是一个不断挖掘自身生命潜力的过程。实际上，一个人所能做的事情远比自己想象的和已经做过的多。坚定自信之所以是成功的一大秘诀，在于当你拥有必胜的自信时，你会产生对事物与自我的超价值评价，即积极性幻想，从而漠视一切困难、挫折与失败，不断地扬弃自我、超越自我。如果缺乏自信，认为自己这个不行、那个不能，也就不敢想、不敢做。那么，就算天赋再高，也不会产生创新动机和行动。过分地迷信与崇拜权威，是创新的敌人。因此，"创新的大敌是过分的自我批判"的说法的确是具有一定道理的。自信是与独立思维、敢于挑战权威紧密联系在一起的。面对逆境，人往往会产生两种情绪：颓废或坚强。此时的自信比以往的自信有更为浓厚的基础，这种自信会更加有力地推动你去解决成功道路上的艰难险阻、重重关隘。显而易见，在成长过程中，环境的逆境与否尚在其次，重要的是要有成功的意志与自信。成功者之所以成功，也正是由于他们总是对自己所从事的事业的正确性深信不疑，永远乐观向上，即使在逆境中也表现出巨大的勇气和力量。创新人才成功的另一大因素，是他们能够从逆境中走出来，变逆境为顺境。逆境中人的毅力往往能得到更大的召唤与发挥。

(三)坚韧的毅力

坚韧的毅力是创新活动取得成功的重要保证。成功者与失败者在两种非智力因素上存在巨大的反差——志向与毅力，因而在创新人才的性格储备中，还应该具有百折不挠、锲而不舍的毅力因素。毅力是人们勇往直前、顽强克服各种困难的必胜品质。毅力的强弱是与创新人才的自信程度及必胜信心紧密联系的。毅力具有两个基本特征：坚持性与方向性。创新人才都具有"千磨万击还坚劲，任尔东西南北风"的坚韧性。

真正的创新人才，都具有从失败的阴影中走出来的强大自信。在他们看来，逆境熔铸性格，逆境只不过是他们锻炼的熔炉，而性格能够改变逆境。在逆境中，我们能磨炼毅力，而伴随着毅力的增长，自信心也得以逐步增强，毅力与自信是相得益彰的关系。

二、创新人才的创新精神

创新精神是创新发明的前提，它不是与生俱来的，而是通过后天的培养逐步塑造的。创新精神主要表现在以下几个方面。

（1）首创精神。首创精神就是敢为天下之先的精神，这是创新者的本质特征。

（2）开拓精神。开拓精神即强烈的、积极进取的开拓精神。

（3）探索精神。具有探索精神的人能以强烈的求知欲和顽强的毅力与拼搏精神寻求新的创新点，深入尚未被认识的领域进行创新。

（4）献身精神。创新有时也可能是寂寞而孤独的，并要付出很大的投入和牺牲，创新者必须依靠崇高的理想和无私奉献的精神支柱。

（5）科学精神。创新不是杜撰，不能违背客观规律，而是改变主观世界，更科学地遵循客观规律，认清客观世界。创新者应具有敢冒风险、求真务实、敢于怀疑和批判的科学精神。

三、创新人才的开放性知识结构

知识是形成创新力的前提。当今各种学科纵横交错、相互渗透，边缘学科、交叉学科层出不穷，只具有单一学科的知识和封闭的知识结构，是无法适应当今学科发展要求的，也难以成就创新人才的。创新人才要善于获取知识，具有合理开放性的知识结构。

所谓知识结构，是指人类知识在个人头脑中的内化状态，它包括各种知识间的比例、相互关系以及由此而形成的一定的整体功能。人的知识结构由不完整到完整，由无序到有序，都是智力结构进行的自组织过程。根据自组织理论，知识结构属于耗散结构，是一种远离平衡的系统。当控制参量的变化达到某个临界值时，系统就从原来的混沌无序状态变成时空有序状态或功能有序状态。发生这种变化的原因，显然是知识结构动态调整的结果。知识结构的自组织过程，就是一个从量变到质变的循环往复过程，通过系统内部的涨落导致非平衡化，在系统与外部环境之间不断进行物质、能量和信息的交换，以此维护它们的良性循环。一旦这种动态的知识结构受到破坏，或者说由耗散结构变为一种静态的平衡结构，就会出现知识老化现象。

因此，具有开放性的知识结构，对于创新者而言是非常重要的。它不但使创新者易于接受新知识，还可以发挥知识相关性的作用，使灵感的火花不时地闪现，而灵感对于创新者而言是一种宝贵的财富。这种开放性的知识结构，表现为："新"——掌握新的前沿性知识；"专"——在某一领域有独到的见解或较深造诣；"博"——有扎实的基础和深厚的文化底蕴，有较强的学习能力、信息能力、研究能力和操作能力。

美国学者考夫曼在《未来的教育》一书中，曾提出构建这类人才知识结构所需的六项教学内容，具有一定的参考意义：接近使用信息——包括图书馆和参考书、电脑数据库、商业和政府机构的有关资料等；培养清晰的思维——包括分析语义学、逻辑、数学、电脑编程、预测方法创新性思维；有益的沟通——包括公开演说、身体语言、文学、语辞、绘画、摄影、制版、图形绘制；了解人与生活环境——包括物理、化学、天文学、地质和地理学、生物和生态学、人种和遗传学、进化论、人口学等；了解人与社会——包括人类进化论、生物学、语言学、文化人类学、社会心理学、种族学、法律、变迁的职业形态以及若干存续问题等；个人能力——包括生理能力与平衡、求生训练与自卫、安全、营养、卫生和性教育、消费与个人财物、最佳学习方式和策略、记忆术、自我动机和自我认识等。

考夫曼设计的课程虽然较广泛，却不失为一个适应未来知识社会发展和人类自身发展所需要的开放性知识体系。

四、创新人才的创新能力

创新能力由创新思维能力和创新实践能力两方面构成。创新思维是一种打破常规、寻求变异，从某些事实中寻求新关系、找出新答案的思维过程，它包括思维的流畅性、变通性和独特性。创新思维需要具有敏锐的洞察力和丰富的想象力，勇于突破思维定式的束缚，善于提出新观点、新理论和运用新方法、新思路解决问题，不唯上，不唯书，不唯师，只唯实。创新实践能力主要是指动手操作能力、实验能力和创新成果的完成能力等。

具备各种创新素质的创新人才可以分为知识创新人才、技术与产品创新人才、管理创新人才和制度创新人才等类别。创新人才能够创新社会价值，他们可以将其个人所拥有的隐性知识显性化，彼此共享，形成新知识，并通过产业化实现其价值。创新人才具有不可替代的特征，如果资本资源可以在一定程度上替代一般劳动资源的话，那么，对创新人才而言，资本资源不仅不能替代，反而还须仰附于创新人才的加入才能发挥更大的作用。创新人才必将成为未来社会中最稀缺的资源。

第二节　创新人才的培养

一、大学生创新的有利条件

大多数大学生在求学阶段通过自我意识、自我评价、自我教育及自我控制初步形成了颇具内涵的世界观、人生观和价值观。与此同时，大学生处于人生的黄金阶段，其记忆力、观察力、想象力、思维力、操作力都得到迅速发展。

在大学阶段特殊氛围的熏陶和大学校园特殊环境的影响下，大学生的创新特征表露得越来越清晰，这可以从以下几个方面体现出来。

(一)探索未知的好奇心

好奇是人们积极探索新奇事物的一种心理倾向。当外界事物发生某种新奇变化时，每个人都会情不自禁地进行探索。大学生在寻访自然和社会的奥秘时所表现出来的勃勃兴致，受好奇心驱使是一个重要原因。好奇既是人们天性的表露，又是人们兴趣的向导。好奇心可以使人产生兴趣，促进创新，但好奇心容易激发，却难以保持。新奇的知识、新奇的结构、新奇的功能、新奇的方法都会引起大学生的好奇，进而引发他们的创新兴趣。

（二）质疑权威的勇敢精神

大学生群体的理性思维处于较高水平，要使大学生相信某一观点或某一理论的正确性，必须有理有据，方能令他们口服心服。他们往往不为学术权威、科学巨匠、文坛泰斗等显赫人物的声明所动，敢于质疑和挑战这些"大人物"。大学生往往没有声名之累，没有派系之争，他们也不会因惧怕被别人认为标新立异而不敢表露自己的观点。"能者为师""真理面前人人平等"是他们信奉的准则。

质疑和提问往往是开启创新思维的钥匙。大学生群体通常不会满足于跟在别人后面亦步亦趋，他们"初生牛犊不怕虎"，敢于挑战难题。虽然有时他们的想法失之幼稚、做法显得简单，但他们敢想敢干，并在思考和行动中逐步完善和充实自己，使自己真正具有发言权。

（三）运用知识的有效性

知识是大学生通向社会的阶梯，高等教育的熏陶使大学生在学习方法和学习能力方面取得了长足的进展，使他们运用知识的有效性大大增强。与其他青年群体相比，合格的大学生不仅能够正确运用知识来解答自己学习中遇到的难题，而且能够正确地运用知识来解决自己遇到的其他难题。这种运用知识的有效性增强了大学生的自信心和求知欲，使他们更为迫切地希望能运用所掌握的知识为国家和社会作出创新贡献。

二、大学生创新过程中存在的问题

大学阶段学生的智能因素得到快速发展，非智能因素也相应得到提高。随着大学生参与社会实践和创新活动次数的增多，其有关创新行为的心理特点也会存在一定的局限性。

（一）大学生一般思维敏捷，但不善于创新思维

大学生具有思维跨度大、思维转换快等思维敏捷性表现，并且已具备较高水平的逻辑思维，惯于在现有的知识中进行归纳和总结。但由于受传统思维方式的消极影响，他们的思维方式常常是单一、直达或垂直的。虽然这种思维方式具有敏捷、快速的特点，但考虑问题时缺乏灵活性和全面性，缺乏从实践中发现问题和解决问题的自觉性与能力，离创新思维的要求还有一定距离。

（二）大学生一般想象力丰富，但不善于创新性想象

随着知识和经验的增多，大学生越来越喜欢以知识和经验为基点，"浮想联翩"。与其他青年群体相比，大学生的想象力十分丰富，他们可以对历史进行追溯，对未来进行遐想，其想象上至天文、下至地理，无所不包。但大学生所进行的想象，受原有知识和经验束缚的程度较高，或者属于再造性想象，或者属于幻想性想象，很难独立产生出新概念、新理论、新方法和新形象。也就是说，大学生较为缺乏创新性想象。

(三)大学生一般富有灵感，但不善于捕捉创新机会

大学生具有较高的智力水平，也具有较好的思维习惯，他们一般喜欢进行艰苦细致的独立思考。由于长时间的思考，灵感会时常"光顾"他们。但是，不少大学生既对灵感的认识不正确，又对灵感的出现无准备，因而当灵感降临时，往往无法察觉，不善于捕捉，致使灵感从自己身边溜走，白白失去创新的机会。

有许多大学生经常抱怨自己运气不佳、没有机会。其实，运气和机会对每一个人都十分公平，关键在于是否能够提前做好准备捕捉并牢牢把握它。

(四)大学生一般渴望创新，但不善于利用创新条件

大学生的理想境界很高，创新欲望也很强，这是值得大学生自豪的品质。但渴望创新并不等于善于创新。大学生具有较高的志向和抱负，希望能在大学阶段有所创新、有所发明、有所成就，但他们往往只凭主观愿望和个人力量，而忽略了对周围条件的有效利用。

大学是人才荟萃、知识密集的地方，实验条件和实验设备较为齐全，但有些大学生和周围环境互动少，和老师同学交流也不多，容易造成信息封闭、资源短缺的弊病，不能充分利用创新的条件，妨碍他们创新行为的实施。

三、培养大学生成为创新人才的措施

培养创新人才已成为知识经济时代教育发展的根本所在。在知识经济时代，教育在适应不断提高劳动者基本素质的社会要求之上，更要能够做到培养具有创新精神和创新能力的人才。创新人才培养将在21世纪的经济发展和社会进步中起着举足轻重的作用，因为它是知识创新、技术创新的基础。我们的教育只有培养出具备创新意识和创新精神的新型人才，才能通过这种人才的广泛社会活动，不断地产生新的思想、新的知识、新的技术，产生大量的专利和发明，呈现以创新为基础的社会发展局面，推动国家高新技术的发展和传统产业的改造，成为更加强大的生产力，更快、更多地积累社会财富。

(一)树立创新教育观，营造良好的创新教育氛围

传统教育注重向学生传授已有的文化知识，教育的重点是继承人类已经创新出来的文明成果。在教学活动中，传统教育追求教学内容的稳定和专一，以知识的记忆和再造为基本目标，强调知识的积累过程，以掌握知识的数量和精确程度；强调对已有知识的记忆，把掌握知识本身作为教学的目的，把教学过程看作知识的积累过程，以掌握知识的数量和精确度作为评价教学质量和学习质量的标准。总之，传统教育是单纯的继承性教育，缺乏创新。这种教育不利于培养学生的创新精神和创新能力。知识经济对人才的要求在内涵、规格、模式诸方面都将发生深刻的变化。创新是对人才素质的核心要求，我们要在继承性教育的基础上，加强创新教育，树立起新的教育观。

创新教育观认为，要在很好地传授和学习已有知识的基础上，注意培养实现知识创新。我国高等学校创新教育目标的定位应以素质教育为核心，以提高大学生的创新能力为

出发点。为了适应知识经济带来的各种挑战，高等学校不能只注意向学生传授已有的科学文化知识，还要培养学生拥有自如运用这些知识的创新能力以及解决实际问题的完成能力。因此，我国高校培养创新人才的重点工作应放在培养学生的创新精神和意识、创新思维、创新能力这几个方面。其中，培养创新人才的核心是培养创新思维，它是创新精神和意识、创新能力的基础和核心；而创新精神和意识又是实现创新的前提和动力，是创新人才所具备的远大理想、高尚精神和强烈愿望；而创新能力则是将创新理想、精神、愿望转化为有价值的、前所未有的精神产品或物质产品的实践能力。只有确立了创新教育观，创新人才的培养才有明确的思想保证。在知识经济时代，从继承性教育向创新教育转变，已成为教育变革的新课题。

在深化教育改革的过程中，培养学生的创新能力和激发发明创新是教改目标，其前提是教育者要先受教育，即高校教师必须首先了解创新思维的一般规律，自觉地培养自身的创新能力并体现在教学工作中。因此，实施创新教育，就要建立一支具备创新意识和创新能力的高素质教师队伍。与此同时，在学生中要倡导追求真理、鼓励冒尖、热爱科学的价值观，确立敢冒风险、宽容失败的价值取向，创建民主、自由的创新环境，培养自由讨论的风气，努力营造有利于创新人才成长的良好氛围。努力培养学生科学的创新思维能力，培养学生构筑合理的知识结构，培养学生具备健康的心理素质。

(二)优化创新人才的成才环境

创新人才的成长环境应体现宽松、民主、自由、开放、进取。良好的创新环境，不仅能为具备创新能力的学生提供施展才华的舞台，同时也可以激发学生潜在的创新能力。因此，营造宽松的环境，给创新者更多自由思考的时间和空间，是实施创新教育及培养创新人才的关键。大学生创新能力的培养，需要营造一种民主、自由、和谐的氛围。

(1)加强创新教育的基地建设，优化创新教育的硬环境。基地可以以校园所在地的教育资源(比如，实验室、实习工厂、实训基地、图书馆等)为基础，适当配置现代化、高科技的技术装备，也可利用或共享社会非教育资源(比如，可通过产学研结合等手段，利用企业、科研院所的装备条件)来建设校外的创新教育基地，通过第一课堂与第二课堂的结合来培养创新人才。近年来，一些高校实验室的全面开放已成为学校教育、科研上水平的标志，它以精心设计的课题、优质的管理、良好的仪器设备和一定的实验研究基金的鼓励和吸引教师、研究人员和学生参与，并为大学生开展课外科技活动提供了良好的环境。

(2)优化创新人才成长的软环境。高校要建立有利于培养创新人才的教育管理体制，改革教育内容，优化课程体系和人才培养模式，使学生形成良好的知识结构和能力结构，为发展学生的创新思维、为其成才奠定全面的基础。改革教学手段和方法，尽量采用现代化、高科技多媒体教学和网络教学等，为大学生创造良好的教学创新和知识创新环境。鼓励教师各抒己见，为学校发展献计献策；鼓励学生不人云亦云，敢于提出自己的想法和意见；在考试评价上，取消百分制，实行等级制，将教师的积极性引导到教学改革上来。

建立民主、平等、合作的新型师生关系，为学生创新能力的发挥创造自由、安全的心理环境。教师要充分尊重和信任每一个学生，尽量减少对学生行为和思维的无谓限制，给予其自由表现的机会；不随意批评、否定学生，消除学生对批评的顾虑，从而获得创新的安全感，敢于表达自己的意见和见解。新型的师生关系，可以使课堂教学成为师生相互讨论、质疑、争辩的乐园。

(三)构建多元化的知识结构

科学合理的知识结构是进行创新活动的重要前提，是形成创新能力的重要基础。因此，高校必须根据创新人才的成长规律，研究建立创新型知识结构。开放型结构应是多元化的知识结构，要具有完整性和有序性。完整性是指组成知识结构的各类知识具有足够的覆盖面；有序性是指组成知识结构的各种学科知识之间具有互相畅通的信息渠道。要具备这两个特点，就必须实行课程设置综合化。

当前，科学的发展已呈现出综合化、交叉化的趋势，出现了科学文化与人文文化的融合。人们面对的科学技术问题、经济问题、生态环境问题等都是一个个复杂的系统，新的发现往往在交叉学科、边缘学科之间产生。这就要求创新者必须具备多学科的开放型知识面。高校实行课程综合化的实质，就是强调知识的整体性和培养学生综合运用知识解决问题的能力。现行的大学课程结构应从四个方面进行改革。第一，加强基础课程，既包括自然科学基础课程，也包括社会科学基础课程；既包括本专业基础课程，也包括相关专业基础课程，使学生基础扎实、知识广博。第二，加强文理融合课程，培养学生从不同的学科角度去探讨和综合运用多学科知识去解决问题的能力。第三，设置综合课程，重新组合各种学科知识，创立跨学科、边缘学科课程。同时，要合理设置人文文化课程，为学生提供广博而深厚的文化底蕴，发展学生的非智力因素。第四，开设创新课程，教给大学生创新的思维方法，培养其创新能力。

(四)构建创新人才培养的新机制

高校要将具备创新意识、创新能力作为对人才基本素质的内在要求，为建立起创新人才的培养机制做好准备，并成为大学师生的自觉要求。

(1)树立多元人才观，改变过去那种统一教学计划、统一教材，统一学制、统一管理的整齐划一的人才培养模式，采取灵活多样的培养方式，实现培养模式多样化，培养方案个性化。培养方案个性化是指注重学生个性发展，因材施教。个性是创新思维产生的基础，是创新能力的核心。没有个性，就没有创新性，缺乏个性，就缺乏创新性。只有个性得到发展，才能形成创新。因此，要树立个性化教育思想，注重个性与个性潜能上的挖掘和培养，使每个人都能实现其独特的价值。发展个性是现代教育的一个重要标志。当然，这里强调的个性，是一种健康、和谐的个性，而不是一些不良个性。

(2)更新教学内容，改革教学方法。在现在的大学里，一些教学内容大大地落后于时代要求。因此，应精简陈旧落后的课程内容，增加现代科技基本原理，介绍学科的新发展、新成果，拓宽专业面。在教学方法上变"满堂灌"为"启发式"，调动学生自主学习的主观能动性。

(3)建立有利于创新人才脱颖而出的评选指标体系。高考升学的选拔标准、三好学生与优秀教师的评选标准、教育评价制度，都要综合考虑创新意识、创新能力等因素。

（4）要形成一种宽松的学术风气。要允许各种学术思想的充分讨论，不要将学术思想问题同政治问题混淆起来，不要随意将学术问题当作思想政治问题来对待。

◎ 课后练习题

1. 创新人才应具备哪些素质？

2. 结合实际，谈谈当代大学生的创新素质包括哪些方面。

3. 如何将当代大学生培养成为创新人才？

第十八章　高校的"双创"活动

第一节　创新与创业

一、创业概述

(一)创业的概念

2014 年 9 月的夏季达沃斯论坛上,李克强总理在公开场合发出"大众创业、万众创新"的号召。当时他提出,要在 960 万平方公里土地上掀起"大众创业""草根创业"的新浪潮,形成"万众创新""人人创新"的新势态。越来越多的人包括许多的大学生加入创业大军,在此之后掀起了一股科技创业和小微企业创业的热潮。这种改变引起了学术界对创业现象的密切关注和深入研究,产生了对创业的多视角的概念的定义和阐述。

"创业"(entrepreneurship)一词来源于 17 世纪的法语单词,创业者起初是描述那些承担大项目的人,但后来是指那些开创了新的做生意方法的商人。根据杰夫里·提蒙斯所著的经典教科书《创业创造》,创业可以定义为:一种思考、推理结合运气的行为方式,它为运气带来的机会所驱动,需要在方法上全盘考虑并拥有和谐的领导能力。

创业有广义和狭义之分。狭义的创业是指创业者的生产经营活动,主要是开创个体和家庭的小业。广义的创业是指创业者的各项创业实践活动。创业是创业者对自己拥有的资源,或通过努力对能够拥有的资源进行优化整合,从而创造出更大的经济或社会价值的过程。创业是一种劳动方式,是一种需要创业者运营、组织、思考、推理和判断的行为。

(二)创业的类型

(1)按照初始推动力进行划分,可划分为:技术创业、资金创业、创意创业、营销创业和技能创业。

技术创业是指以一定的技术成果为基础,提供新的产品或服务的创业模式,实际上也就是技术成果转化模式的创业。因此,技术创业的创业者当中必然包括技术成果的拥有者。技术创业的典型模式就是技术成果持有人以技术为投入,通过外部资金以及经营管理人员的支持,建立新的企业。这也是目前很多高新技术型企业的主要创建模式。

资金创业是指创业者有一定数量的资金,寻找适当的投资项目和合作伙伴来建立新的企业。现实当中，存在很多有一定数量的资金，想创业但又没有合适的投资项目的人，这时他们就可以采取引入自己认为可行的投资项目的方式进行创业，即资金创业。目前常见的资金创业如购买技术设备进行生产经营、加盟一个连锁店，等等。

创意创业是指创业者觉察到某些潜在商机，提出一种新的业务或业务模式，然后通过外部资金支持或利用自有资金创建企业。由于没有技术依托，一般出现在服务行业，创意的类型也多是提出一种新的业务模式或发现一个潜在的需求市场。比如以出国培训为核心业务的北京新东方学校、通过互联网销售图书的当当网，等等。

营销创业是指创业者先获得一项市场业务，然后再创业。比如常见的就是软件开发人员先接下一个软件开发业务，然后才成立一个软件公司去完成这项业务，并在此基础上开展其他业务。这种做法在很大程度上降低了创业初期的风险，因而受到很多创业者的推崇。

当然，在没有创业之前就取得业务，也是存在相当大的难度的。技能创业是指是创业者利用自身的特殊技能来获得外部支持，创建自己的企业。如常见的管理技能、软件开发技能、手工艺技能，等等，都是创业者可以借以创业的重要技能。

(2)按照创业目的进行划分，可划分为：生存性创业和机会性创业。

生存型创业：就是指创业者由于找不到理想的工作，为了解决生活问题而不得不创业，因此又可以称为就业型创业。对我国而言，目前生存型创业是解决下岗职工再就业的重要手段，并且在整个创业当中也占有很大的比重，因此，我们必须给予足够的重视。

机会型创业：是指创业者把创业作为职业生涯的一个选择，因而又可以称为事业型创业或发展型创业。机会型创业能够创造出具有一定规模的新市场，因此在推动经济增长方面具有可持续性。

(3)按照创业在企业发展中所处的阶段进行划分，可划分为：一次创业和二次创业。

一次创业是指从无到有地建立一个全新的企业，因此又可以称为首次创业。前面所介绍的两种对创业的划分方法，实际上都是对一次创业的划分。

二次创业是指对原有企业的大幅度变革，如企业间的并购行为、企业内部的重大股权变更或业务变更等。在多数情况下，我们可以把二次创业看作是企业内创业，即企业内具有创业特征的经营管理活动。

(三)大学生创业过程

大学生从最初有一个创新的点子到最终创业成功、建立公司，一般要遵循一个创业过程，这个过程大体可以分为四个阶段：创业认知阶段、创业筹备阶段、公司成立阶段和公司运营阶段。具体的大学生创业流程如图 18-1 所示。

(四)创业的意义

1. 创业是经济发展的原动力

创业使行业传统模式产生新变化，催生新业态，带动就业岗位的扩增，增加行业经济总量。企业是一个国家经济发展的核心力量，而一个个企业就是由不同的创业者建立的，

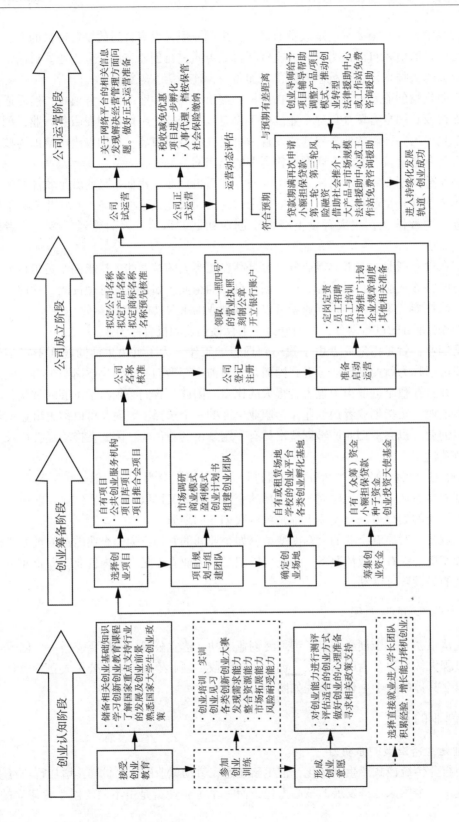

图18-1 大学生创业流程

企业的基本经济功能就是制造和分配人们需要的产品和服务。创业者就是发现顾客的需求并想尽办法满足这些需求。创业者在经济体系中发挥着关键作用。国家或社会的财富绝大多数是由商业活动创造的。

2. 创业是科技进步的加速仪

创业过程的核心是创新精神。创新是创业的主要驱动力量,创业是新理论、新技术、新知识、新制度的孵化器,也是新理论、新技术、新知识、新制度形成现实生产力的转化器。

3. 创业是个人理想的助推器

从创业者自身的角度来看,他们创业的目的可能是改善物质生活,可能是提高社会地位,也可能是为了实现其他愿望。无论如何,创业都是他们达到目的的有效手段,甚至可以说是最有效的合法手段。成功的创业者往往会得到全社会的尊重。即使是失败的创业者,人们对他们的敬佩也仍然存在。

二、创新思维在创业中的作用

(一)创新思维激发创业意愿

一个个新的创业点子的出现都是由思维的转化开始的。20 世纪 60 年代,联邦快递公司的创立者弗雷德在耶鲁大学读书,他撰写过一篇论文,提出一个超越传统上通过轮船和定期的客运航班运送包裹,建立一个纯粹的货运航班,用以从事全国范围内的包裹邮递的设想。弗雷德在论文中提出,在小件包裹运输上采取"轴心概念"理念,并利用寂静的夜晚通过飞机运送包裹和邮件。可是老师并未认可这种创新理念,这篇论文只得了个 C。毕业后弗雷德在越南战争中当过飞行员。回国后他在可行性研究基础上,把从父亲那里继承的 1000 万美元和自己筹措的 7200 万美元作为本金,建立了联邦快递公司。实践证明,弗雷德的"轴心概念"的确能为小件包裹运输提供独一无二的、有效的、辐射状配送系统。弗雷德的出奇之处不仅在于小件包裹运输采纳"轴心概念"的营销模式创新,更在于他能够把人们忽略的时间运用起来,把本来是低谷的时段变成一种生意的高峰期。

(二)创新思维拓宽创业思路

在一个企业遇到问题的时候,创新思维有助于企业开启另外一扇窗。日本日立公司在北海道有一家专门制造电扇的工厂,由于产品单调,销路不好,一直亏损。该工厂的经理发现那里很多农民靠塑料大棚种植农作物,而大棚需要换气用的风扇,因此就自作主张生产换气扇。一次,日立的总裁来到那里考察,看见此"不务正业"的现象,就问是怎么回事,该经理很巧妙地答道:这也是电扇啊!总裁没太在意。结果若干年过去了,该工厂一跃成为日本唯一一家专营各类工业用风扇的厂家。

(三)创新思维完善创业规划

创新思维可以使创业者更全面地策划创业方案,增强创业项目的市场竞争力,减小创业风险，并在创业实施阶段灵活应对所遇到的难题，创新性地提出解决问题的方案，为创业实践保驾护航。2007年，刚融资了17亿美元的阿里巴巴准备做一个广告平台，准备花10亿美元去收购一个，结果对方要价15亿美元，马云就决定自己干，卫哲问要投多少钱，马云举起两根手指。这是2个亿，还是2000万呢？在众人猜测未果的时候，马云淡淡地说了句：200万元人民币。大家都说马云是疯了，马云说：当初阿里巴巴用50万元能干成现在这个样子，现在投200万元，一样也有可能干成！战略方向一定，接下来是组织方面的人、财、物三件事：开始在公司内部发出英雄榜招募团队，公司投资200万元，团队可以自己出钱投资20%～30%，项目成功后公司回购股份，但是原有的级别、工资、股权全部拿掉。重赏之下必有勇夫，真的有几个"疯子"般的技术宅男揭榜，还自己掏钱投资，同时为了降低成本表示不要工资。人、财解决了，还有物咋办？互联网广告平台主要就靠两个东西：一是服务器，二是流量。经过测算，总共需要5000台服务器，要花整整一亿元！然而，被逼上绝路的"疯子"，什么办法都会有。他们先是在公司里到处搜罗，找到了2700台报废的服务器，又搭建了一个技术架构平台，让2700台报废服务器发挥出5000台新服务器的功能。服务器搞定了，流量咋办？当时广告领域主要由百度联盟等流量平台掌握，而账上有的钱啥流量都买不了。于是乎，"疯子"们决定再"疯"一把，他们研究出百度联盟的分账是六四开，而在阿里巴巴这个平台则是95：5，也就是客户拿95%，阿里巴巴拿5%，条件是没有预付款。最后，真的有网站挂上了阿里巴巴的广告，这件事还真就成了！这几个"疯子"后来将项目股份兑换成阿里巴巴的股份，几年后阿里巴巴上市，他们摇身一变，都成了亿万富翁。

（四）创新思维催生创业模式

新的创业模式的出现往往伴随着思维的改变。1999年11月成立、2001年3月才进军网络游戏市场的上海盛大网络有限公司改变了这种局面。2001年7月盛大代理了一款韩国游戏《传奇》，2002年凭借《传奇》的出色表现，上海盛大年营业收入达到4亿元，占据网络游戏市场份额高达40%以上。盛大通过一款韩国游戏《传奇》创造了奇迹，但让盛大获得成功的绝不仅仅是游戏本身，在实现奇迹的过程中，盛大独创的营销模式功不可没——这种模式已被称为盛大模式。盛大通过代理开发商的软件，快速获得了质量相对优良的产品；通过向游戏玩家收费，找到了以往网络游戏依靠网络广告、电信分成等赢利模式之外的新赢利模式，这种直接面向终端消费者的模式，无疑更为稳定可靠；通过渠道扁平化，盛大公司提高了销售终端的覆盖率和控制力度；盛大公司还向传统行业学习，通过向游戏玩家提供优质的售后服务，从而让玩家建立起忠诚度。

三、创新方法在创业中的作用

（一）创新方法与产品服务设计

产品或服务是创业的一个重要构成部分，在设计的时候想要赢得市场，设计方法要力求创新。泰特，微软前任高级官员。一次在汉普顿度假中与友人玩模板游戏时，发现自己在图形游戏中屡屡获胜,而在填字游戏中却屡屡落败。在了解到这和左右脑分工有关时,他便决定发明一种可同时锻炼左右脑的游戏。通过电话、传真和电子邮件,他组织了一个虚拟工作小组,其中包括 6 个素未谋面的合作伙伴:一个填字游戏高手、一个儿童艺术老师、一个滑稽演员、一个大学生、一个软件开发者和一个记者。他们完全通过电子邮件合作制作出这个游戏。最终在没有做任何传统媒体广告的情况下,当年共售出 10 万套游戏(每套售价 34.95 美元),最好的销售点是亚马逊网上书店。

(二)创新方法与创业团队构建

创新方法可以指导创业团队构建,特别是创新方法中智力激励法中关于智力激励会议参会人员的限人原则等,对创业团队构建又很广发的借鉴意义。1998 年马化腾与他的同学张志东"合资"注册了深圳腾讯计算机系统有限公司。之后又吸纳了三位股东:曾李青、许晨晔、陈一丹。马化腾在创立腾讯之初就和四个伙伴约定各展所长、各管一摊。马化腾是 CEO(首席执行官),张志东是 CTO(首席技术官),曾李青是 COO(首席运营官),许晨晔是 CIO(首席信息官),陈一丹是 CAO(首席行政官)。

腾讯创业团队保持稳定的关键因素,在于彼此之间能够"合理组合",且每一个人都有自己非常明显的优势。马化腾非常聪明,但也较固执,注重用户体验,愿意从普通的用户的角度去看产品。张志东是脑袋非常活跃,对技术很沉迷的一个人。许晨晔是一个非常随和且有自己的观点,但不轻易表达的人,是有名的"好好先生"。陈一丹十分严谨,同时又是一个非常张扬的人,他能在不同的状态下激起大家的激情。而李青是腾讯 5 名创始人中最好玩、最开放、最具激情和感召力的一个。

(三)创新方法与竞争优势筛选

在创业竞争优势筛选过程中需要创新方法的综合运用。比如多向转换法中利与弊的转换,各类条件的转换能使创业者摆脱困境,筛选掉不利条件,发现机会,充分利用资源保有竞争优势。小商贩西拉·素他拉的家靠近路边,每天都会有很多大巴车经过,并且大巴车的镜子都会反射太阳光过来,一照到身上就觉得火辣辣的。当初,他从泰国充足的阳光中得到了灵感,于是就买了 1000 块长 5 寸、宽 3 寸的镜子,并绑在了大铁架上,这些镜子如果同时照向一处,它们所反射出来的光能产生 312℃的高温,10 分钟左右就能把1000 多克的鸡肉烤熟。这就是利用太阳能装置制作烤鸡。西拉·素他拉因为想出了这种既环保又无需成本的办法,获得了碧武里皇家师范大学的科学荣誉学位,成为世界上用太阳来烤鸡的"第一人"。

(四)创新方法与创业资源整合

在创新方法中有很多逆向的操作,还有很多具体措施可以实现"1+1 大于 2",灵活运用可实现企业资源整合创新。谭木匠用一把木梳打天下,为一件不起眼的小产品赋予浓郁的文化品位,显得个性十足。1997 年,企业发展遇到资金瓶颈,银行认为生产木梳的企业没啥出息,并没把这家小企业纳入贷款范围之内。谭木匠公司面对困难,及时策划,在

《重庆商报》上刊登"企业招聘银行"的广告，向社会描述企业发展所遇的资金困难和未来的发展前景，导致银行竞相和谭木匠公司接触并主动提供贷款。这一举措既是一次成功的企业公关活动，也解决了企业发展的资金瓶颈。企业通过全力打造"谭木匠"品牌，塑造了具有中国传统文化内涵的高品质的木梳产品形象，产品在市场上具有较高的美誉度。

在此基础上，企业通过虚拟经营的方式利用外部资源，在全国招募和遴选经销商，逐步在全国建立了 500 多家特许加盟店，建立了覆盖全国的销售渠道。虽然谭木匠的年销售收入仅亿元左右，但是却在该领域几乎没有同类竞争，成了行业的"隐形冠军"。

四、创新与创业的关系

（一）创业的本质在于创新

创新是创业的必要条件。创业与创新立足于"创"，"创"是共同点，是前提。"创"的目的是出新立业。创新就在于所创之业、产品、观念、机制能不能弃旧扬新，标新立异，尊重与推行人民群众的首创精神，能不能适应时势变化，做到解放思想、实事求是，与时俱进，常变常新，推动社会历史前进；没有创新，创业就无从谈起，创新和创业是密不可分的实践活动。在创业过程中，新产品的开发、新材料的采用、新市场的开拓、新管理模式的推行等，都必须有创新的思维作先导，才能成功。没有创新思维与创新决策，就无法开创新的事业。创业不是蛮干，而是巧干，不是凭空想象，而是源于对创业和创新知识的掌握，对现实的了解，对事物客观规律的准确把握。

（二）创业精神即创新精神

创新精神属于科学精神和科学思想范畴，是进行创新活动必须具备的一些心理特征，包括创新意识、创新兴趣、创新胆量、创新决心，以及相关的思维活动。创新精神是一种勇于抛弃旧思想旧事物、创立新思想新事物的精神。创业精神是指在创业者的主观世界中，那些具有开创性的思想、观念、个性、意志、作风和品质等。创业精神的主要含义为创新，也就是创业者通过创新的手段，将资源更有效地利用，为市场创造出新的价值。虽然创业常常是以开创新公司的方式产生，但创业精神不一定只存在于新企业中。一些成熟的组织，只要创新活动仍然旺盛，该组织依然具备创业精神。

（三）创业是创新产生价值的重要途径

创新是指以现有的思维模式提出有别于常规或常人思路的见解为导向，利用现有的知识和物质，在特定的环境中，本着理想化需要或为满足社会需求，从而改进或创造新的事物、方法、元素、路径、环境，并获得一定有益效果的行为。创新有一个非常重要的部分是所改造的事物等一定要获得一定的有益效果，如果没有创业实践，创新意识就无法转化为新的产品，就不能对创新的产品进行推广和开发，那么创新也就失去了意义。

近年来，我国专利申请量节节攀升，发展突飞猛进。我国虽然颁布《中华人民共和国专利法》仅 30 多年，但已连续 5 年发明专利申请量雄踞全球首位，2015 年更是首次突破 100 万件大关。更为可喜的是，不仅外国公司在中国的专利申请量有较大幅度的增长，国内企业、高校及研究机构的申请量也是增长显著。但是，根据有关方面的统计，中国专利的转化率约为 10%，而专利资本化的比例也较低，大多数专利处于闲置状态。如何让专利创新与经济发展同频共振，就需要更多的初创企业消化掉闲置的、有一定价值的专利，让专利这种重要的创新手段发挥价值，让创新本身拥有其对经济社会发展的重要意义。

第二节　知识产权保护与学术不端防范

创新者在进行创新的过程中离不开知识产权的运用。我们前面提过，创新者开始一个创新项目论证的时候，需要新颖性论证，我们称其为查新。我们不能重复做别人做过的创新项目，特别是他人已经拥有知识产权的项目。创新者通过努力最终获得的很多创新成果都拥有自己的知识产权，知识产权相关知识的学习对创新者创新成果的保护转化和学术不端防范起到一定的积极作用。

一、知识产权保护

知识产权，指权利人对其所创作的智力劳动成果所享有的专有权利，一般只在有限时间内有效。各种智力创造，比如发明、文学和艺术作品，以及在商业中使用的标志、名称、图像以及外观设计，都可被认为是某一个人或组织所拥有的知识产权。斯坦福大学法学院的 Mark Lemley 教授认为，广泛使用"知识产权"术语是在 1967 年世界知识产权组织成立后出现的现象。

(一)知识产权的概念

知识产权的英文为"Intellectual Property"，德文为"Gestiges Eigentum"，其原意均为"知识(财产)所有权"或者"智慧(财产)所有权"，也称为智力成果权。在我国台湾地区，则称为智慧财产权。根据《中华人民共和国民法典》的规定，知识产权属于民事权利，是基于创造性智力成果和工商业标记依法产生的权利的统称。有学者考证，该词最早于 17 世纪中叶由法国学者卡普佐夫提出，后为比利时著名法学家皮卡第所发展，皮卡弟将之定义为"一切来自知识活动的权利"。

从前，在大陆法系国家，将知识产权称为无体财产权，列入财产权之中(与物权、债权并列)。从"知识产权"一词在国际上流行，特别是世界知识产权组织成立之后，"知识产权"就完全取代了"无体财产权"一词。至于将知识产权从财产权中划分出来，则是因为知识产权有它的特点，与财产权大大不同。

知识产权是指公民或法人等主体依据法律的规定，对其从事智力创作或创新活动所产生的知识产品所享有的专有权利，又称为"智力成果权""无形财产权"，主要包括版权、专利和商标以及工业品外观设计等方面组成的工业产权和自然科学、社会科学以及文学、音乐、戏剧、绘画、雕塑、摄影和电影等方面的作品组成的版权(著作权)两部分。

知识产权是一种无形产权,它是指智力创造性劳动取得的成果,并且是由智力劳动者对其成果依法享有的一种权利。

这种权利被称为人身权利和财产权利,也称为精神权利和经济权利。所谓人身权利,是指权利同取得智力成果的人的人身不可分离,是人身关系在法律上的反映。例如,作者在其作品上署名的权利,或对其作品的发表权、修改权,等等,即为精神权利。所谓财产权,是指智力成果被法律承认以后,权利人可利用这些智力成果取得报酬或者得到奖励的权利,这种权利也称为经济权利。

知识产权的对象是人的心智,是人的智力的创造,属于"智力成果权",它是指在科学、技术、文化、艺术领域从事一切智力活动而创造的精神财富依法所享有的权利。

(二)知识产权的分类

知识产权包括哪些权利,也就是说知识产权如何分类,既是一个理论问题,又涉及现在各国法律和国际公约的规定。《建立世界知识产权组织公约》(1967)第2条第8项规定:"知识产权"包括以下有关产权:文学、艺术和科学著作或作品;表演艺术家的演出、唱片或录音片或广播;人类经过努力在各个领域的发明;科学发现;工业品外观设计;商标、服务标志和商号名称及标识;其他所有在工业、科学、文学或艺术领域中的智能活动所产生的产权。

根据这种规定,可以将知识产权分为两大类。第一类是以保护人在文化、产业各方面的智力创作活动为内容,包括著作权和发明权;第二类是以保护产业活动中的识别标志为内容,包括商标权、商号权等。前者又可分为以保护和促进精神文化为主的著作权与以保护和促进物质文化为主的专利权。

但是实际上,在上述公约之前,1883年的《保护工业产权巴黎公约》已经有了关于"工业产权"的规定:工业产权保护的对象有专利、实用新型、工业品外观设计、商标、服务标志、厂商名称、产地标志或原产地名称和制止不正当竞争。所以一般又把知识产权分为著作权与工业产权两大类,在工业产权之下又分专利权、商标权、商号权等。这种分法也有道理。工业产权是涉及"产业"的,著作权则不是。

现在,由于科学技术的进步,应受法律保护的人类智能产物的日益增多,知识产权的范围也逐渐扩大。例如,受保护对象又增加了版面设计、计算机软件、专有技术、集成电路,等等,而且还在增加。所以知识产权现在是一个尚在扩大中的、一类权利的总称。

(三)保护知识产权的意义

(1)知识产权的客体是人的智力成果,有人称为精神的(智慧的)产出物。这种产出物(智力成果)也属于一种无形财产或无体财产,但是它与那种属于物理的产物的无体财产(如电气)、与那种属于权利的无形财产(如抵押权、商标权)不同,它是人的智力活动(大脑的活动)的直接产物。这种智力成果又不仅是思想,而是思想的表现。但它又与思想的载体不同。

（2）权利主体对智力成果为独占的、排他的利用，在这一点，有似于物权中的所有权，所以过去将之归入财产权。

（3）权利人从知识产权取得的利益既有经济性质的，也有非经济性的。这两方面结合在一起，不可分离。因此，知识产权既与人格权亲属权（其利益主要是非经济的）不同，也与财产权（其利益主要是经济的）不同。

（4）知识产权是指人类智力劳动产生的智力劳动成果所有权。它是依照各国法律赋予符合条件的著作者、发明者或成果拥有者在一定期限内享有的独占权利，一般认为它包括版权和工业产权。版权是指著作权人对其文学作品享有的署名、发表、使用以及许可他人使用和获得报酬等的权利；工业产权则是包括发明专利、实用新型专利、外观设计专利、商标、服务标记、厂商名称、货源名称或原产地名称等的独占权利。20世纪80年代以来，随着世界经济的发展和新技术革命的到来，世界知识产权制度发生了引人注目的变化。特别是近些年来，科学技术日新月异，经济全球化趋势增强，产业结构调整步伐加快，国际竞争日趋激烈。知识或智力资源的占有、配置、生产和运用已成为经济发展的重要依托，专利的重要性日益凸显。

（四）知识产权保护的内容

知识产权法是调整因创造、使用智力成果而产生的，以及在确认、保护与行使智力成果所有人的知识产权的过程中，所发生的各种社会关系的法律规范之总称。

一般包括以下几种法律制度：著作权（版权）法律制度、专利权法律制度、商标权法律制度、商号权法律制度、产地标记权法律制度、商业秘密权法律制度，以及反不正当竞争法律制度等。

知识产权包括工业产权和版权（在我国称为著作权）两部分。

1. 工业产权

发明专利、商标以及工业品外观设计等方面组成工业产权。工业产权包括专利、商标、服务标志、厂商名称、原产地名称、制止不正当竞争，以及植物新品种权和集成电路图设计专有权等。

主要类型如下：

商标权是指商标主管机关依法授予商标所有人对其注册商标受国家法律保护的专有权。商标是用以区别商品和服务不同来源的商业性标志，由文字、图形、字母、数字、三维标志、颜色组合或者上述要素的组合构成。我国商标权的获得，必须履行商标注册程序，而且实行申请在先原则。商标是产业活动中的一种识别标志，所以商标权的作用主要在于维护产业活动中的秩序，与专利权的作用主要在于促进产业的发展不同。

专利权与专利保护是指一项发明创造向国家专利局提出专利申请，经依法审查合格后，向专利申请人授予的在规定时间内对该项发明创造享有的专有权。根据我国专利法，发明创造有三种类型：发明、实用新型和外观设计。发明和实用新型专利被授予专利权后，专利权人对该项发明创造拥有独占权，任何单位和个人未经专利权人许可，都不得实施其专利，即不得为生产经营目的制造、使用、许诺销售、销售和进口其专利产品。外观设计专利专利权被授予后，任何单位和个人未经专利权人许可，都不得实施其专利，即不得为生产经营目的制造、销售和进口其专利产品。未经专利权人许可，实施其专利即侵犯其专利权引起纠纷的，由当事人协商解决；不愿协商或者协商不成的，专利权人或利害关系人可以向人民法院起诉，也可以请求管理专利工作的部门处理。当然，也存在不侵权的例外，比如先使用权和科研目的的使用等。专利保护采取司法和行政执法"两条途径、平行运作、司法保障"的保护模式。本地区行政保护采取巡回执法和联合执法的专利执法形式，集中力量，重点对群体侵权、反复侵权等严重扰乱专利法治环境的现象加大打击力度。

商号权。即厂商名称权，是对自己已登记的商号(厂商名称、企业名称)不受他人妨害的一种使用权。企业的商标权不能等同于个人的姓名权(人格权的一种)。

此外，如原产地名称、专有技术、反不正当竞争等也规定在《巴黎公约》中，但原产地名称不是智力成果，专有技术和不正当竞争只能由反不当竞争法保护，一般不列入知识产权的范围。

2. 著作权(版权)

自然科学、社会科学以及文学、音乐、戏剧、绘画、雕塑、摄影和电影摄影等方面的作品组成版权。版权是法律上规定的某一单位或个人对某项著作享有印刷出版和销售的权利，任何人要复制、翻译、改编或演出等均需要得到版权所有人的许可，否则就是对他人权利的侵权行为。知识产权的实质是将人类的智力成果作为财产来看待。著作权是文学、艺术、科学技术作品的原创作者，依法对其作品所享有的一种民事权利。

在我国，著作权用在广义时，包括(狭义的)著作权、著作邻接权、计算机软件著作权等，属于著作权法规定的范围。这是著作权人对著作物(作品)独占利用的排他的权利。狭义的著作权又分为发表权、署名权、修改权、保护作品完整权、使用权和获得报酬权(《中华人民共和国著作权法》第10条)。著作权分为著作人身权和著作财产权。著作权与专利权、商标权有时有交叉情形，这是知识产权的一个特点。

著作权要保障的是思想的表达形式，而不是保护思想本身，因为在保障著作财产权此类专属私人之财产权利益的同时，尚须兼顾人类文明之累积与知识及资讯之传播，从而算法、数学方法、技术或机器的设计均不属于著作权所要保障的对象。

3. 知识产权的特点

(1)专有性，即独占性或垄断性。除权利人同意或法律规定外，权利人以外的任何人不得享有或使用该项权利。这表明权利人独占或垄断的专有权利受严格保护，不受他人侵犯。只有通过"强制许可""征用"等法律程序，才能变更权利人的专有权。知识产权的客体是人的智力成果，既不是人身或人格，也不是外界的有体物或无体物，所以既不属于人格权也不属于财产权。另一方面，知识产权是一项完整的权利，只是作为权利内容的利益兼具经济性与非经济性，因此，也不能把知识产权说成是两类权利的结合。例如说著作权是著作人身权(或著作人格权、或精神权利)与著作财产权的结合，这是不对的。知识产权是一种内容较为复杂(多种权能)，具有经济的和非经济的两方面性质的权利。因此，知识产权应该与人格权、财产权并立且自成一类。

(2)地域性,即只在所确认和保护的地域内有效。就是指除签有国际公约或双边互惠协定外,经一国法律所保护的某项权利只在该国范围内发生法律效力,所以知识产权既具有地域性,在一定条件下又具有国际性。

(3)时间性,即只在规定期限保护。法律对各项权利的保护,都规定有一定的有效期,各国法律对保护期限的长短可能一致,也可能不完全相同,只有参加国际协定或进行国际申请时,才可能对某项权利有统一的保护期限。

(4)知识产权属于绝对权,在某些方面类似于物权中的所有权。例如是对客体为直接支配的权利,可以使用、收益、处分以及为他种支配(但不发生占有问题);具有排他性;具有移转性(包括继承)等。

(5)知识产权在好几个方面受到法律的限制。知识产权虽然是私权,虽然法律也承认其具有排他的独占性,但因人的智力成果具有高度的公共性,与社会文化和产业的发展有密切关系,不宜为任何人长期独占,所以法律对知识产权规定了很多限制:第一,从权利的发生说,法律为之规定了各种积极的和消极的条件以及公示的办法。例如,专利权的发生须经申请、审查和批准,对授予专利权的发明、实用新型和外观设计规定有各种条件(《中华人民共和国专利法》第22条、第23条),对某些事项不授予专利权(《中华人民共和国专利法》第25条)。著作权虽没有申请、审查、注册这些限制,但也有《中华人民共和国著作权法》第3条、第5条的限制。第二,在权利的存续期上,法律都有特别规定。这一点是知识产权与所有权大不同的。第三,权利人负有一定的使用或实施的义务。法律规定有强制许可或强制实施许可制度。对著作权,法律规定了合理使用制度。

(6)知识产权的法律特征。从法律上讲,知识产权具有三种最明显的法律特征:一是知识产权的地域性,即除签有国际公约或双力、多边协定外,依一国法律取得的权利只能在该国境内有效,受该国法律保护;二是知识产权的独占性,即只有权利人才能享有,他人不经权利人许可不得行使其权利;三是知识产权的时间性,各国法律对知识产权分别规定了一定期限,期满后则权利自动终止。

专注于知识产权法律保护的相关专家表示,知识产权是指公民、法人或者其他组织在对创造性的劳动所完成的智力成果依法享有的专有权利,受法律保护,不容侵犯。

4. 保护知识产权的作用

(1)为智力成果完成人的权益提供了法律保障,调动了人们从事科学技术研究和文学艺术作品创作的积极性和创造性。

(2)为智力成果的推广应用和传播提供了法律机制,为智力成果转化为生产力,运用到生产建设上去,产生了巨大的经济效益和社会效益。

(3)为国际经济技术贸易和文化艺术的交流提供了法律准则,促进人类文明进步和经济发展。

(4)知识产权法律制度作为现代民商法的重要组成部分,对完善我国法律体系、建设法治国家具有重大意义。

二、学术不端行为的防范

近年来，创新领域学术不端行为屡屡发生。这不仅破坏了创新者的形象，而且扭曲了创新生态，浪费了创新资源，阻碍了创新进步。如果学术不端行为不能得到有效防范，必然从根本上削弱我国的创新能力。

(一)学术不端行为概念界定及当前状况

学术不端行为是指在学术活动中发生的各种捏造、剽窃以及滥用和骗取学术资源等违反学术规范、违背科学共同体道德惯例的行为。2016 年 4 月 5 日教育部新颁布的《高等学校预防与处理学术不端行为办法》(教育部令第 40 号)明确了五类学术不端情形，包括：剽窃、抄袭、侵占他人学术成果，篡改他人研究成果，伪造数据或捏造事实，不当署名，提供虚假学术信息和买卖或代写论文等。

国际上对学术不端行为定义的表述也有多种形式。1988 年，美国发布的《联邦登记手册》对学术不端行为的定义是编造、伪造、剽窃或其他在申请课题、实施研究、报告结果中违背科学共同体惯例的行为。1989 年，美国公共卫生局(PHS)将学术不端行为定义为在申报、开展或报导研究项目过程中，出现伪造、篡改、剽窃或其他严重背离学术共同体所公认的东西的行为，该定义通常缩写为 FFP(fabrication, falsification, plagiarism)，即"捏造、篡改、剽窃"。德国马普学会于 2000 年修订的《关于处理涉嫌学术不端行为的规定》中列出了"学术不端行为方式目录"，目录中加入了行为人疏忽大意的因素，即"如果在学术领域内有意或因大意作出了错误的陈述、损害了他人的权益或以某种方式妨碍了他人研究活动，即可认定为学术不端"。现在全球最大的科技出版集团之一 Springer 将学术不端分为捏造数据、重复出版、自我剽窃、著作权问题和隐瞒利益冲突等。

尽管国内外对学术不端行为概念的界定或其表现形式的表述不完全相同，但其基本精神都是一致的，即学术不端行为是指在学术活动中出现的为谋求个人或集体利益而有意识地违背学术规范的学术行为，包括各种弄虚作假、欺诈、剽窃、骗取学术资源和其他违反学术规范、违背科学共同体道德惯例的行为。

(二)学术不端行为的危害

学术不端行为或急功近利，粗制滥造；或媚于世俗，热衷炒作；或丧失道德，图一时之名利。这一不正之风愈演愈烈，已然进入社会公众的视野，成为热门话题，这不能不令我们警醒并引以为戒。如果漠视和习惯学术不端行为，将对正常的学术生态造成严重危害，挫伤广大科研人员的积极性，进而影响科学研究事业的可持续发展，并对整个社会风气产生负面影响。

第一，学术不端行为浪费学术资源。为获取学术资源，有些人弄虚作假、剽窃抄袭，对早有定论并已有成果的科研问题，还在反复立项、申报成果。这种低水平重复、缺乏原创性的研究，产生的是学术垃圾和学术泡沫，造成了学术资源配置的极大浪费。大量学术泡沫的堆积，增加了信息获取难度，无法引起读者的阅读兴趣，导致有价值的成果被淹没在"垃圾堆"中，浪费了学者的学术生命，无谓地消耗人力物力，对国家和个人贻害无穷。

第二，学术不端行为阻碍学术进步与创新。中国知识分子自古就有"为天地立心，为生民立命，为往圣继绝学，为万世开太平"的高尚情怀，这也应是现代知识分子恪守的良知和治学标准。另外，随着科学技术的迅猛发展，国内外也针对科研工作者制定了很多的学术规范。这些规范对引导科学研究、促进学术进步起到了重要作用。可抄袭、剽窃等学术不端行为践踏学术规范，破坏学术秩序，影响科学研究的公平和公正，败坏学术风气，必定伤害学术自身的创新和发展，阻碍学术进步，对科学研究产生毁灭性的影响，扼杀创新活力。

第三，学术不端行为违背学术精神，影响人才培养。学术不端行为违背了学术精神和科学道德，抛弃了学术研究的真实诚信原则，这些行为严重污染了学术环境。另外，学术研究的过程也是培养人的过程，研究者的诚信意识、诚信行为、诚信品格关系到学术研究的未来，学术研究者如果自身学术道德素质不高、学术行为不轨，其言传身教会对人才培养造成严重的误导，潜移默化地影响人才的养成。

第四，学术不端行为损害学术研究声誉和公信力。探寻事物的本质和真相是每个研究者的崇高职责，学术研究的意义在于求真，正因为如此，科学研究工作者一直被公众所敬仰。如果在科学研究中存在着大量学术不端的现象，就会导致社会和公众对学术研究成果和学者产生信任危机，学术研究就会丧失公信力。

第五，学术不端行为败坏社会风气。学术不端损害学术形象，但其消极影响并不只限于学术圈内，其具有极强的渗透性、扩散性与放大效应，会通过学术界向社会迅速传播和蔓延。在人们的心目中，学术研究者有着神圣的担当，背负着传播理想良知、输出先进理念、捍卫社会正义、引领社会风尚、改善社会风气的重任，"铁肩担道义，妙手著文章"应是学者们的座右铭，然而，学术不端却会助长社会不良风气的蔓延。

总之，当前出现的学术不端现象，给科学研究和教育事业以至社会风气带来了严重的负面影响。清代学者郑珍有言："学术正，天下乱，犹得持正者以治之；至学术亦乱，而治具且失矣。"(《甘秩斋〈黜邪集〉序》)因此，我们必须正视学术不端的极大危害性，切实维护学术规范和学术道德。

(三)学术不端行为产生的原因

学术不端行为的产生具有多方面的原因，既有研究者自身的因素，也有制度方面的因素，是研究者学术道德下降、"官本位"文化盛行、学术评价机制不科学、学术监管缺失和学术不端问责缺位等多个维度合力作用的结果。

第一，部分知识分子学术道德缺失。"公共知识分子"身份代表的是民族的公共利益和人类文明中的普适性价值理想，但现实生活中市场经济的冲击使部分学者失去了高尚的人格，放弃了科学精神和学者良知，学术研究价值取向以功利为标准，参与学术研究以利己主义为心态，这导致学术道德的约束力下降。

第二，学术管理体制的过度行政化对学术不端具有推波助澜的作用。当今社会"官本位"现象严重，也使得学术界出现了"学而优则仕、仕而优则学"的不正常现象。在某些人那里，行政权力可直接转化为学术资源。配置学术资源、评价学术成果有着很强的行政色彩。有些行政官员参与学术管理，将手中掌握的权力看成寻租的工具。目前出现的急功近利、弄虚作假等学术不端现象应该说与"学术研究行政化"有很大关系。

第三，现行的学术评价体系不科学。当前学术机构的业绩考核主要看论文数量及发表的期刊层次、奖励和课题等级、专利数、科研经费、成果转化率等，但最终起决定性作用的是学术成果的层次和数量等；评价结果与研究人员利益高度挂钩，大量论文为应付考核、评价、毕业、晋升、评奖等而发表，导致学术研究缺少应有的创新价值。另外学术评价中的"以刊评文"现象也助长了学术不端行为的发生。论文的学术水平主要看发表论文的期刊的类别、层次，却不重视发表论文的内容，不考虑高水平小同行（在细分领域与作者研究方向相近）专家的评判。总之，不科学的学术评价体系越来越制约着学术事业的良性发展，负面效应越来越严重。

第四，有关学术不端的监管制度和惩戒制度不完善。由于学术研究单位没有处理这类行为的明确政策，政府亦没有处理这类行为的可操作性强的规章条例，因此调查和处理这些行为面临诸多困难。尽管撤稿事件在学术界造成了恶劣影响，但被撤稿作者所在单位对撤稿事件的认识、处理和惩处并不统一。有的单位对撤稿事件的作者进行了严厉的处罚，但也有的单位对撤稿事件的作者不仅没有处罚，甚至加以包庇。由于监管制度和惩戒制度缺失或不完善，这样既不能让违规者付出代价，也不能惩戒后人，因此，也就难以遏制学术不端现象的继续蔓延。

（四）学术不端行为防范机制的构建

美国在处理学术不端行为方面进行了长期的探索，美国国会在1981年举行了关于学术不端的第一次听证会，1992年通过立法成立了科研诚信办公室和检察长办公室等相应的政府职能部门，2000年颁布实施了《关于学术不端行为的联邦政府政策》，最终形成了一套被社会认可、全国统一的监控政策和处理措施。英国和德国也建立了严格的科研立项、规范的学术评估体系和健全的同行评议制度，要求研究机构定期提交关于学术不端行为的报告，引导研究机构树立诚信意识，加强研究人员学术诚信教育和管理，对防范学术不端行为起到了积极作用。法国依靠良好的科研管理计划、完善的科技评价体系等来防止学术不端行为。中国科协发布了针对在国际学术期刊发表论文学术不端行为的"五不"准则，希望以此唤起学术界的自律意识，自觉抵制不端行为。国务院办公厅《关于优化学术环境的指导意见》从政府职能、科研人才、评价机制、学术道德等多方面作出具体规定。借鉴国外经验，结合中国实际，防范学术不端必须从制度构建入手，建立一套自我约束与制度保障双管齐下、有机结合的控制机制。

1. 加强学术诚信教育和诚信制度建设

学术诚信是学术研究的基石，学术的发展和创新严重依赖学术同行之间的诚信。没有学术诚信，学术研究复杂交织的紧密体系将会以一种难以想象的方式土崩瓦解。只有当学术界的所有成员信赖他人的研究成果，鼓励自由开放地交流研究材料和新思想，秉持个人或法人的责任，感谢和尊重他人的智力贡献，而且在学术界形成一种良好的氛围时，学术研究才能繁荣发展。

学术诚信教育就是要引导学术工作者强化学术规范和诚信自律、完善学术人格、维护学术尊严、严守学术道德、正确行使学术权力,倡导严谨治学、诚实做人,秉持奉献、创新、求实、协作的科学精神。同时要坚持自律和诚信制度并举,完善科研机构学术道德和学风监督机制,实行严格的学术信用制度,通过完善学术诚信档案和学术不端共享数据库,加强舆论监督,将不诚信行为向社会和行为发生者所在组织公布,并在项目申报、职位晋升、奖励评定等方面采取限制措施,以对学术不诚信行为的责任者起到惩戒作用。西方国家的学术机构,一般要求青年学术研究人员接受学术诚信教育培训。学术诚信体系建设重点致力于学术不端行为的预防,是遏制学术不端的一个重要措施。

2. 消除学术管理中存在的"官本位"弊端

当前学术管理中存在行政化色彩过浓、以行政决策代替学术决策、管理程序繁杂、不尊重学术研究者科技创新的主体地位、评价导向功利化等弊端。在学术管理中要淡化"官本位"意识,充分发挥学术共同体在学术活动中的自主作用,最大限度地保证学术自由,使政学分开,优化学术管理流程,推动学术管理从研发管理向创新服务转变,减少行政权力对学术的过度干涉。行政机构要用社会发展的需求和国家的方针、政策引导学术界,用学术道德督责学术界,用法律手段约束学术界,而不是用行政手段来管理学术。行政和学术要分道而治,学术的事应该交给学术界和学者自己去管。要改变学术资源行政分配的垄断局面,优化配置学术资源,使学术资源得到有效使用。

3. 建设科学合理的学术评价制度

学术研究的目的在于促进学术交流、确认共识、探讨研究方向,而学术成果的价值则可以通过学术界的认可来确定,这可以体现在后出论著的正面引用和学者及其共同体的肯定性评价上。但现有的学术评价制度充斥着过多的不科学因素,如期刊级别、获奖、经济效益等,这往往造成学术界"功夫在学外"的不良风气,其弊端已经越来越明显。要解决目前存在的诸多问题,必须彻底废除不符合学术精神的评价制度,去除学术研究与利益的直接关联,形成激励创新的学术评价体系和导向机制。合理的学术评价制度宜松不宜紧,宜宽不宜严,宜多样不宜单一,应以"目标导向、分类实施、客观公正、注重实效"为原则进行顶层设计,针对不同评价对象、不同层次、不同类型学术活动的特点,采用不同的评价方法和评价指标。学术评价要抛弃原有的唯论文数量论,真正引入第三方评价,建立起最具参考价值的小同行高水平专家评议机制和规范化的评议规则,将学术评价的权力赋予学术共同体内部的高水平小同行专家。要建立异议处理程序和专家责任承担机制,改变评审专家只有权力而不承担责任的评审,有效防范和查处评议专家滥用学术权力的不端行为。要提高评价活动的透明度,利用互联网让学界广泛参与、社会共同监督。这样既有利于公开公正,又可以在公布学术成果的同时避免研究者重复研究,造成不必要的浪费,同时还可以增加社会学术资源,从而为学术研究的进一步发展提供便利。

4. 建立健全学术不端问责制度

学术人员的伦理道德能够构筑一道学术防线,但在当前的学术环境下,防范学术不端仅靠学术人员的道德自律是远远不够的，还必须有外部的制度约束。一些学术不端行为被揭露出来，学术机构的低调处理或不作为，被侵权人无法维权，客观上加剧了学术不端行为的进一步蔓延。过去相关部门针对学术不端也制定过一些制度，但未形成体系，不够翔实具体，可操作性不强。2006年，科技部颁布了《国家科技计划实施中科研不端行为处理办法（试行）》；2009年，教育部颁布了《关于严肃处理高等学校学术不端行为的通知》，明确指出高校对本校机构和个人的学术不端行为的问责负有直接责任；2016年，教育部第14次部长办公会议审议通过了《高等学校预防与处理学术不端行为办法》，这是教育部以部门规章形式制定的权威的、具有可操作性的处理学术不端的政策条例，对学术不端行为的受理、调查、认定、处理、救济与监督等内容作了全面规定。相信这一系列制度对愈演愈烈的学术不端现象能够起到较好的遏制作用。

遏制学术不端行为必须使自律与制度约束相结合，通过加强学术道德教育引导，使学术机构和学者不愿出现学术不端行为；通过加强创新能力培养，使之不屑于学术不端行为；通过加强学术规范制度管理，使之不能产生学术不端行为；通过加强学术不端问责制度建设，加大对学术不端行为的惩治力度，使之不敢进行学术不端行为。学术机构和学者对学术精神和学术良知的坚守是头等重要的事情，在此基础上改革不良的学术制度，进而构建起集教育、预防、监督和惩治于一体的学术不端防范机制，才能最大限度地避免各类学术不端行为的发生。

◎ **课后练习题**

1. 简述创新与创业的关系。
2. 创新者如何合理利用知识产权为自己服务？
3. 创新者应该如何防范学术不端？

参 考 文 献

[1][美]埃里克·冯·希普尔.创新的源泉——追循创新公司的足迹[M].北京:知识产权出版社,2005.

[2][美]杰克·福斯特.每个人都有创意[M].北京:新华出版社,2004.

[3][美]理查德·福布斯.创新者的工具箱:65个创造性解决问题的思维技巧[M].北京:新华出版社,2004.

[4][美]罗伯特·赫里斯,迈克尔·彼得斯.创业学(5)[M].北京:清华大学出版社,2004.

[5][美]罗伯特·A.巴隆,斯科特·A.谢恩.创业管理基于过程的观点[M].北京:机械工业出版社,2005.

[6][美]韦恩·罗特林顿.点亮你的创意灯泡——创造性思维的6种工具[M].汕头:汕头大学出版社,2005.

[7][美]伊莱恩·丹敦.创新的种子——解读创新魔方[M].北京:知识产权出版社,2004.

[8][英]爱德华·德·波诺.水平思维[M].北京:北京科学技术出版社,2006.

[9][英]彻里·查普尔.独立创业指南[M].北京:机械工业出版社,2006.

[10]常建坤,李时椿.创业教程[M].北京:清华大学出版社,2006.

[11]陈放.企业病诊断[M].北京:中国经济出版社,1999.

[12]凤陶,梁燕.毕业不失败[M].北京:机械工业出版社,2006.

[13]甘华鸣.创新的策略:通用方法指南[M].北京:红旗出版社,2003.

[14]甘自恒.创造学原理与方法:广义创造学[M].北京:科学出版社,2003.

[15]宫辉.经营大学时光[M].西安:陕西科学技术出版社,2002.

[16]何名申.创新思维修炼[M].北京:民主与建设出版社,2000.

[17]何学林.创业大策划[M].北京:中国工人出版社,2006.

[18]黄保强.创新概论[M].上海:复旦大学出版社,2004.

[19]匡长福.创新原理及应用[M].北京:首都经济贸易大学出版社,2004.

[20]邝朴生,马跃进,钱东平.创新学[M].北京:中国农业大学出版社,2003.

[21]劳动部和社会保障部,中国就业培训技术指导中心.创新核心技能培训教程[M].北京:中国统计出版社,2002.

[22]雷霖,江永亨.学生创业指南[M].长沙:中南大学出版社,2001.

[23]雷仕湛,宋广礼,杨蕾,杜戈.梦想成真[M].北京:科学出版社,2001.

[24]李军，吴昊，熊飞．经营一个企业[M]．北京：机械工业出版社，2005.

[25]李善山．创新方法应用[M]．上海：上海交通大学出版社，2002.

[26]李元授．思维训练[M]．武汉：华中科技出版社，2000.

[27]梁良良．创新思维训练[M]．北京：中央编译出版社，2000.

[28]凌永乐．化学物质的发现[M]．北京：科学出版社，2001.

[29]刘二中．创新工程师指南：发明创造与成功之路[M]．合肥：中国科学技术大学出版社，2005.

[30]吕叔春．杰出人士的9大思维突破[M]．北京：中国纺织出版社，2005.

[31]马俊英．开发你的创新能力——创新思维125篇[M]．北京：中国长安出版社，2003.

[32][英]尼尔·科德．通向成功的创造力[M]．周竹南，译．大连：东北财经大学出版社，2003.

[33]彭耀荣．创造学教程[M]．长沙：中南大学出版社，2001.

[34]沈世德，薛位平，丁健，孙华．创新与创造力开发[M]．南京：东南大学出版社，2002.

[35]眭平．漫谈：创造思维技法[M]．南昌：江西人民出版社，2002.

[36]陶学忠．创造创新能力训练[M]．北京：中国时代经济出版社，2002.

[37]陶学忠．创新能力培育[M]．北京：海潮出版社，2002.

[38]王成．私营公司经营管理一本通(1)[M]．北京：中国致公出版社，2001.

[39]王健．创新启示录：超越性思维[M]．上海：复旦大学出版社，2003.

[40]王永生．创新方略论[M]．北京：人民出版社，2002.

[41]王振光，陈三宝．创业家实务手册[M]．北京：清华大学出版社，2004.

[42]吴昊，熊飞．收获一个企业[M]．北京：机械工业出版社，2005.

[43]夏昌祥，鲁克成．点燃创新之火：创造力开发读本[M]．北京：科学出版社，2005.

[44]肖云龙．创造学基础[M]．长沙：中南大学出版社，2001.

[45]熊飞，李军．创办一个企业[M]．北京：机械工业出版社，2005.

[46]徐循，何增强．高等学校创新创业教育理论与实践的研究[M]．大连：大连出版社，2003.

[47]叶黔达，郭香玲，陈祥荣．创新能力开发[M]．成都：四川大学出版社，2000.

[48]袁伯伟．创新：开发你帽子底下的金矿[M]．北京：中国财政经济出版社，2004.

[49]袁劲松．柔性思维教练[M]．青岛：青岛出版社，2005.

[50]袁张度．中国创造学论文集[M]．上海：上海科技文献出版社，2001.

[51]钟联萍．创业策划(1)[M]．北京：中国纺织出版社，2002.

[52]周昌忠．创造心理学[M]．北京：中国青年出版社，1983.

[53]庄寿强．普通创造学(2)[M]．徐州：中国矿业大学出版社，2001.

[54]吴松强．创新人才培养的文献综述及理论阐释[J]．现代教育管理，2010(4).

[55]J. P. Guilford. Traits of Creativity[M]. New York：Harper & Publisher，1959.

[56]匡瑾璘，刘春香．创造性的问题是有创造力的人的问题——马斯洛创造性思想探微

[J]. 学术交流，2004(11).

[57]陈建成，李勇. 发达国家研究型大学创新人才培养模式的特点分析[J]. 科技与管理，2009(1).

[58]刘宝存. 创新人才理念的国际比较[J]. 比较教育研究，2003(5).

[59]刘宝存. 什么是创新人才？如何培养创新人才？[N]. 中国教育报，2006-10-09.

[60]眭依凡. 大学：如何培养创新型人才——兼谈美国著名大学的成功经验[J]. 中国高教研究，2006(12).

[61]施昌学. 创新型人才是最可宝贵的[J]. 中国质量万里行，2006(1).

[62]陈洁君. 创新能力的培养——美国工程型研究生教育核心[J]. 市场周刊(研究版)，2005(6).

[63]李小昱，等. 从中外研究生培养模式思考创新人才的培养[J]. 高等农业教育，2007(11).

[64]王孙禺，等. 我国研究生教育质量状况综合调研报告[J]. 中国高等教育，2007(9).

[65]王章豹，等. 制约研究生创新能力培养的障碍因素及对策[J]. 江淮论坛，2008(1).

[66]许延浪. 当代大学生创造与创业[M]. 西安：西北工业大学出版社，2009.

[67]李志辉，等. 博士研究生创新能力培养方法的研究[J]. 中国林业教育，2008(2).

[68]周春华. 创新能力培养：中西方博士生教育之比较[J]. 南京航空航天大学学报(社会科学版)，2001，3(2).

[69][美]丽贝卡·范宁. 哪些因素阻碍中国走向创新？——中国在创新上的成熟[N]. 参考消息，2010-6-9.

[70]徐春玉. 好奇心与想象力[M]. 北京：军事谊文出版社，2010

[71]李国杰. 科研工作为何效率低下[M]. 中国青年报，2011-12-4.

[72][美]彼得·圣吉. 第五项修炼[M]. 郭进隆，译. 上海：上海三联书店，1998.

[73][美]约翰·高. 创造力管理——即兴演奏[M]. 陈秀君，译. 海口：海南出版社，2000.

[74]阿卜杜斯·萨拉姆国际理论物理中心. 成为科学家的100个理由[M]. 赵乐静，译. 上海：上海科学技术出版社，2006.

[75][英]伯特兰·罗素. 西方的智慧[M]. 亚北，译. 北京：中央编译出版社，2010.

[76][美]托马斯·弗里德曼. 世界是平的[M]. 何帆，肖莹莹，郝正非，译. 长沙：湖南科学技术出版社，2006.

[77][美]肖纳·L. 布朗，凯瑟琳·M. 艾森哈特. 边缘竞争[M]. 吴溪，译. 北京：机械工业出版社，2001.

[78][英]拉尔夫·D. 斯坦西. 组织中的复杂性与创造性[M]. 宋学锋，曹庆仁，译. 成都：四川人民出版社，2000.

[79]王惠连，等. 创新思维方法[M]. 北京：高等教育出版社，2004.

[80]胡飞雪. 创新思维训练与方法[M]. 北京：机械工业出版社，2009.

[81]周延波，王正洪. 高校创新教育[M]. 北京：科学出版社，2011.

[82]沈世德. TRIZ法简明教程[M]. 北京：机械工业出版社，2010.

[83]Альтшуллер. Г. С. Творчество как наука[M]. Москва：Сов. Радио，1979.

[84]周勇，黄娜. 萃智(TRIZ)理论及其发明问题解决程序[J]. 科学与管理，2009(3).

[85]赵敏. 萃智理论：从技术创新到伟大发明[J]. CAD/CAM与制造业信息化，2008(5).

[86]赵敏. 引进创新方法 提高创新效率——TRIZ理论助力中国自主创新[J]. 科学，2008，60(6).

[87]杨清亮. 发明是这样诞生的：TRIZ理论全接触[M]. 北京：机械工业出版社，2006.

[88]TRIZ的九大经典理论体系[EB/OL]. 中国发明网，2008-10-06.

[89]李伊力，何筠. TRIZ：科技创新新方法——兼论TRIZ与传统创新方法的比较[J]. 企业经济，2009(8).

[90]许延浪. 现代大学实用创造学[M]. 西安：西北工业大学出版社，2003.

[91][俄]根里奇·阿奇舒勒. 创新算法——TRIZ、系统创新和技术创造力(第一版)[M]. 谭培波，茹海燕，Wenling Babbitt，译. 武汉：华中科技大学出版社，2008.

[92]周成军. 大学生职业生涯规划与创新创业教育融合问题研究[J]. 科教导刊(上旬刊)，2017(4).

[93]刘丽芳. 严峻就业形势下我国大学生创业创新能力培养研究[J]. 管理观察，2017(8).

[94]韩思文. 大学如何铸就创新创业新素质人才[J]. 中国培训，2017(6).

[95]韩立. 大学生创新创业能力现状及培养路径[J]. 中国高校科技，2017(Z1).

[96]李云萍. 怎样培养学生的创新能力[J]. 教师天地，2005(4).

[97]刑邦圣. 谈高等职业教育的精品课程建设[J]. 教育与职业，2007(12).

[98]张高辉，高耀明，高校就业指导模式研究[M]. 上海：学林出版社，2009.

[99][美]埃尔查南·科恩，[美]特雷·G. 盖斯克. 教育经济学[M]. 范元伟，译. 上海：上海人民出版社，格致出版社，2009.

[100]孙鑫. 浅谈我国大学生创业现状及对策[J]. 商界论坛，2012(19).

[101]吴启运. 大学生创业倾向影响因素的调查研究[J]. 科技创业月刊，2008(11).

[102]苏益南. 大学生创业环境的结构维度、问题分析及对策研究[J]. 徐州师范大学学报(哲学社会科学版)，2009(6).

[103][美]彼得·德鲁克. 管理实践[M]. 毛忠明，等，译. 上海：上海译文出版社，1999.

[104]殷翔文. 高校协同创新的角色定位与价值追求[J]. 中国高校科技，2012(7).

[105]王晓迪，等. 论创新教育与教育创新[J]. 实验室研究与探索，2013(6).

[106]李莉. 浅谈创新教育背景下我国高等教育制度的创新[J]. 中北大学学报(社会科学版)，2012(4).

[107]王晶宇，孙宇. 大学生创新能力培养探析[J]. 佳木斯大学社会科学学报，2014(1).

[108]王漪. 论创新教育的重要性[J]. 考试周刊，2011(30).

[109]魏天兴. 大学生创新能力培养的几点思考[J]. 中国林业教育，2010(1).

[110]宁洁萍．大学生创新能力培养的实践环境分析[D]．天津：天津大学，2012．

[111]王琼，盛德策．项目驱动下的大学生创新创业教育[J]．实验技术与管理，2013(6)．

[112]陈兴文，刘燕．大学生自护创新意识培养途径研究[J]．中国电力教育，2013(1)．

[113]刘珍云．论创新创业能力的提高[J]．现代商贸工业，2012(20)．

[114]吴奕，明平，江苏大学多措并举提升学生创新创业能力[N]．江苏教育报，2013．

[115]张媚．个性化教育视角下大学生创新创业能力培养研究[D]．西安：长安大学，2016．

[116]褚庆成．高等院校提升大学生职业核心竞争力的对策研究[D]．济南：山东师范大学，2012．

[117]欧阳泓杰．面向创新创业能力培养的高校实践教学体系研究[D]．武汉：华中师范大学，2014．

后　记

创新是 21 世纪最热门的词汇之一。在建设创新型国家的历史进程中，在大众创业、万众创新的时代大潮中，创新思维与能力必将成为衡量大学生质量的重要指标。各高校正在为培养大学生的创新素质努力奋斗。

西安思源学院校长周延波提出，要让思源学院的每一个学生都深深地打上创新的烙印，要将创新做成思源的品牌。为此，编一本《西氏内科学》那样的精品教材就成为我们坚定的追求。

本书编委会专门召开了第二版修订工作会议，讨论如何实现本书最初的设想。王正洪主编及其他参会人员提出了许多切实可行的意见与建议。大家认为只要坚持不懈地努力，把我们的教材做成国内精品绝非空想，这是我们创新教育者的"中国梦"。周延波指导编写了《创新思维方法与实践(第二版)》的大纲，对修订原则、技术规范、分工与进度做出了具体而明确的要求与规定，让修订有章可循。

全书各篇章的修订工作指定了四位牵头人，分别负责组织协调各章节第一作者进行修订。一至四篇的牵头人依次为赵辉、谌红艳、凤翔翔和王捷频。谌红艳负责第一、二篇的初步审定；王正洪负责第三、四篇的初步审定；第二版前言、后记由王捷频、尚福军和凤翔翔、张永生起草，张永生、王正洪审核初步定稿。参考文献由谌红艳、凤翔翔负责审核与补充完善。王正洪负责正文以外全部内容的初步审定。周延波负责全书的最终审定，并在王正洪初步审定的基础上进行定稿。

第二版对部分章节的内容进行了充实，替换了一些新的案例与延伸阅读材料；删除了"多向转换法"和"社会创新实践"两章；增加了"高校的双创活动"一章，其中包含创新与创业、知识产权保护与学术不端防范两节，这是我们在创新教育与实践中发现的学生中普遍存在的问题，必须针对性地加以引导，让大学生从创新创业开始就走在健康发展的道路上，既要保护好自己的知识产权，又要严防学术不端和侵犯他人知识产权的行为。

本书的亮点是不仅参考了国内外创新学者在纸质媒体上的文献，而且引用了微信、微博等现代媒体上的相关成果；不仅融入了西安思源学院十多年创新教学实践的经验，而且采用了许多创新研究成果。本书由著名民办教育家、西安思源学院校长周延波主编，西安思源学院、空军军医大学、陕西省社科院、石油大学、空军工程大学等高校科研院从事创新教学和科研的一线专家教授与少数青年教师参加了本书的编写与修订工作。具体写作分工如下：第一章，周延波、王捷频；第二章、第三章，郭兴全、尚福军；第四章，谌红艳、尚福军、郭兴全；第五章，赵辉、张永生；第六章，谌红艳、周延波；第七章，谌红艳、张永生；第八章，赵辉、周延波；第九章，王永宏、周延波、谌红艳；第十章，谌红艳、周延波、孙博；第十一章，凤翔翔、张永生、郭兴全；第十二章，赵辉、孟国强；第十三章，王捷频、王正洪、凤翔翔；第十四章，李绪民、尚福军；第十五章，许延浪、凤翔翔；第十六章，王捷频、王正洪、赵辉；第十七章，王捷频、王正洪、郭兴全；第十八章，赵辉、周延波、凤翔翔。

本书的出版是在向精品教材努力的漫漫征途中迈出的第一步。这一步的提升幅度不一定很大，但意义重大。由于我们的水平有限、时间仓促，书中待商榷之处甚至错误肯定在所难免。诚恳地请求大家不吝赐教，以利于我们今后迈出更大更快的前进步伐。

编　者

2021 年 6 月于西安